U0365219

机电产品设计与采购系列手册

新能源用电缆设计与采购手册

《新能源用电缆设计与采购手册》编委会　组编
物资云　编

机 械 工 业 出 版 社

本书是供电线电缆行业广大设计人员和采购人员使用的专业工具书，详细介绍了“光、风、储、充”等新能源系统用电缆的应用选型、价格、品牌、技术工艺、敷设运维以及常见问题等内容，并梳理了各产品类别的技术规范及验货检验规范。本书重点介绍了以下几类常用的新能源用电缆：光伏组件专用电缆、风力发电用低压耐扭曲软电缆、风力发电用中压耐扭曲软电缆、风力塔筒用铝合金橡套电缆、电力储能系统用电池连接电缆和电动汽车充电用电缆。

本书由正文和附录两大部分组成。正文部分包括四篇内容，分别是：光伏篇、风电篇、储能篇和充电桩篇。附录部分包括产品技术规范书和产品验货检验规范等。其中，关于光伏组件专用电缆的技术规范书、验货检验规范附于书后，其余五个品类（风力发电用低压耐扭曲软电缆、风力发电用中压耐扭曲软电缆、风力塔筒用铝合金橡套电缆、电力储能系统用电池连接电缆和电动汽车充电用电缆）的技术规范和验货检验规范可来电或邮件索取（电话：13951724033；邮箱：cs@ wuzi. cn）。

图书在版编目（CIP）数据

新能源用电缆设计与采购手册 / 物资云编. -- 北京：机械工业出版社，2025. 5. -- ISBN 978-7-111-78009-0

Ⅰ. TM247 -62；F764. 5 -62

中国国家版本馆 CIP 数据核字第 2025K0M624 号

机械工业出版社（北京市百万庄大街 22 号　邮政编码 100037）
策划编辑：王振国　　责任编辑：王振国
责任校对：郑　雪　张　薇　　封面设计：张　静
责任印制：常天培
北京机工印刷厂有限公司印刷
2025 年 5 月第 1 版第 1 次印刷
169mm×239mm · 20 印张 · 16 插页 · 415 千字
标准书号：ISBN 978-7-111-78009-0
定价：198.00 元

电话服务　　网络服务
客服电话：010-88361066　　机　工　官　网：www. cmpbook. com
010-88379833　　机　工　官　博：weibo. com/cmp1952
010-68326294　　金　书　网：www. golden-book. com
封底无防伪标均为盗版　　机工教育服务网：www. cmpedu. com

《新能源用电缆设计与采购手册》编委会

序

在全球能源结构转型与可持续发展的大背景下，新能源行业正以不可阻挡的势头快速崛起。截至2024年8月底，我国新能源发电装机规模为12.7亿kW，占总发电装机比重超过40%，已成为推动经济增长和社会进步的重要力量。在这一变革中，新能源用电缆作为连接发电、送电、储电、用电的重要枢纽，其设计与采购环节的科学性与合理性显得尤为关键。

新能源用电缆不仅仅是传输电能的介质，更是确保电力系统安全、稳定与高效运行的基石。随着太阳能、风能、核电能等可再生能源的快速发展，相关的电缆设计与采购工作正面临着前所未有的挑战。

首先，新能源用电缆的设计选型缺少明确的规范，以光伏电缆设计为例，目前仅在《民用建筑电气设计标准》（GB 51348—2019）、《建筑光伏系统应用技术标准》（GB/T 51368—2019）、《光伏发电工程电气设计规范》（NB/T 10128—2019）、《光伏发电站设计规范》（GB 50797—2012）和一些产品标准中稍有涉及，并且只是对电缆材质有所规定，未充分考虑光伏电站的特殊需求。实际上，不同光伏电站的环境差异性巨大，不同气候、土壤等环境条件都可能对电缆的性能产生影响，而现有的设计规范没有针对不同地域的环境特性，制定相应的电缆选型指导，设计无据可依。既会造成资源大量浪费，还会留下安全隐患。

采购环节面临新能源用电缆标准太多的问题，以光伏电缆采购为例，目前现行的电缆标准，既有国际标准、欧盟标准、能源行业标准，还有团体标准和认证机构企业标准。如此众多的标准不利于电缆技术要求的统一，亦有碍于物资标准化体系建设，还给终端用户物资采购工作造成一定的困扰。

《新能源用电缆设计与采购手册》正是在此背景下应运而生的。该书编写单位物资云联合了业内众多专家学者，通过实地调研掌握了第一手数据，从实践角度给出了科学的解决方案：在设计选型方面，补阙挂漏，补规范之不足，在产品采购方面，删繁就简，给用户以指导。希望该书的出版能为业内设计和采购从业者提供系统而详尽的技术支持，助力从业者在复杂的市场环境中做出合理的决策。

当然，随着新能源产业的不断发展，新能源用电缆设计与采购环节的技术要求和市场需求也在持续演变。未来，新能源用电缆行业将越来越依赖于信息化、数字化、智能化的技术手段，以提升设计的科学性和采购的高效性。这是需要我们重点关注的。但无论智能化、数字化怎么发展，其立足于标准化的数据基础是不变的，而《新能源用电缆设计与采购手册》就是这个基础。

值得一提的是，该书是“机电产品设计与采购系列手册”之一，该系列手册由国信云联数据科技股份有限公司（物资云）和机械工业出版社共同发起创立，现已出版发行了《铝合金电缆设计与采购手册》《电力电缆设计与采购手册》《计算机电缆设计与采购手册》和《耐火电缆设计与采购手册》四本手册：还将编写《矿用电缆设计与采购手册》《智能家居及楼宇电缆设计与采购手册》和《阻燃电缆设计与采购手册》三本手册。我们期待着编委会的专家学者能克服重重困难，早日完成这项有重大意义的系统工程，出版全套的“机电产品设计与采购手册系列手册”，为推动电缆行业高质量发展做出更大的贡献。

中国勘察设计协会电气分会会长
中国建设科技集团顾问总工程师
国务院政府特殊津贴专家

2024 年 11 月 30 日

前　言

近年来，新能源行业发展如火如荼，电线电缆作为“光、风、储、充”等新能源系统最重要的基础性设备，也迎来了历史性发展机遇。为全面解析新能源系统配套用电线电缆的技术、价格与品牌竞争力，去伪存真，理清乱象，帮助企业争取合理利润，助力用户采购合格产品，切实赋能新能源，促进行业健康有序发展，物资云和上海国缆检测股份有限公司共同组织行业数十家设计单位、检测单位、产品单位，以及监造单位和建设单位的专家编写了本书。

本书涵盖了目前市场上常见的光伏电缆、风电电缆、储能电缆和充电桩电缆，分别从设计选型、价格、品牌、技术工艺、敷设运维和常见问题等方面进行了详细介绍，并梳理了各产品品类的技术规范及验货检验规范，供广大设计人员和采购人员使用。

参与审核本书的起草单位包括国信云联数据科技股份有限公司、上海国缆检测股份有限公司、上海缆慧检测技术有限公司、华能能源交通产业控股有限公司、中国水利电力物资上海有限公司、中国电能成套设备有限公司、中国华电集团物资有限公司、中国电建集团国际工程有限公司、清华大学建筑设计研究院有限公司、深圳市建筑设计研究总院有限公司合肥分院、中国电力工程顾问集团西南电力设计院有限公司、中国电力工程顾问集团华东电力设计院有限公司、上海勘测设计研究院有限公司、龙源（北京）新能源工程设计研究院有限公司、上海金友金弘智能电气股份有限公司、远东电缆有限公司、新亚特电缆股份有限公司、中辰电缆股份有限公司以及苏州宝兴电线电缆有限公司。

参与审核本书的产品单位包括双登电缆股份有限公司、特变电工（德阳）电缆股份有限公司、航天瑞奇电缆有限公司、辽宁津达线缆有限公司、江苏中超电缆股份有限公司、安徽吉安特种线缆制造有限公司以及辽宁中兴线缆有限公司。

参与审核本书的第三方产品大数据、检验检测、产品认证和质量监造单位包括国家电线电缆质量检验检测中心（江苏）、国家电线电缆产品质量检验检测中心（广东）、国家电线电缆质量检验检测中心（辽宁）、国家电线电缆产品质量检验检测中心（武汉）、国家特种电线电缆产品质量检验检测中心（安徽）、国家特种电缆产品质量检验检测中心（河北）、中国质量认证中心有限公司、中正智信检测认证股份有限公司、莱茵技术（上海）有限公司以及优尔检测（广东）有限公司。

参与审核本书的设计与建设单位包括中国电力工程顾问集团东北电力设计院有限公司、中国电力工程顾问集团华北电力设计院有限公司、中国电力工程顾问集团西北电力设计院有限公司、中国电力工程顾问集团中南电力设计院有限公司、中国能源建设集团黑龙江省电力设计院有限公司、中国能源建设集团湖南省电力设计院有限公司、中国电建集团吉林省电力勘测设计院有限公司、中国电力科学研究院有限公司、安徽省城建设计研究总院股份有限公司、安徽省建筑设计研究总院有限公司、合肥工业大学设计院（集团）有限公司、合肥市市政设计研究总院有限公司、四川电力设计咨询有限责任公司、国核电力规划设计研究院有限公司、华电海南物资有限公司、中国能源建设集团电子商务有限公司、国家能源集团物资有限公司、内蒙古能源集团有限公司、国能龙源电力技术工程有限责任公司、北京京能招标集采中心有限责任公司、金风低碳能源设计研究院（成都）有限公司以及长江三峡（成都）电子商务有限公司。

参与审核本书的部分专家和顾问介绍如下：

毛庆传：上海国缆检测股份有限公司首席专家，中国电工技术学会电线电缆专业委员会副主任委员，正高级工程师。

吴长顺：中国检验检测学会电线电缆分会副会长兼秘书长，中国价格协会机电和线缆分会首席专家，江苏中电线缆研究院有限公司董事长，正高级工程师。

高俊国：哈尔滨理工大学电气与电子工程学院副院长、博士（后）、教授、博士生导师，中国电工技术学会电线电缆专委会委员、电工测试专委会委员，EPTC第三届电力电缆及附件专家工作委员会委员。

张启春：中国电能成套设备有限公司副总工程师兼电能易购董事长、党支部书记。

刘铎：北京华源瑞成贸易有限责任公司总经理、党委副书记，华能能源交通产业控股有限公司北京分公司总经理。

莫伟宁：中国水利电力物资上海有限公司执行董事、党委书记。

徐华：中国勘察设计协会电气分会副会长兼线缆技术学部主任，清华大学建筑设计研究院有限公司电气总工程师，正高级工程师。

胡振兴：全国电气工程标准技术委员会导体及电气设备选择分委员会副主任，中国电力工程顾问集团西南电力设计院有限公司发电电气主任工程师，正高级工程师；《电力工程电缆设计标准》（GB 50217—2018）、《电缆线路手册》主要参编人。

钱序：全国电气工程标准技术委员会导体及电气设备选择分委员会委员，中国电建集团华东勘测设计研究院有限公司，高级工程师；《火力发电厂与变电站设计防火标准》（GB 50229—2019）和《火力发电厂消防设计手册》主要参编人，《导体和电器选择设计规程》（DL/T 5222—2021）主编。

陈明霞：深圳市建筑设计研究总院有限公司合肥分院电气总工程师，正高级工程师，注册电气工程师，中国勘察设计协会电气分会双高专家组专家。

汪传斌：远东智慧能源股份有限公司电缆产业董事、首席专家，教授级高级工程师，TC113/SC15 委员，中国电工技术学会电线电缆专委会副主任委员，中国机械工业人才评价专家库顾问专家。

特别鸣谢中国电工技术学会、中国标准化协会、中国电力企业联合会电力装备及供应链分会和哈尔滨理工大学等单位给予的专业指导与大力支持。

由于编者水平有限，书中难免有疏漏与错误之处，恳请广大读者批评指正，以便我们再版时予以修订。编委会联系方式如下：

修订建议电子邮箱：biaozhun@ wuzi. cn；服务咨询电子邮箱：cs@ wuzi. cn。

编　者

目　　录

第1篇　光　伏　篇

第1章　设计选型

1.1　产品概述

1.1.1　什么是光伏发电

光伏发电系统，也称为太阳能光伏系统，是一种利用光伏（PV）电池将太阳光能转化为电能的发电系统。其中光伏电池由半导体材料制成，当暴露在阳光下时会产生电流。电流可为电气负载供电或存储在电池中以备后用。

光伏发电系统发电过程简单，无机械传动部件，不消耗燃料，没有污染，没有噪声，且太阳能资源丰富，取之不尽，用之不竭，是一种比较理想的清洁可再生能源。光伏发电系统的主要优点如下：

1）资源丰富：人类所需能量的绝大部分都直接或间接地来自太阳，尽管太阳辐射到地球大气层的能量仅为其总辐射能量的22亿分之一，但已高达173000TW。而且太阳能在地球上分布广泛，只要有光照的地方就可以使用光伏发电系统，不受地域、海拔等因素的限制。

2）可再生：光伏发电系统依赖于太阳的光照，而太阳能是一种可再生能源。相比较于化石燃料等有限资源，光伏发电具有可持续性。

3）环保节能：光伏发电系统不会产生任何有害气体和气象污染物质，不会对环境产生负面影响。与传统火力发电相比，光伏发电系统的环保效益更加显著。

4）维护成本低：光伏发电系统无机械传动部件，操作、维护简单，也不需要定期更换排除故障的机器部件。加之自动控制技术的应用，光伏发电系统基本可以做到无人值守。这就意味着其维护成本低，并且可以长期运行。

5）安全：光伏发电系统不存在爆炸、燃烧以及油烟等危险因素，因此其非常安全。更重要的是，光伏发电系统也不会对人员和财产造成任何损害。

6）易于扩展：光伏发电系统可以根据需要灵活扩展。如果需要更多的电能，可以增加更多的太阳能光伏电池板，而不必对整个能源系统进行大规模改动。

7）节省土地资源：近年来，利用各种建筑物屋顶（农业设施屋顶和家庭住宅屋顶）建设的分布式光伏发电系统发展迅速，基本不占用土地资源，且就近发电，就近供电，极大地降低输电成本的同时，还节省了宝贵的土地资源，可谓一举两得。

8）有效平峰：分布式光伏发电系统在电网中可以起到有效平峰的作用，缓解局部地区的用电紧张状况。

光伏发电系统虽然已经被广泛应用于电力生产、家庭电力供应和航空航天等领域。然而，其仍存在着一些不足之处，不足之处主要有以下几个方面：

1）能量密度低：尽管太阳能能量总和惊人，但到达地球表面的辐射能量却较低，太阳能的利用实际上是低密度能量的收集、应用。因此需要使用大量的太阳电池板来产生一定的电力，这也导致了光伏发电系统的体积较大。

2）占地面积大：由于太阳能能量密度低，故光伏发电系统占地面积一般较大。不过未来随着分布式光伏发电的推广以及光伏建筑一体化发电技术的成熟和发展，将逐步改善光伏发电系统占地面积大的问题。

3）转换效率较低：光伏发电转换效率是指光能被太阳能电池转换为电能的能力，它是太阳能电池的一个重要指标，衡量了太阳能电池转化太阳光能为有用电能的能力。目前，光伏发电系统的光伏发电转换效率只有20%左右，具体效率取决于太阳能电池的种类和生产工艺。由于光伏发电转换效率较低，光伏发电系统的功率密度也较低，所以难以形成高功率发电系统。

4）受天气影响大：光伏发电系统需要阳光，这意味着它只能在白天工作，并且极易受天气条件的影响。例如，在阴雨天气下，光伏发电的效率大大降低，因此需要备用发电系统。

5）有害废弃物问题：虽然光伏发电是一种清洁能源，但太阳能光伏电池的生产过程并不完全环保。太阳能光伏电池的生产涉及有害化学物质的使用和处理，其损坏拆除后的最终废弃物也可能会对环境产生负面的影响。

总之，虽然光伏发电在可再生能源中具有广泛的应用前景和优势，但它仍面临着一些不足之处，包括效率低、受天气影响大、功率密度低、有害废弃物处理等方面。为了克服这些问题，需要持续的技术创新和政策支持。

1.1.2　光伏发电系统示意图

光伏发电系统的基本组件包括太阳能电池阵列、逆变器和升压变电站。

太阳能电池阵列：将若干个太阳能电池组件在机械和电气上按一定方式组装在一起并且具有固定的支撑结构而构成的直流发电单元。地基、太阳跟踪器、温度控制器等类似的部件不包括在方阵中。

逆变器：把直流电变换成交流电的设备。

升压变电站：将电压升高的设备，主要功能是将较低的电压升高到较高的电压水平，目的是减小线路电流，从而减小电能的损失。

光伏发电系统可以并网或离网。并网系统连接到电网，这意味着它们可以在没有太阳的时候使用电网的电力。离网系统未连接到电网，因此它们必须产生足够的电力来满足自身的所有电力需求。光伏发电系统工作原理如图1-1-1所示。

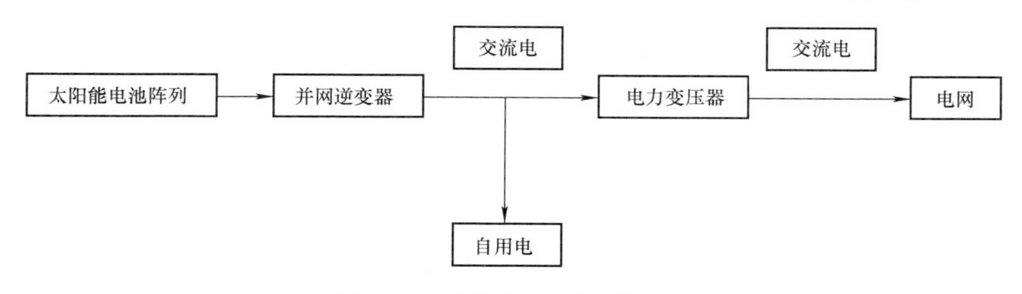

图1-1-1　光伏发电系统工作原理

1.1.3　光伏专用电缆产品种类、型号和规格

光伏专用电缆是一种特殊类型的电缆，用于光伏发电系统中的电力传输。它具有耐高温、耐寒、耐油、耐酸碱、耐紫外线、阻燃、环保、使用寿命长等优点，主要用于环境恶劣的地区。光伏专用电缆可以分为直流电缆和交流电缆两种类型，分别用于直流和交流系统。直流电缆主要用于太阳能电池板之间的串联以及太阳能电池板与逆变器（或直流汇流箱）之间的连接。这种电缆需要具有高耐压、高耐磨、高抗拉强度、良好的柔韧性和防水性能等特点。交流电缆则用于连接逆变器和电网，需要具有高耐压、高耐热、良好的绝缘性能和抗紫外线性能等特点。

光伏专用电缆的选择需要根据具体的使用环境和要求来确定，以保证光伏发电系统的安全和稳定运行。光伏专用电缆作为光伏发电系统中不可或缺的组成部分，不仅需要满足并网运行要求，还需要与逆变器、汇流箱等设备连接，满足运行环境要求。由于光伏专用电缆所处位置非常关键且经常受多种外界因素影响，因此对其质量、寿命以及可靠性要求很高。

目前，额定电压0.6/1kV、DC 1800V及以下光伏专用电缆主要的标准有2Pfg 1169/08.2007、CEEIA B218—2012、EN 50618：2014、IEC 62930：2017、NB/T 42073—2016、CQC 1102—2023，具体型号规格见表1-1-1。

表1-1-1　额定电压0.6/1kV、DC 1800V及以下光伏专用电缆型号规格

标准号	型号	电压等级	规格
2Pfg 1169/08.2007	PV1-F	0.6/1kV，DC 1800V（空载状态下）	1.5～35mm^2
CEEIA B218—2012	GF-WDZ（A、B、C）EER-125	DC 1800V	1.5～240mm^2

（续）

标准号	型号	电压等级	规格
EN 50618：2014	H1Z2Z2-K	DC 1500V（允许最大 DC 1800V）	1.5～240mm^2
IEC 62930：2017	62930 IEC 131 62930 IEC 132	DC 1500V（允许最大 DC 1800V）	1.5～400mm^2（5类导体） 16～400mm^2（2类导体）
NB/T 42073—2016	PV-YJYJ	0.6/1kV，DC 1500V	1.5～240mm^2
CQC 1102—2023	PV-YJYJ、PV-YJRLHYJ	0.6/1kV，DC 1500V（允许最大 DC 1800V）	1.5～240mm^2（铜导体、铝合金导体）

1.1.4　光伏专用电缆产品代号及含义

光伏专用电缆产品代号及含义（CEEIA B218—2012）见表1-1-2。

表1-1-2　光伏专用电缆产品代号及含义（CEEIA B218—2012）

类别	代号	含　义
产品代号	GF	系列代号
电缆类别代号	省略	电力电缆
	K	控制电缆
	D	计算机电缆
材料特征代号	省略	铜导体
	E	辐照交联无卤低烟阻燃聚烯烃绝缘
	E	辐照交联无卤低烟阻燃聚烯烃护套
结构特征代号	S	双芯可分离型
	R	软电缆
	2	双钢带铠装
	3	圆钢丝铠装
	6	（双）非磁性金属带铠装
	7	非磁性金属丝铠装
	3	辐照交联无卤低烟阻燃聚烯烃外护套
	P	铜丝（含镀金属铜丝）编织屏蔽
	P1	铜丝（含镀金属铜丝）缠绕屏蔽
	P2	铜带（含铜塑复合带）屏蔽
	P3	铝带（含铝塑复合带）屏蔽
燃烧特性代号	W	无卤
	D	低烟

（续）

类别	代号	含　　义
燃烧特性代号	Z①	阻燃
	ZA	阻燃 A 类
	ZB	阻燃 B 类
	ZC	阻燃 C 类
	ZD②	阻燃 D 类
	N	耐火
耐热特性代号	省略	90℃
	105	105℃
	125	125℃

① Z 表示单根阻燃，仅用于基材不含卤素的产品。基材含卤素的，Z 省略。

② ZD 为成束燃烧 D 类，适用于外径不大于 12mm 的产品。

光伏专用电缆产品型号组成形式（CEEIA B218—2012）表示如图 1-1-2 所示。

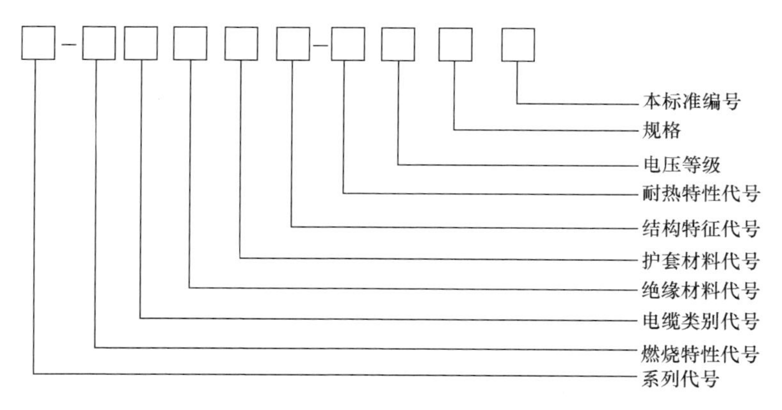

图 1-1-2　光伏专用电缆产品型号组成形式（CEEIA B218—2012）

产品表示示例：

额定电压 600/1000V 辐照交联聚烯烃绝缘及护套耐热 90℃ 钢带铠装无卤低烟阻燃 A 类耐火交流电力电缆，四芯，截面积为 $25mm^2$，表示为：

GF-WDZANEE23 600/1000V $4\times25mm^2$ CEEIA B218.2—2012

产品代号及含义（IEC 62930：2017）见表 1-1-3。

表 1-1-3　产品代号及含义（IEC 62930：2017）

代号	含　　义
62930 IEC 131	无卤绝缘和护套，5 类导体
62930 IEC 132	无卤绝缘和护套，2 类导体
62930 IEC 133	可能含卤绝缘和护套，5 类导体
62930 IEC 134	可能含卤绝缘和护套，2 类导体

产品代号及含义（NB/T 42073—2016）见表 1-1-4。

表 1-1-4　产品代号及含义（NB/T 42073—2016）

代号	含　　义
PV	光伏发电系统用电缆
YJ	热固性绝缘和护套材料
Y（可省略）	产品有盐雾试验要求
ZC	成束阻燃 C 类要求

产品采用型号、规格和标准号表示。规格包括额定电压、芯数和导体标称截面积等。

产品表示示例：

光伏专用电缆，额定电压为 DC 1.5kV，1 芯，标称截面积为 $4mm^2$，表示为：

PV-YJYJ　DC 1.5kV　$1 \times 4mm^2$　NB/T 42073—2016

产品代号及含义（T/CTBA006.1—2025）见表 1-1-5。

表 1-1-5　产品代号及含义（T/CTBA006.1—2025）

类别	代号	含　　义
产品代号	PV	光伏发电系统用
特性代号	B_1	阻燃 1 级（燃烧性能等级 B_1 级，不含附加分级）
	ZA	成束阻燃 A 类
	ZB	成束阻燃 B 类
	ZC	成束阻燃 C 类
	ZD	成束阻燃 D 类
	Y，FS	盐雾、防水特性
导体代号	省略	GB/T 3956—2008 第 5 种铜导体
	RLH	软结构铝合金导体
绝缘代号	YJ	辐照交联无卤低烟阻燃聚烯烃绝缘

（续）

类别	代号	含　　义
护层（套）代号	YJ	辐照交联无卤低烟阻燃聚烯烃护层（套）
铠装结构代号	2	双钢带铠装
外护套代号	5	辐照交联无卤低烟阻燃聚烯烃外护套

产品型号依次由燃烧特性代号、产品代号、特性代号、绝缘代号、导体代号、护层（套）代号、铠装代号和外护套代号等组成，如图1-1-3所示。

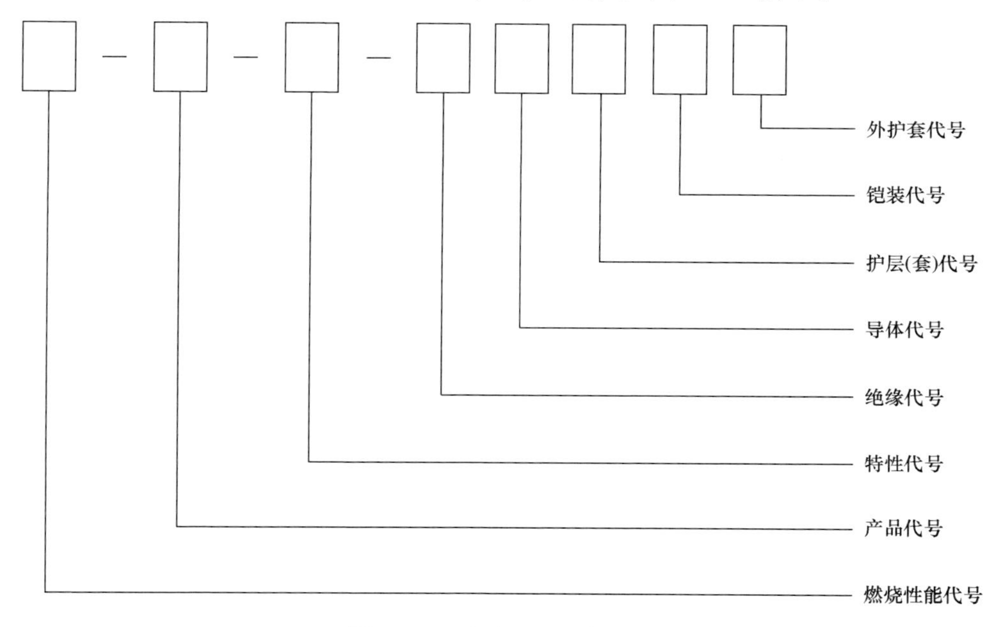

图1-1-3　产品型号组成形式

1.2　应用场景

1.2.1　光伏电站需采用电缆的环节

光伏电站系统的结构框图如图1-1-4和图1-1-5所示。光伏电站需采用电缆的环节：

1）方阵内部和方阵之间汇流的直流电缆；

2）组件到逆变器的直流电缆；

3）逆变器到就地升压变间的交流电缆；

4）就地升压变到升压站间集电线路用的交流电缆；

5）升压站中低压采用的电力电缆；

6）设备、仪器、仪表用屏蔽型控制电缆、通信电缆。

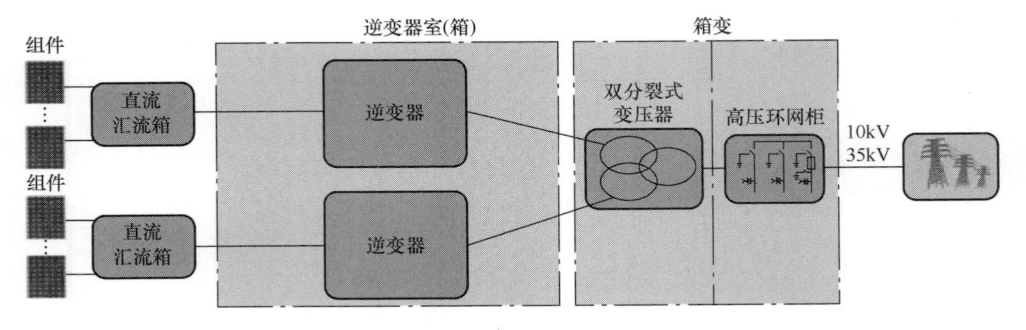

图 1-1-4　光伏电站系统结构框图（一）

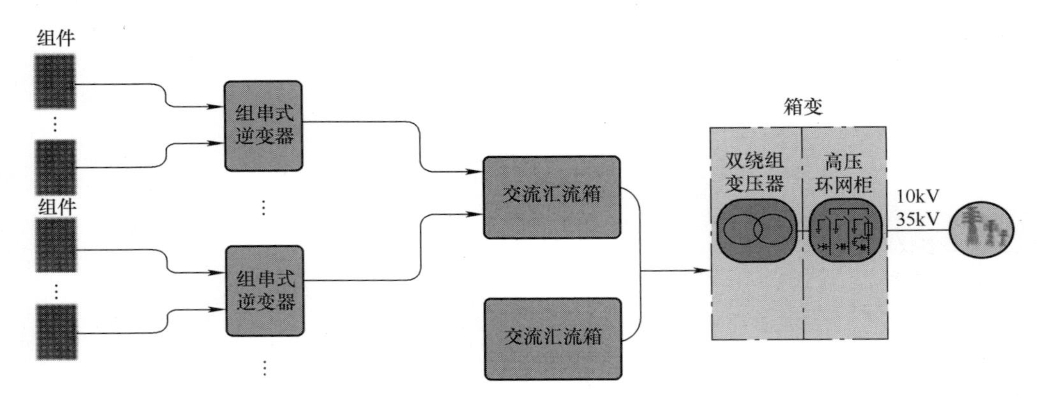

图 1-1-5　光伏电站系统结构框图（二）

1.2.2　光伏电站各系统电缆选型

光伏电站各系统电缆选型见表 1-1-6。

表 1-1-6　光伏电站各系统电缆选型

序号	应用区域	产品类别	电压等级	产品名称	代表型号	执行标准
1	方阵内部、方阵之间	汇流直流电缆	1500V	光伏专用电缆	PV-YJYJ、PV-YJRLHYJ、62930 IEC 131、H1Z2Z2-K、PV1-F	见表 1-1-1

（续）

序号	应用区域	产品类别	电压等级	产品名称	代表型号	执行标准
2	组件到逆变器	直流电缆	1500V	光伏专用电缆	PV-YJYJ、PV-YJRLHYJ、62930 IEC 131、H1Z2Z2-K、PV1-F	见表1-1-1
3	逆变器到升压变压器、升压变电站	中低压电力电缆	0.6/1kV、1.8/3kV、8.7/10kV、8.7/15kV、26/35kV	交联聚乙烯绝缘电力电缆	YJV22、YJLHV22	GB/T 12706.1—2020；GB/T 31840.1—2015；GB/T 31840.2—2015
4	集电线路	电力电缆	8.7/10kV、8.7/15kV、26/35kV	交联聚乙烯绝缘铝合金导体电力电缆	YJLHV22	GB/T 31840.1—2015；GB/T 31840.2—2015
5		架空线	—	圆线同心绞架空导线	JL/G1A	GB/T 1179—2017
6	设备仪器仪表等	屏蔽型控制电缆	450/750V	聚氯乙烯绝缘聚氯乙烯护套编织屏蔽软电缆	KVVRP	GB/T 9330—2020
7		通信电缆	300/500V	聚乙烯绝缘铜丝编织总屏蔽聚氯乙烯护套计算机与仪表电缆	DJYVP	JB/T 13486—2018

光伏专用电缆常用型号规格载流量见表1-1-7。

表1-1-7　光伏专用电缆常用型号规格载流量

型号	规格	载流量/A						参考外径/mm
		单根电缆敷设在空气中	单根电缆敷设在表面上	两根带负载的电缆并排敷设在表面上	直埋[①]，25℃			
					热阻系数2.0K·m/W	热阻系数1.2K·m/W	热阻系数0.8K·m/W	
62930 IEC 131[②]	1×1.5	31	30	24	19	22	23	4.6
	1×2.5	42	40	33	26	30	31	5.0
	1×4	57	54	45	36	41	43	5.6
	1×6	72	69	58	46	53	56	6.5
	1×10	98	96	80	63	72	76	7.6
	1×16	132	130	107	85	98	103	8.9

（续）

型号	规格	载流量/A						参考外径/mm
		单根电缆敷设在空气中	单根电缆敷设在表面上	两根带负载的电缆并排敷设在表面上	直埋[①]，25℃			
					热阻系数2.0K·m/W	热阻系数1.2K·m/W	热阻系数0.8K·m/W	
62930 IEC 131[②]	1×25	183	174	138	109	125	132	10.9
	1×35	227	215	171	135	155	163	12.4
	1×50	287	273	209	165	190	199	14.6
	1×70	361	344	269	213	245	257	16.8
	1×95	433	411	328	260	299	314	18.5
	1×120	508	483	382	302	347	364	21.7
	1×150	590	560	441	349	401	421	23.5
	1×185	671	638	506	401	461	484	26.0
	1×240	808	767	599	474	545	572	29.7
	1×300	913	866	693	549	631	663	32.5
	1×400	1098	1041	825	653	751	788	36.8
62930 IEC 132[②]	1×16	132	130	107	85	98	103	8.2
	1×25	183	174	138	109	125	132	9.8
	1×35	227	215	171	135	155	163	11.4
	1×50	287	273	209	165	190	199	12.8
	1×70	361	344	269	213	245	257	14.6
	1×95	433	411	328	260	299	314	16.4
	1×120	508	483	382	302	347	364	18.0
	1×150	590	560	441	349	401	421	20.2
	1×185	671	638	506	401	461	484	22.6
	1×240	808	767	599	474	545	572	25.3
	1×300	913	866	693	549	631	663	27.8
	1×400	1098	1041	825	653	751	788	31.8
H1Z2Z2-K[③]	1×1.5	30	29	24	19	24	25	4.6
	1×2.5	41	39	33	26	33	35	5.0
	1×4	55	52	44	36	44	46	5.6
	1×6	70	67	57	46	57	60	6.5
	1×10	98	93	79	63	79	83	7.6
	1×16	132	125	107	85	107	112	8.9
	1×25	176	167	142	109	142	149	10.9

（续）

型号	规格	载流量/A						参考外径/mm
		单根电缆敷设在空气中	单根电缆敷设在表面上	两根带负载的电缆并排敷设在表面上	直埋①，25℃			
					热阻系数 2.0K·m/W	热阻系数 1.2K·m/W	热阻系数 0.8K·m/W	
H1Z2Z2-K③	1×35	218	207	176	135	176	185	12.4
	1×50	276	262	221	165	221	232	14.6
	1×70	347	330	278	213	278	292	16.8
	1×95	416	395	333	260	333	350	18.5
	1×120	488	464	390	302	390	410	21.7
	1×150	566	538	453	349	453	476	23.5
	1×185	644	612	515	401	515	541	26.0
	1×240	775	736	620	474	620	651	29.7
PV1-F④	1×1.5	30	29	24	19	24	25	3.1
	1×2.5	41	39	33	26	33	35	4.0
	1×4	55	52	44	36	44	46	5.1
	1×6	70	67	57	46	57	60	7.1
	1×10	98	93	79	63	79	83	9.1
	1×16	132	125	107	85	107	112	11.3
	1×25	176	167	142	109	142	149	14.2
	1×35	218	207	176	135	176	185	16.8

注：表中的规格是指电缆芯数（根）×电缆截面积（mm^2），余同。

① 建筑光伏直流电缆：般架空敷设，直埋敷设时热阻系数可取 1.0K·m/W。

② 参照 IEC 62930：2017，环境温度为30℃，最高导体温度为90℃。不同环境温度下的载流量修正系数见表 1-1-8。

③ 参照 EN 50618：2014，环境温度为60℃，导体最高温度为120℃。不同环境温度下的载流量修正系数见表 1-1-9。

④ 参照 2Pfg 1169/08. 2007，环境温度为60℃，导体最高温度为120℃。不同环境温度下的载流量修正系数见表 1-1-10。

表 1-1-8 不同环境温度下的载流量修正系数（IEC 62930：2017）

环境温度/℃	修正系数
0	1.22
10	1.15
20	1.08
30	1.00
40	0.91
50	0.82
60	0.71
70	0.58

表 1-1-9　不同环境温度下的载流量修正系数（EN 50618：2014）

环境温度/℃	修正系数
≤60	1. 00
70	0. 92
80	0. 84
90	0. 75

表 1-1-10　不同环境温度下的载流量修正系数（2Pfg 1169/08. 2007）

环境温度/℃	修正系数
≤60	1. 00
70	0. 91
80	0. 82
90	0. 71
100	0. 58
110	0. 41

1. 3　光伏电缆选型原则和相关规范标准

1. 3. 1　一般选型原则

光伏电缆选型的一般原则：

1）汇流直流电缆一般为单芯铜缆；方阵内部直流电缆截面积一般选取 $1\times4\text{mm}^2$ 或 $1\times6\text{mm}^2$。方阵之间的汇流直流电缆额定电流应取计算所得最大连续工作电流的 1. 56 倍（降容系数 0. 65）。

2）逆变器到升压变交流电缆额定电流值应取计算所得最大连续工作电流的 1. 25 倍（降容系数 0. 8）。

3）屋顶光伏需考虑温度对电缆性能的影响。

4）光伏系统的电缆压降一般选取的原则是就地升压变之前的交直流电缆压降总共不大于 2%。

5）水面光伏电站集电线路可采用阻燃 C 类及以上防水型阻燃电缆经桥架、穿管、专用电缆敷设浮体等敷设方式（如果是在水面敷设还需防紫外线），也有采用轻型浅海湖泊电缆直接沉入水底敷设的方式。

1. 3. 2　行业设计规范

现有规范关于新能源电站电缆选型的规定：

（1）《民用建筑电气设计标准》GB 51348—2019

直流线路的选择与安装，除应符合现行国家标准《低压电气装置第5-52部分：电气设备的选择和安装布线系统》GB/T 16895.6的有关规定外，还应符合下列规定：

1）光伏组件、光伏方阵和直流主干线电缆应能承受预期的外部环境影响。

2）电缆应有固定和防晒等措施。

（2）《建筑光伏系统应用技术标准》GB/T 51368—2019

1）建筑光伏系统宜采用铜芯电缆。

2）当电缆长期暴露在户外时，应根据抗臭氧、抗紫外线、耐酸碱、耐高温、耐湿热、耐严寒、耐凹痕、无卤、阻燃、经受机械冲击等环境要求进行选择。

（3）《光伏发电工程电气设计规范》NB/T 10128—2019

1）对于集中式和集散式逆变器，连接光伏组件串、直流汇流箱和逆变器直流侧的直流电缆最大压降在标准测试条件下不宜超过2.0%，且各组串的压降宜一致。

2）对于组串式逆变器，连接光伏组件串和逆变器直流侧的直流电缆最大压降在标准测试条件下不宜超过1.0%；连接组串式逆变器和变压器低压侧交流电缆最大压降不宜超过1.0%。

（4）《光伏发电站设计规范》GB 50797—2012

1）光伏发电站电缆的选择与敷设，应符合现行国家标准《电力工程电缆设计规范》（GB 50217—2018）的规定，电缆截面应进行技术经济比较后选择确定。

2）集中敷设于沟道、槽盒中的电缆宜选用C类阻燃电缆。

3）光伏组件之间及组件与汇流箱之间的电缆应有固定措施和防晒措施。

4）电缆敷设可采用直埋、电缆沟、电缆桥架、电缆线槽等方式。动力电缆和控制电缆宜分开排列。

（5）《光伏发电系统用电缆》CEEIA B218.1—2012

1）在交流系统中，电缆的额定电压应至少等于使用电缆系统的标称电压，这个条件对U_0和U值都适用；在直流系统中，该系统的标称电压应不大于电缆额定电压的1.5倍。系统的工作电压应不大于系统标称电压的1.1倍。

2）导体应是符合GB/T 3956—2008的第1种或第2种镀金属或不镀金属退火铜导体，或者第5种镀金属或不镀金属退火铜导体。导体表面应光洁、无油污、无损伤绝缘的毛刺，以及凸起或断裂的单线。正常运行时导体最高温度超过100℃时，应采用镀锡退火铜导体。

1.3.3　检测方法标准

光伏电缆检测方法标准见表1-1-11。

表 1-1-11　光伏电缆检测方法标准

序号	标准编号	标准名称
1	GB/T 2423. 3—2016	电工电子产品环境试验　第 2 部分：试验方法试验 Cab：恒定湿热方法
2	GB/T 2423. 17—2008	电工电子产品环境试验　第 2 部分：试验方法　试验 Ka：盐雾
3	GB/T 2900. 10—2013	电工术语　电缆
4	GB/T 2951. 11—2008	电缆和光缆绝缘和护套材料通用试验方法　第 11 部分：通用试验方法　厚度和外形尺寸测量　机械性能试验
5	GB/T 2951. 12—2008	电缆和光缆绝缘和护套材料通用试验方法　第 12 部分：通用试验方法　热老化试验方法
6	GB/T 2951. 13—2008	电缆和光缆绝缘和护套材料通用试验方法　第 13 部分：通用试验方法　密度测定方法　吸水试验　收缩试验
7	GB/T 2951. 14—2008	电缆绝缘和护套材料通用试验方法　第 14 部分：分通用试验方法　低温试验
8	GB/T 2951. 21—2008	电缆绝缘和护套材料通用试验方法　第 21 部分：弹性体混合料专用试验方法　耐臭氧试验—热延伸试验—浸矿物油试验
9	GB/T 2952. 3—2008	电缆外护层　第 3 部分：非金属套电缆通用外护层
10	GB/T 3048. 4—2007	电线电缆电性能试验方法　第 4 部分：导体直流电阻试验
11	GB/T 3048. 5—2007	电线电缆电性能试验方法　第 5 部分：绝缘电阻试验
12	GB/T 3048. 8—2007	电线电缆电性能试验方法　第 8 部分：交流电压试验
13	GB/T 3048. 9—2007	电线电缆电性能试验方法　第 9 部分：绝缘线芯火花试验
14	GB/T 3048. 10—2007	电线电缆电性能试验方法　第 10 部分：挤出护套火花试验
15	GB/T 3048. 14—2007	电线电缆电性能试验方法　第 14 部分：直流电压试验
16	GB/T 3956—2008	电缆的导体
17	GB/T 6995. 3—2008	电线电缆识别标志方法　第 3 部分：电线电缆识别标志
18	GB/T 11026. 1—2016	电气绝缘材料 耐热性　第 1 部分：老化程序和试验结果的评定
19	GB/T 7113. 2—2014	绝缘软管　第 2 部分：试验方法
20	GB/T 11026. 2—2012	电气绝缘材料 耐热性　第 2 部分：试验判断标准的选择
21	GB/T 12527—2008	额定电压 1kV 及以下架空绝缘电缆
22	GB/T 12706. 1—2020	额定电压 1kV（U_m = 1. 2kV）到 35kV（U_m = 40. 5kV）挤包绝缘电力电缆及附件　第 1 部分：额定电压 1kV（U_m = 1. 2kV）和 3kV（U_m = 3. 6kV）电缆
23	GB/T 16422. 2—2022	塑料　实验室光源暴露试验方法　第 2 部分：氙弧灯
24	GB/T 17650. 1—2021	取自电缆或光缆的材料燃烧时释出气体的试验方法　第 1 部分：卤酸气体总量的测定
25	GB/T 17650. 2—2021	取自电缆或光缆的材料燃烧时释出气体的试验方法　第 2 部分：酸度（用 pH 测量）和电导率的测定
26	GB/T 17651. 1—2021	电缆或光缆在特定条件下燃烧的烟密度测定　第 1 部分：试验装置

（续）

序号	标准编号	标准名称
27	GB/T 17651.2—2021	电缆或光缆在特定条件下燃烧的烟密度测定 第2部分：试验程序和要求
28	GB/T 18380.12—2022	电缆和光缆在火焰条件下的燃烧试验 第12部分：单根绝缘电线电缆火焰垂直蔓延试验 1kW预混合型火焰试验方法
29	GB/T 18380.22—2008	电缆和光缆在火焰条件下的燃烧试验 第22部分：单根绝缘细电线电缆火焰垂直蔓延试验 扩散型火焰试验方法
30	GB/T 18380.33—2022	电缆和光缆在火焰条件下的燃烧试验 第33部分：垂直安装的成束电线电缆火焰垂直蔓延试验 A类
31	GB/T 18380.34—2022	电缆和光缆在火焰条件下的燃烧试验 第34部分：垂直安装的成束电线电缆火焰垂直蔓延试验 B类
32	GB/T 18380.35—2022	电缆和光缆在火焰条件下的燃烧试验 第35部分：垂直安装的成束电线电缆火焰垂直蔓延试验 C类
33	GB/T 18380.36—2022	电缆和光缆在火焰条件下的燃烧试验 第36部分：垂直安装的成束电线电缆火焰垂直蔓延试验 D类
34	GB/T 19666—2019	阻燃和耐火电线电缆或光缆通则
35	GB 31247—2014	电缆及光缆燃烧性能分级
36	T/CTBA006.1—2025	发电企业电线电缆采购技术规范 第1部分：光伏发电系统用直流电缆
37	IEC 62930：2017	Electric cables for photovoltaic systems with a voltage rating of 1.5kV DC
38	EN 50618：2014	Electric cables for photovoltaic systems
39	EN 50305：2020	Railway applications - Railway rolling stock cables having special fire performance-Test methods
40	IEC 60719：1992	Calculation of the lower and upper limits for the average outer dimensions of cables with circular copper conductors and of rated voltages up to and including 450/750 V
41	IEC 60684-2：2011	Flexible insulating sleeving- Part2：Methods of test
42	YB/T 024—2021	铠装电缆用钢带

1.4 光伏专用电缆型号的选择

1.4.1 额定电压

光伏汇流直流电缆（光伏方阵内部及方阵-逆变器之间）：DC 1500V；

交流电缆（逆变器-就地升压变压器之间）：额定电压1kV（U_m=1.2kV）到35kV（U_m=40.5kV）。

1.4.2 导体的选择

导体根据标准 GB/T 3956—2008 采用第 2 种或第 5 种导体。

导体选择主要依据线缆的敷设条件。对于直流光伏线缆，其敷设空间狭窄，弯曲半径小，为保证柔软度，从而选择第 5 种导体；对于传输动力的电力电缆，固定敷设，空间大，可选择第 2 种导体。第 2 种导体可以进行紧压，但要保证导体圆整度，同时导体最外层紧压后表面要光滑，确保屏蔽材料不会陷入导体缝隙中以及保证绝缘材料的光滑和圆整度，避免导体表面电压过高引起绝缘击穿现象。

导体也可采用 T/CTBA006. 1—2025 规定的铝合金导体（除耐火电缆外）。铝合金电缆以其优良的电气性能、安全性能、机械性能和低廉的使用成本，有望在低压直流和高压交流领域替代铜芯电缆在光伏电站中实现大规模应用。铝合金导体的相关技术指标可参照 T/CTBA006. 1—2025 的相关要求。

1.4.3 绝缘和护套材料的选择

绝缘材料方面，由于光伏电缆常敷设在沙漠、沿海、沼泽等环境，要求光伏电缆满足耐高温、耐溶剂、防水、阻燃等要求。

光伏电缆常用电缆料分类、型号与名称见表 1-1-12。

表 1-1-12 光伏电缆常用电缆料分类、型号与名称

分类	型号	名称
绝缘料	WDZ-J	光伏电缆用低烟无卤阻燃聚烯烃绝缘料
	WDZ-J-WR	防水光伏电缆用低烟无卤阻燃聚烯烃绝缘料
护套料	WDZ-H	光伏电缆用低烟无卤阻燃聚烯烃护套料
	WDZ-H-WR	防水光伏电缆用低烟无卤阻燃聚烯烃护套料

1.5 典型设计案例

项目名称：江西东乡 200 MW 渔光互补光伏发电项目

项目简介：该项目是华润电力在江西省重点投资的大型新能源项目，总投资 10 亿元。项目按渔光互补模式，建设“水上发电、水下养鱼”绿色环保的清洁能源，做到“在开发中保护、在保护中开发”。

设计方案见表 1-1-13。

表1-1-13 设计方案

序号	名称	规格型号	单位	数量	产品标准
1	光伏直流专用电缆	H1Z2Z2-K DC 1500V 1×4	m	500000	欧盟标准
2	光伏直流专用电缆	PV-YJYJ DC 1000V 1×6	m	10000	CQC 标准
3	光伏直流专用电缆	PV-YJRLHYJ DC 1000V 1×2.5	m	5000	CQC 标准
4	光伏直流专用电缆	PV1-F DC 1000 1×1.5	m	5000	TUV 标准
5	光伏直流专用电缆	62930 IEC 131 DC 1500 1×6	m	8000	IEC 标准
6	交流铝合金电缆	ZC-YJLHV23-1.8/3kV 3×240	m	27000	国家标准
7	交流电缆	ZC-YJV22-1.8/3kV 4×10	m	300	国家标准
8	交流电缆	ZC-YJV23-0.6/1kV 2×4	m	300	国家标准
9	35kV 铝合金交流电缆	ZC-YJLHV22-26/35kV 3×95	m	2000	国家标准
10	35kV 铝合金交流电缆	ZC-YJLHV22-26/35kV 3×150	m	800	国家标准
11	35kV 铝合金交流电缆	ZC-YJLHV22-26/35kV 3×240	m	600	国家标准
12	35kV 铝合金交流电缆	ZC-YJLHV22-26/35kV 3×300	m	500	国家标准
13	35kV 铝合金交流电缆	ZC-YJLHV22-26/35kV 3×400	m	700	国家标准
14	中压电缆	YJV22-26/35kV	m	250	国家标准
15	地埋光缆（24 芯）	GYTA53-24B1	m	300	国家标准
16	35kV 交流电缆	ZC-YJV22-26/35kV 3×95	m	80	国家标准
17	电力电缆	ZR-YJV22-0.6/1kV-2×16	m	150	国家标准
18	电力电缆	ZR-YJV22-8.7/10kV-3×70	m	100	国家标准
19	控制电缆	KVVRP-450/750V-6×1.5	m	150	国家标准
20	通信电缆	DJYVP-300/500V-2×2×1	m	2000	国家标准
合计			m	563230	

第 2 章　电 缆 价 格

2.1　产品价格构成要素及测算方法

2.1.1　产品价格构成要素

价格分为出厂价、经销价、市场价、需求价，但无论是哪一类型的价格，至少都包含生产成本、流通费用、利润和税金这三个基本要素。

1. 生产成本

生产成本即制造成本，主要包括在工业品生产过程中使用的机器设备等固定资本折旧、原材料辅助材料、电力及其他耗费等费用和生产工人、管理人员等的劳动报酬。简言之，就是生产所需的直接材料和直接人工可归纳于生产的制造费用。生产成本是制定价格的最低界限，无论商品价格怎样背离其价值，都不应使价格低于商品的生产成本。控制并实现合理的生产成本是企业持续进行再生产的基础条件。在制定各种价格时，必须保证企业在正常生产合理经营的条件下，至少能够收回其生产成本。如果价格低于此成本，必然使企业已消耗的社会劳动得不到补偿，从而使简单再生产无法维持。即使价格等于生产成本，也只能补偿其成本消耗而维持简单的再生产，却不能保证扩大再生产。

2. 流通费用

流通费用是指商品在流通过程中产生的所有费用，分别发生在商品流通的不同阶段，参与不同环节商品价格的形成。例如销售费用、管理费用、财务费用等。

3. 利润和税金

税金和利润是指价格构成中的税金利润，具体分解为生产税金、生产利润、商业税金和商业利润。

电线电缆制造企业在相同或相似的工艺条件下生产符合标准规定的通用电线电缆时，其产品结构、所用材料与材料消耗定额是基本相同的。通过监测原辅材料市场价格行情，运用科学的计算方法，就可以实时获取产品的行业平均完全生产成本及最新市场价格行情。

结合价格构成三要素，电线电缆产品合理价格构成如图 1-2-1 所示，电线电缆产品合理价格构成要素详见表 1-2-1。

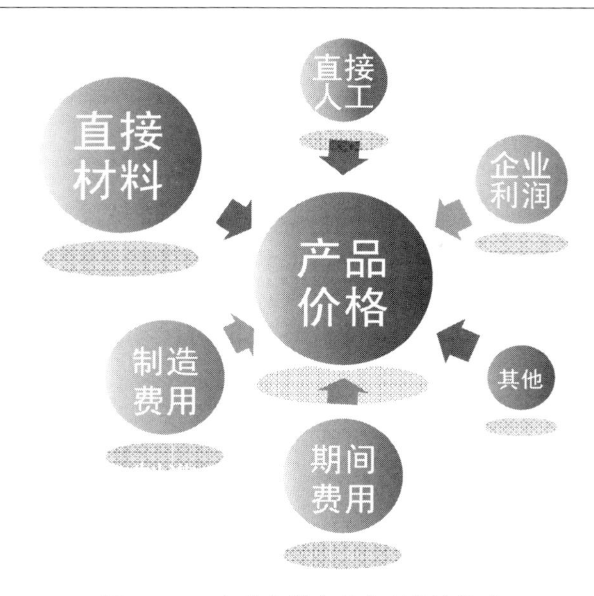

图 1-2-1　电线电缆产品合理价格构成

表 1-2-1　电线电缆产品合理价格构成要素

<table>
<tr><th>序号</th><th colspan="3">主要构成要素</th><th>备注</th></tr>
<tr><td>1</td><td rowspan="14">完全成本</td><td rowspan="3">制造成本</td><td>直接材料（料）</td><td></td></tr>
<tr><td>2</td><td>直接人工（工）</td><td></td></tr>
<tr><td>3</td><td>制造费用（费）</td><td></td></tr>
<tr><td>4</td><td rowspan="11">期间费用</td><td>管理费用</td><td></td></tr>
<tr><td>5</td><td>销售费用（至少应包含下列）</td><td></td></tr>
<tr><td>6</td><td>• 包装费</td><td></td></tr>
<tr><td>7</td><td>• 运输费</td><td></td></tr>
<tr><td>8</td><td>• 保险费</td><td></td></tr>
<tr><td>9</td><td>• 装卸费</td><td></td></tr>
<tr><td>10</td><td>• 中标服务费</td><td>标书明确</td></tr>
<tr><td>11</td><td>财务费用（至少应包含下列）</td><td></td></tr>
<tr><td>12</td><td>• 利息费用</td><td></td></tr>
<tr><td>13</td><td>• 质保金条款</td><td></td></tr>
<tr><td>14</td><td>• 投标保证金或保函费用</td><td></td></tr>
<tr><td>15</td><td colspan="3">企业利润率</td><td></td></tr>
<tr><td>16</td><td colspan="3">标的物剩余回收准备金</td><td>标书要求</td></tr>
</table>

注：1. 行业企业在相同或相似的工艺条件下生产符合标准规定的通用电线电缆时，产品结构、材料与材料消耗定额是基本相同的。另一方面，电线电缆的主要基础材料铜、铝、PVC 塑料等，都是金融衍生品，其价格行情实时随国际市场波动，电线电缆制造企业是无法控制的。也就是说，各企业制造通用电线电缆合格产品的“个别成本”，虽然需要视具体情况而区别对待确认，但作为“个别成本”组成要素的直接材料成本，都差异不大、基本一致。

2. 表中完全成本构成要素约占百分比因不同类别产品或有不同。

因此，针对电线电缆产品大致有 5 个价格维度，分别为导体费用、原材料费用、完全成本、市场参考价格和招标控制价。五个价格维度之间的包含关系如图 1-2-2 所示。

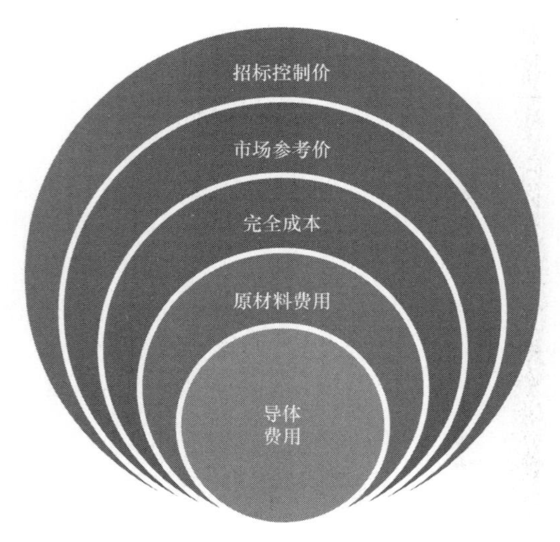

图 1-2-2　电线电缆产品五个价格维度间的包含关系

2.1.2　价格影响因素

价格的影响因素包括产品成本、供求关系、市场竞争环境等。在采购活动中，采购价格也受到各种因素的影响，如地区的政治经济环境、市场的供求关系、产品规格与品质、服务、交货期限、运输及保险等都对价格有相当大的影响。在我国，影响价格的主要因素有以下几个方面。

1. 产品成本

产品成本是影响价格的最根本、最直接的因素。企业的目标都是使利润最大化，生产产品的目的就是获得利润。因此，产品价格一般在供应商成本之上，产品价格和成本之差即为供应商的利润。供应商的成本是产品价格的底线，通常主要包含以下几个方面：

（1）原材料消耗及价格　原材料消耗是企业在实际生产过程中消耗的原材料用量。如果企业产品的工艺设计在保证产品质量、性能的前提下优于行业平均水平，那么在同类型产品上其原材料的消耗会低于行业平均水平，形成成本上的优势。

原材料的价格也会影响产品的价格。若原材料采购价格高，则附加在产品上的价格自然就更高。反之，则更低。

（2）固定成本　固定成本主要指固定资产上的投入，如机器设备、厂房、厂租等方面的投入。若企业使用先进的生产设备或试验设备，设备价值相对较高，那么附加在产品中的价格就会比同类型产品要高；但是，若设备利用率高、投入产出比高，即使设备是先进的，那么产品的价格有可能比同类型的产品要低。

（3）研发成本　研发成本指在设计研发新产品和新技术的活动中产生的费用。在现代经济的新环境下，新产品在功能、使用价值及价格上更具优势。企业的研发投入通常受到知识产权、专利等保护。企业通过生产具有自主知识产权的专利产品，特别是发明专利和技术专利，产品无论在成本、质量、功能方面均比市场原有同类产品存有优势，具有竞争上的排他性，自然具有加价能力。通常新兴产品毛利相对传统产品要更大。

（4）技术成本　技术成本的影响因素有技术人员人工成本和产品生产工艺复杂程度等。技术水平越高，对技术人员的要求自然越高，其产品的加价能力就越高，反之则加价能力越低。

（5）主要部件　产品主要部件的生产方式也影响着产品的价格。一般来说，如果主要部件由企业自己生产，则在成本上更具优势，产品的毛利要高一点。如果采取委托外部加工的方式，成本可能会相对较高，企业的毛利相对要低一点。

2. 市场因素

（1）市场供求关系　当市场上对产品的供给大于需求时，则需求方处于主动地位，拥有较强的讨价还价能力，可以获得较优惠的价格；当市场对产品的需求大于供给时，则供给方处于主动地位，拥有较强的讨价还价能力，产品价格会升高。

（2）产品的市场竞争激烈化程度　所谓物以稀为贵，如果市场上没有这类产品，或这类产品很少，或这类产品相比市场上的同类产品，其质量、功能价值要占有优势，那么产品的价格自然是采用高价策略。反之，如果是经营大众产品或夕阳产业，市场比较饱和，那么只能是取得普通的销售价格，取得较低的销售毛利。

（3）购买者条件

1）需求数量：当产品需求数量较大时，供应商为了寻求薄利多销而在讨价还价中或多或少地降低采购价格。因此，大批量采购或集中采购是一种降低采购成本的有效途径。

2）交货条件：交货条件也是影响采购价格非常重要的因素，产品的价格会因为交货的运输方式、交货期的缓急、交货地点的远近等发生变化。例如，买方承诺货物承运时，则供应商就会降低价格，反之就会提高价格；买方急需该产品时，价格也会适当提高；对于偏远的、交通不发达的交货地点，产品价格也会较高。

3）付款条件：卖方通过设定现金折扣、期限折扣等优惠方式可以刺激买方尽可能早的用现金付款。

3. 企业营销策略

（1）企业的营销目的　企业营销是为了扩大市场占有率还是有其他原因考虑。如果是为了扩大市场占有率，则可能采取先以较低价格打开市场，待站稳市场后再根据市场认同度重新调整定价策略。如果是为了尽快地收回投资，企业可能以较高的价格打入市场，再进行逐渐渗透的策略。市场对成熟产品通常是实行价高量小或价低量大的回报方式。如何在价格与销量之间进行平衡以求得利润最大化是企业进行营销策划所必须面对的一个重要问题。

（2）产品品质　产品品质越好，价格越高，反之价格越低。采购方在采购活动中应首先确保采购物品能满足本企业的需要，产品品质能满足产品的设计要求。不能盲目追求低价，而忽略产品品质。

（3）品牌效应　如果企业知名度高，或其产品具有驰名商标或地方知名品牌商标，或其产品质量得到市场的认可，那么这类品牌的毛利通常也会比较高。反之，对于普通品牌的商品，即使其质量很好，由于没有知名度，其产品毛利率通常不如知名品牌的产品毛利率高。当然也不能一概而论，有些知名品牌产品的毛利属于中等水准，主要是靠较高的销售数量来赚取利润，而有些普通品牌的商品由于不支出广告投入费用，主要靠人力拓展，由于其价格中广告成本不大，其毛利率反而很高。

4. 企业产品生命周期阶段

产品生命周期通常分为四个阶段：导入期、成长期、成熟期和衰退期。往往在导入期时，新产品刚刚投入市场，用户少，竞争对手也少，为打开市场，销售成本比较高。但随着时间的推移，随着市场的扩大，竞争对手的加入，产品的价格必然走低。产品生命周期的四个阶段及主要特点如图 1-2-3 所示。

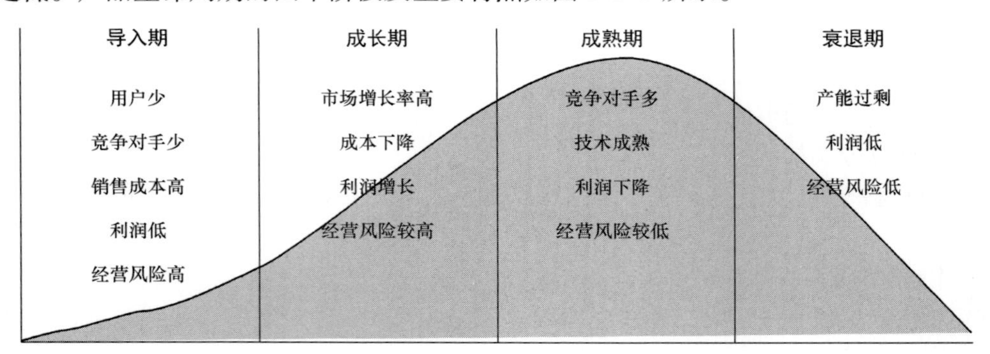

图 1-2-3　产品生命周期的四个阶段及主要特点

2.1.3　价格测算方法

企业在相同或相似的工艺条件下生产符合标准规定的通用电线电缆时，产品结构、材料与材料消耗定额是基本相同的。另一方面，电线电缆的主要基础材料铜、铝、PVC 塑料等都是大宗商品，其价格随国际市场实时波动，是不受电线电缆制造企业控制的。也就是说，各企业制造通用电线电缆合格产品的“个别成本”，虽然需要视具体情况而有区别，但作为“个别成本”组成要素的直接材料成本，各企业之间差异不大，基本一致。因此，结合电线电缆合理价格构成要素给出下列产品招标控制价核算办法供参考。

1. 导体费用

导体费用，即电线电缆产品中导体的同期市场价格。1#铜、A00 铝材料价格一般采用上海有色、长江现货等期货或现货市场交易的成交价格，可根据自身实际核算需要去选择原材料的采信价格。

$$P_{导体} = \frac{C_{导体} \times P_1}{1000}$$

式中　$P_{导体}$——导体费用（元/m）；

$C_{导体}$——导体铜、铝、铝合金等的材料消耗（kg/km）；

P_1——铜、铝、铝合金等导体材料单价（元/kg）。

2. 原材料费用

原材料费用，即严格按照标准生产的电线电缆产品所有直接构成材料的市场价格总和，是电线电缆产品价格构成的最基本单元。

$$P_{原材料} = \frac{\sum C_i \times P_i}{1000}$$

式中　$P_{原材料}$——原材料费用（元/m）；

C_i——电线电缆各工艺结构的材料消耗，即导体、耐火层、绝缘、填充、隔离套、装铠、金属护层、外护等各结构耗费的原材料重量（kg/km）；

P_i——电线电缆各工艺结构所使用原材料的单价（元/kg）。

例如光伏专用电缆，其产品结构由导体、绝缘、护套三部分构成，那么其原材料费用计算方式如下：

原材料费用 =（导体铜重量 × 铜材单价 + 绝缘材料重量 × 绝缘材料单价 + 护套材料重量 × 护套材料单价）/1000

3. 完全成本

完全成本包含生产电线电缆所需料、工、费及期间费用，即完全成本是直接材料费用、直接人工费用、制造费用和期间费用的总和。直接材料费用、直接人工费用和制造费用又构成了产品的制造成本。直接材料是指在生产过程中耗费的原材料，即直接材料费用是原材料费用；直接人工是指企业在生产产品和提供劳务过程中直接从事产品的生产人员，而直接人工费用是生产人员的职工工资和职工福利费；制造费用是指生产产品和提供劳务而发生的与产品相关的各项间接费用，包括企业生产部门（如生产车间）发生的水电费、材料损耗、固定资产折旧、无形资产摊销、管理人员的职工薪酬、劳动保护费、国家规定的有关环保费用、季节性和修理期间的停工损失等；期间费用包括管理费用、销售费用和财务费用，与当期产品的管理和产品销售直接相关。

由于企业间产品研发、工艺及管理水平存在差异，制造费用和期间费用必然不同。为缩小价格核算的差异，可采用参考行业平均水平的方式，即采用平均人工制造费用率和平均期间费用率的方式对制造成本和完全成本进行核算，得出行业平均成本供参考。但在实际采购活动中，企业还会综合采购数量、标的金额、付款方式等因素制定其产品销售价格，因此“个别成本”仍需视具体情况区别对待。

$$P_{完全成本} = P_{制造成本} + PE = P_{原材料} + LC + ME + PE$$

$$P_{完全成本} = P_{制造成本} \times (1 + R_{pe})$$

$$P_{制造成本} = P_{原材料} \times (1 + R_{lc})$$

式中　$P_{原材料}$——原材料费用（元/m）；

$P_{制造成本}$——制造成本（元/m）；

$P_{完全成本}$——完全成本（元/m）；

LC——直接人工费用（元/m）；

ME——制造费用（元/m）；

PE——期间费用（元/m）；

R_{lc}——人工制造费用占比，取行业平均值；

R_{pe}——期间费用率，取行业平均值。

4. 招标控制价

招标控制价，即合理价格上限。招标控制价至少要包含产品的完全成本和企业必要的利润。过高的控制价会造成不必要的采购成本浪费，过低的控制价则要承担更大的产品质量问题的风险。

$$P_{控制} = P_{完全成本} + R + Q$$

$$P_{控制} = P_{完全成本} \times (1 + R_{ep} + R_{o})$$

式中　$P_{控制}$——招标控制价（元/m）；

$P_{完全成本}$——完全成本（元/m）；

R——企业利润（元/m）；

Q——企业与该产品相关发生的其他费用（元/m）；

R_{ep}——企业利润率，取行业平均值；

R_{o}——其他加价比率，企业可依据自身实际费用情况酌情调整。

5. 毛利率

毛利率是毛利与销售收入（或营业收入）的百分比，其中毛利是收入和营业成本之间的差额，用公式表示为

$$G_{m} = \frac{GP}{I} \times 100\% = \frac{(I - C)}{I} \times 100\%$$

式中　G_{m}——毛利率；

GP——毛利；

I——收入；

C——成本。

值得注意的是，上述毛利率的核算，成本 C 指的是制造成本。

以 62930 IEC 131 DC 1500V 1×4 价格测算为例，材料消耗、原材料价格、人工制造费用率、期间费用率及企业利润率等见表 1-2-2 和表 1-2-3。

表1-2-2　62930 IEC 131 DC 1500V 1×4 材料消耗及原材料价格

序号	原材料名称	材料定额/(kg/km)	材料单价/(元/kg)
1	镀锡铜导体	35.58	74.09
2	低烟无卤辐照交联聚烯烃绝缘料	11.67	24.98
3	低烟无卤辐照交联聚烯烃护套料	18.77	13.72

表1-2-3　62930 IEC 131 DC 1500V 1×4 人工制造费用率、期间费用率及企业利润率

人工制造费用率	期间费用率	企业利润率	其他
9%	12%	12%	3%

62930 IEC 131 DC 1500V 1×4 导体费用、原材料费用、制造成本、完全成本、招标控制价及毛利率计算如下：

（1）导体费用

$$P_{导体}=(C_{导体}\times P_1)/1000=35.58\times 74.09/1000\approx 2.64(元/m)$$

（2）原材料费用

$$\begin{aligned}P_{原材料}&=\sum(C_i\times P_i)/1000\\&=(35.58\times 74.09+11.67\times 24.98+18.77\times 13.72)/1000\approx 3.19(元/m)\end{aligned}$$

（3）制造成本

$$P_{制造成本}=P_{原材料}\times(1+R_{lc})=3.19\times(1+9\%)\approx 3.48(元/m)$$

（4）完全成本

$$P_{完全成本}=P_{制造成本}\times(1+R_{pe})=3.48\times(1+12\%)\approx 3.89(元/m)$$

（5）招标控制价

$$P_{控制价}=P_{完全成本}\times(1+R_{ep}+R_o)=3.89\times(1+12\%+3\%)\approx 4.48(元/m)$$

（6）毛利率

$$G_m=(I-C)/I\times 100\%=(4.48-3.48)/4.48\approx 22.32\%$$

2.2　材料消耗定额核算方法

2.2.1　导体单元的核算

非紧压圆形导体：

$$W_{导体}=\frac{\pi d^2}{4}\rho n n_1 k k_1$$

式中　$W_{导体}$——导体材料消耗（kg/km）；

d——单线直径（mm）；

n——导线根数；

n_1——电缆芯数；
k——导体平均绞入系数；
k_1——成缆绞入系数；
ρ——导体密度（g/cm^3）。

2.2.2 绝缘层（挤包）的核算

$$W_{绝缘}=\pi t(D_{前}+t)\rho n_1 k_1$$

式中 $W_{绝缘}$——绝缘材料消耗（kg/km）；
$D_{前}$——挤包前外径（mm）；
t——绝缘厚度（mm）；
n_1——电缆芯数；
k_1——成缆绞入系数；
ρ——绝缘密度（g/cm^3）。

2.2.3 护套（挤包）的核算

$$W_{护套}=\pi t(D_{前}+t)\rho$$

式中 $W_{护套}$——护套材料消耗（kg/km）；
$D_{前}$——挤包前外径（mm）；
t——护套厚度（mm）；
ρ——护套密度（g/cm^3）。

2.2.4 材料密度的取值

各型号电缆常用材料密度取值可参考表1-2-4。

表1-2-4 常用材料密度取值

序号	材料名称	密度/(g/cm^3)
1	软圆铜线	8.89
2	低烟无卤辐照交联聚烯烃绝缘	1.35
3	低烟无卤辐照交联聚烯烃护套	1.44

2.3 典型产品结构尺寸与材料消耗

2.3.1 结构尺寸与材料消耗（NB/T 42073—2016，IEC 62930：2017和EN 50618：2014）

额定电压0.6/1kV、DC 1800V及以下光伏专用电缆（NB/T 42073—2016、IEC

62930：2017 和 EN 50618：2014）结构尺寸见表1-2-5。

表1-2-5　额定电压0.6/1kV、DC 1800V及以下光伏专用电缆结构尺寸

（单位：mm）

型号	规格	导体参考外径	绝缘标称厚度	护套标称厚度	参考外径
PV-YJYJ 62930 IEC 131 H1Z2Z2-K	1×1.5	1.56	0.7	0.8	4.6
	1×2.5	2.00	0.7	0.8	5.0
	1×4	2.56	0.7	0.8	5.6
	1×6	3.54	0.7	0.8	6.5
	1×10	4.56	0.7	0.8	7.6
	1×16	5.67	0.7	0.9	8.9
	1×25	7.10	0.9	1.0	10.9
	1×35	8.40	0.9	1.1	12.4
	1×50	10.20	1.0	1.2	14.6
	1×70	12.20	1.1	1.2	16.8
	1×95	13.70	1.1	1.3	18.5
	1×120	16.70	1.2	1.3	21.7
	1×150	17.90	1.4	1.4	23.5
	1×185	19.60	1.6	1.6	26.0
	1×240	22.90	1.7	1.7	29.7
	1×300	25.30	1.8	1.8	32.5
	1×400	28.80	2.0	2.0	36.8
62930 IEC 132	1×16	5.04	0.7	0.9	8.2
	1×25	6.00	0.9	1.0	9.8
	1×35	7.37	0.9	1.1	11.4
	1×50	8.40	1.0	1.2	12.8
	1×70	10.00	1.1	1.2	14.6
	1×95	11.60	1.1	1.3	16.4
	1×120	13.00	1.2	1.3	18.0
	1×150	14.60	1.4	1.4	20.2
	1×185	16.20	1.6	1.6	22.6
	1×240	18.50	1.7	1.7	25.3
	1×300	20.60	1.8	1.8	27.8
	1×400	23.76	2.0	2.0	31.8

额定电压0.6/1kV、DC 1800V及以下光伏专用电缆（依据NB/T 42073—2016、IEC 62930：2017和EN 50618：2014标准）材料消耗见表1-2-6。

表 1-2-6　额定电压 0.6/1kV、DC 1800V 及以下光伏专用电缆材料消耗（单位：kg/km）

型号	规格	导体	绝缘	护套	参考重量
PV-YJYJ 62930 IEC 131 H1Z2Z2-K	1×1.5	13.24	8.08	14.72	36.04
	1×2.5	21.62	9.84	16.54	48.00
	1×4	35.58	11.67	18.77	66.02
	1×6	53.37	17.29	24.54	95.20
	1×10	86.98	24.36	32.36	143.70
	1×16	134.42	25.18	37.67	197.27
	1×25	213.49	40.76	53.06	307.31
	1×35	292.56	46.73	65.22	404.51
	1×50	433.54	66.40	88.63	588.57
	1×70	609.66	90.70	109.33	809.69
	1×95	812.88	98.22	125.91	1037.01
	1×120	1083.84	124.57	147.53	1355.94
	1×150	1319.15	150.65	168.51	1638.31
	1×185	1582.98	182.08	205.40	1970.46
	1×240	2139.16	218.07	244.40	2601.63
	1×300	2609.78	249.77	279.29	3138.84
	1×400	3479.71	308.17	344.61	4132.49
62930 IEC 132	1×16	138.13	23.35	34.97	196.45
	1×25	215.83	36.83	48.63	301.29
	1×35	302.16	45.53	63.24	410.93
	1×50	429.10	63.77	84.36	577.23
	1×70	600.74	73.37	91.00	765.11
	1×95	827.10	82.26	108.04	1017.40
	1×120	1044.76	105.29	126.56	1276.61
	1×150	1299.68	126.53	144.39	1570.60
	1×185	1602.93	155.23	178.55	1936.71
	1×240	2079.48	188.65	214.98	2483.11
	1×300	2642.67	215.96	245.48	3104.11
	1×400	3431.54	278.64	315.45	4025.63

注：更多型号、规格电线电缆结构尺寸，可关注物资云微信公众号或登录 http：//www.wuzi.cn 进行查询。

2.3.2　结构尺寸与材料消耗（CEEIA B218—2012）

额定电压0.6/1kV、DC 1800V及以下光伏专用电缆（CEEIA B218—2012）结构尺寸见表1-2-7。

表1-2-7　额定电压0.6/1kV、DC 1800V及以下光伏专用电缆结构尺寸（单位：mm）

型号	规格	导体参考外径	绝缘标称厚度	护套标称厚度	参考外径
GF-WDZC-EE-125	1×1.5	1.38	0.7	1.4	5.6
	1×2.5	1.78	0.7	1.4	6.0
	1×4	2.25	0.7	1.4	6.5
	1×6	2.76	0.7	1.4	7.0
	1×10	4.05	0.7	1.4	8.3
	1×16	4.98	0.7	1.4	9.2
	1×25	6.00	0.9	1.4	10.6
	1×35	7.00	0.9	1.4	11.6
	1×50	8.40	1.0	1.4	13.2
	1×70	10.00	1.1	1.4	15.0
	1×95	11.60	1.1	1.5	16.8
	1×120	13.00	1.2	1.5	18.4
	1×150	14.60	1.4	1.6	20.6
	1×185	16.20	1.6	1.6	22.6
	1×240	18.50	1.7	1.7	25.3
	2×1.5	1.38	0.7	1.8	9.8
	2×2.5	1.78	0.7	1.8	10.6
	2×4	2.25	0.7	1.8	11.6
	2×6	2.76	0.7	1.8	12.6
	2×10	4.05	0.7	1.8	15.2
	2×16	4.98	0.7	1.8	17.0
	2×25	6.00	0.9	1.8	19.8
	2×35	7.00	0.9	1.8	21.8
	2×50	8.40	1.0	1.8	25.0
	2×70	10.00	1.1	1.8	28.6
	2×95	11.60	1.1	1.9	32.0
	2×120	13.00	1.2	2.0	35.4
	2×150	14.60	1.4	2.2	39.8

（续）

型号	规格	导体参考外径	绝缘标称厚度	护套标称厚度	参考外径
GF-WDZC-EE-125	2×185	16.20	1.6	2.3	44.0
	2×240	18.50	1.7	2.5	49.4
	3×1.5	1.38	0.7	1.8	10.2
	3×2.5	1.78	0.7	1.8	11.1
	3×4	2.25	0.7	1.8	12.2
	3×6	2.76	0.7	1.8	13.3
	3×10	4.05	0.7	1.8	16.1
	3×16	4.98	0.7	1.8	18.0
	3×25	6.00	0.9	1.8	21.0
	3×35	7.00	0.9	1.8	23.2
	3×50	8.40	1.0	1.8	26.7
	3×70	10.00	1.1	1.9	30.8
	3×95	11.60	1.1	2.0	34.4
	3×120	13.00	1.2	2.1	38.1
	3×150	14.60	1.4	2.3	42.8
	3×185	16.20	1.6	2.4	47.3
	3×240	18.50	1.7	2.6	53.1
	4×1.5	1.38	0.7	1.8	11.0
	4×2.5	1.78	0.7	1.8	11.9
	4×4	2.25	0.7	1.8	13.2
	4×6	2.76	0.7	1.8	14.4
	4×10	4.05	0.7	1.8	17.5
	4×16	4.98	0.7	1.8	19.7
	4×25	6.00	0.9	1.8	23.1
	4×35	7.00	0.9	1.8	25.5
	4×50	8.40	1.0	1.8	29.4
	4×70	10.00	1.1	2.0	34.1
	4×95	11.60	1.1	2.1	38.2
	4×120	13.00	1.2	2.3	42.5
	4×150	14.60	1.4	2.4	47.5
	4×185	16.20	1.6	2.6	52.7
	4×240	18.50	1.7	2.8	59.2
	5×1.5	1.38	0.7	1.8	11.8

（续）

型号	规格	导体参考外径	绝缘标称厚度	护套标称厚度	参考外径
GF-WDZC-EE-125	5×2.5	1.78	0.7	1.8	12.8
	5×4	2.25	0.7	1.8	14.2
	5×6	2.76	0.7	1.8	15.5
	5×10	4.05	0.7	1.8	19.1
	5×16	4.98	0.7	1.8	21.5
	5×25	6.00	0.9	1.8	25.3
	5×35	7.00	0.9	1.8	28.0
	5×50	8.40	1.0	1.9	32.5
	5×70	10.00	1.1	2.1	37.7
	5×95	11.60	1.1	2.2	42.3
	5×120	13.00	1.2	2.4	47.0
	5×150	14.60	1.4	2.6	52.8
	5×185	16.20	1.6	2.8	58.6
	5×240	18.50	1.7	3.0	65.7
GF-WDZC-EE-23-125	2×1.5	1.38	0.7	1.8	12.6
	2×2.5	1.78	0.7	1.8	13.4
	2×4	2.25	0.7	1.8	14.4
	2×6	2.76	0.7	1.8	15.4
	2×10	4.05	0.7	1.8	18.0
	2×16	4.98	0.7	1.8	19.8
	2×25	6.00	0.9	1.8	22.6
	2×35	7.00	0.9	1.8	24.6
	2×50	8.40	1.0	1.8	27.8
	2×70	10.00	1.1	1.9	31.6
	2×95	11.60	1.1	2.0	35.4
	2×120	13.00	1.2	2.1	40.0
	2×150	14.60	1.4	2.3	44.4
	2×185	16.20	1.6	2.4	49.0
	2×240	18.50	1.7	2.6	54.4
	3×1.5	1.38	0.7	1.8	13.0
	3×2.5	1.78	0.7	1.8	13.9
	3×4	2.25	0.7	1.8	15.0
	3×6	2.76	0.7	1.8	16.1

（续）

型号	规格	导体参考外径	绝缘标称厚度	护套标称厚度	参考外径
GF-WDZC-EE-23-125	3×10	4.05	0.7	1.8	18.9
	3×16	4.98	0.7	1.8	20.8
	3×25	6.00	0.9	1.8	23.8
	3×35	7.00	0.9	1.8	26.0
	3×50	8.40	1.0	1.8	29.5
	3×70	10.00	1.1	1.9	34.0
	3×95	11.60	1.1	2.1	37.8
	3×120	13.00	1.2	2.2	42.7
	3×150	14.60	1.4	2.4	47.8
	3×185	16.20	1.6	2.5	52.3
	3×240	18.50	1.7	2.7	58.5
	4×1.5	1.38	0.7	1.8	13.8
	4×2.5	1.78	0.7	1.8	14.7
	4×4	2.25	0.7	1.8	16.0
	4×6	2.76	0.7	1.8	17.2
	4×10	4.05	0.7	1.8	20.3
	4×16	4.98	0.7	1.8	22.5
	4×25	6.00	0.9	1.8	25.9
	4×35	7.00	0.9	1.8	28.3
	4×50	8.40	1.0	1.9	32.4
	4×70	10.00	1.1	2.0	37.3
	4×95	11.60	1.1	2.2	42.8
	4×120	13.00	1.2	2.4	47.5
	4×150	14.60	1.4	2.5	52.5
	4×185	16.20	1.6	2.7	57.7
	4×240	18.50	1.7	2.9	64.6
	5×1.5	1.38	0.7	1.8	14.6
	5×2.5	1.78	0.7	1.8	15.6
	5×4	2.25	0.7	1.8	17.0
	5×6	2.76	0.7	1.8	18.3
	5×10	4.05	0.7	1.8	21.9
	5×16	4.98	0.7	1.8	24.3
	5×25	6.00	0.9	1.8	28.1

（续）

型号	规格	导体参考外径	绝缘标称厚度	护套标称厚度	参考外径
GF-WDZC-EE-23-125	5×35	7.00	0.9	1.9	31.0
	5×50	8.40	1.0	2.0	35.9
	5×70	10.00	1.1	2.2	42.3
	5×95	11.60	1.1	2.3	47.3
	5×120	13.00	1.2	2.5	52.0
	5×150	14.60	1.4	2.7	57.8
	5×185	16.20	1.6	2.9	64.0
	5×240	18.50	1.7	3.1	71.1
GF-WDZC-EE-33-125	2×1.5	1.38	0.7	1.8	14.0
	2×2.5	1.78	0.7	1.8	14.8
	2×4	2.25	0.7	1.8	15.8
	2×6	2.76	0.7	1.8	16.8
	2×10	4.05	0.7	1.8	20.3
	2×16	4.98	0.7	1.8	22.1
	2×25	6.00	0.9	1.8	25.6
	2×35	7.00	0.9	1.8	27.6
	2×50	8.40	1.0	1.8	30.8
	2×70	10.00	1.1	2.0	34.8
	2×95	11.60	1.1	2.1	39.4
	2×120	13.00	1.2	2.2	42.8
	2×150	14.60	1.4	2.3	47.0
	2×185	16.20	1.6	2.5	52.8
	2×240	18.50	1.7	2.7	58.2
	3×1.5	1.38	0.7	1.8	14.4
	3×2.5	1.78	0.7	1.8	15.3
	3×4	2.25	0.7	1.8	16.4
	3×6	2.76	0.7	1.8	17.5
	3×10	4.05	0.7	1.8	21.2
	3×16	4.98	0.7	1.8	23.1
	3×25	6.00	0.9	1.8	26.8
	3×35	7.00	0.9	1.8	29.0
	3×50	8.40	1.0	1.9	32.7
	3×70	10.00	1.1	2.0	38.0

（续）

型号	规格	导体参考外径	绝缘标称厚度	护套标称厚度	参考外径
GF-WDZC-EE-33-125	3×95	11.60	1.1	2.2	41.8
	3×120	13.00	1.2	2.3	45.5
	3×150	14.60	1.4	2.5	51.6
	3×185	16.20	1.6	2.6	56.1
	3×240	18.50	1.7	2.8	62.3
	4×1.5	1.38	0.7	1.8	15.2
	4×2.5	1.78	0.7	1.8	16.1
	4×4	2.25	0.7	1.8	17.4
	4×6	2.76	0.7	1.8	19.5
	4×10	4.05	0.7	1.8	22.6
	4×16	4.98	0.7	1.8	25.5
	4×25	6.00	0.9	1.8	28.9
	4×35	7.00	0.9	1.9	31.5
	4×50	8.40	1.0	2.0	35.6
	4×70	10.00	1.1	2.2	41.5
	4×95	11.60	1.1	2.3	45.6
	4×120	13.00	1.2	2.5	51.3
	4×150	14.60	1.4	2.6	56.3
	4×185	16.20	1.6	2.8	61.5
	4×240	18.50	1.7	3.0	68.4
	5×1.5	1.38	0.7	1.8	16.0
	5×2.5	1.78	0.7	1.8	17.0
	5×4	2.25	0.7	1.8	19.3
	5×6	2.76	0.7	1.8	20.6
	5×10	4.05	0.7	1.8	24.2
	5×16	4.98	0.7	1.8	27.3
	5×25	6.00	0.9	1.8	31.1
	5×35	7.00	0.9	1.9	34.0
	5×50	8.40	1.0	2.1	39.9
	5×70	10.00	1.1	2.3	45.1
	5×95	11.60	1.1	2.4	51.1
	5×120	13.00	1.2	2.6	55.8
	5×150	14.60	1.4	2.8	61.6
	5×185	16.20	1.6	3.0	67.8
	5×240	18.50	1.7	3.2	74.9

（续）

型号	规格	导体参考外径	绝缘标称厚度	护套标称厚度	参考外径
GF-WDZC-EE-63-125	1×10	4.05	0.7	1.8	12.5
	1×16	4.98	0.7	1.8	13.4
	1×25	6.00	0.9	1.8	14.8
	1×35	7.00	0.9	1.8	15.8
	1×50	8.40	1.0	1.8	17.4
	1×70	10.00	1.1	1.8	19.2
	1×95	11.60	1.1	1.8	20.8
	1×120	13.00	1.2	1.8	22.4
	1×150	14.60	1.4	1.8	24.4
	1×185	16.20	1.6	1.8	26.4
	1×240	18.50	1.7	1.8	28.9
GF-WDZC-EE-73-125	1×10	4.05	0.7	1.8	13.9
	1×16	4.98	0.7	1.8	14.8
	1×25	6.00	0.9	1.8	16.2
	1×35	7.00	0.9	1.8	17.2
	1×50	8.40	1.0	1.8	19.7
	1×70	10.00	1.1	1.8	21.5
	1×95	11.60	1.1	1.8	23.1
	1×120	13.00	1.2	1.8	25.4
	1×150	14.60	1.4	1.8	27.4
	1×185	16.20	1.6	1.8	29.4
	1×240	18.50	1.7	1.9	32.1
GF-WDZC-EER-125	1×1.5	1.56	0.7	1.4	5.8
	1×2.5	2.02	0.7	1.4	6.2
	1×4	2.56	0.7	1.4	6.8
	1×6	3.54	0.7	1.4	7.7
	1×10	4.56	0.7	1.4	8.8
	1×16	5.90	0.7	1.4	10.1
	1×25	7.30	0.9	1.4	11.9
	1×35	8.60	0.9	1.4	13.2
	1×50	10.20	1.0	1.4	15.0
	1×70	12.20	1.1	1.4	17.2
	1×95	13.70	1.1	1.5	18.9

（续）

型号	规格	导体参考外径	绝缘标称厚度	护套标称厚度	参考外径
GF-WDZC-EER-125	1×120	16.70	1.2	1.5	22.1
	1×150	17.90	1.4	1.6	23.9
	1×185	19.60	1.6	1.6	26.0
	1×240	22.90	1.7	1.7	29.7
	2×1.5	1.56	0.7	1.8	10.2
	2×2.5	2.02	0.7	1.8	11.0
	2×4	2.56	0.7	1.8	12.2
	2×6	3.54	0.7	1.8	14.0
	2×10	4.56	0.7	1.8	16.2
	2×16	5.90	0.7	1.8	18.8
	2×25	7.30	0.9	1.8	22.4
	2×35	8.60	0.9	1.8	25.0
	2×50	10.20	1.0	1.8	28.6
	2×70	12.20	1.1	1.8	33.0
	2×95	13.70	1.1	1.9	36.2
	2×120	16.70	1.2	2.0	42.8
	2×150	17.90	1.4	2.2	46.4
	2×185	19.60	1.6	2.3	50.8
	2×240	22.90	1.7	2.5	58.2
	3×1.5	1.56	0.7	1.8	10.7
	3×2.5	2.02	0.7	1.8	11.5
	3×4	2.56	0.7	1.8	12.8
	3×6	3.54	0.7	1.8	14.8
	3×10	4.56	0.7	1.8	17.2
	3×16	5.90	0.7	1.8	20.0
	3×25	7.30	0.9	1.8	23.9
	3×35	8.60	0.9	1.8	26.7
	3×50	10.20	1.0	1.8	30.6
	3×70	12.20	1.1	1.9	35.5
	3×95	13.70	1.1	2.0	38.9
	3×120	16.70	1.2	2.1	46.1
	3×150	17.90	1.4	2.3	49.9
	3×185	19.60	1.6	2.4	54.6

（续）

型号	规格	导体参考外径	绝缘标称厚度	护套标称厚度	参考外径
GF-WDZC-EER-125	3×240	22.90	1.7	2.6	62.6
	4×1.5	1.56	0.7	1.8	11.5
	4×2.5	2.02	0.7	1.8	12.4
	4×4	2.56	0.7	1.8	13.9
	4×6	3.54	0.7	1.8	16.1
	4×10	4.56	0.7	1.8	18.7
	4×16	5.90	0.7	1.8	21.9
	4×25	7.30	0.9	1.8	26.2
	4×35	8.60	0.9	1.8	29.4
	4×50	10.20	1.0	1.8	33.7
	4×70	12.20	1.1	2.0	39.4
	4×95	13.70	1.1	2.1	43.3
	4×120	16.70	1.2	2.3	51.4
	4×150	17.90	1.4	2.4	55.5
	4×185	19.60	1.6	2.6	61.0
	4×240	22.90	1.7	2.8	69.8
	5×1.5	1.56	0.7	1.8	12.3
	5×2.5	2.02	0.7	1.8	13.4
	5×4	2.56	0.7	1.8	15.0
	5×6	3.54	0.7	1.8	17.4
	5×10	4.56	0.7	1.8	20.4
	5×16	5.90	0.7	1.8	23.9
	5×25	7.30	0.9	1.8	28.8
	5×35	8.60	0.9	1.8	32.3
	5×50	10.20	1.0	1.9	37.3
	5×70	12.20	1.1	2.1	43.7
	5×95	13.70	1.1	2.2	47.9
	5×120	16.70	1.2	2.4	57.0
	5×150	17.90	1.4	2.6	61.7
	5×185	19.60	1.6	2.8	67.8
	5×240	22.90	1.7	3.0	77.6
	1×1.5	1.56	0.7	0.8	4.6
	1×2.5	2.02	0.7	0.8	5.0

（续）

型号	规格	导体参考外径	绝缘标称厚度	护套标称厚度	参考外径
GF-WDZC-EER-125	1×4	2.56	0.8	0.8	5.8
	1×6	3.54	0.8	1.0	7.1
	1×10	4.56	0.8	1.0	8.2
	1×16	5.90	1.0	1.1	10.1
	1×25	7.30	1.0	1.2	11.7
	1×35	8.60	1.0	1.2	13.0
	1×50	10.20	1.1	1.4	15.2
	1×70	12.20	1.2	1.4	17.4
	1×95	13.70	1.2	1.5	19.1
	1×120	16.70	1.4	1.5	22.5
	1×150	17.90	1.6	1.6	24.3
	1×185	19.60	1.7	1.7	26.4
	1×240	22.90	1.8	1.8	30.1
GF-WDZC-EESR-125	2×1.5	1.56	0.7	0.8	4.6×9.7
	2×2.5	2.02	0.7	0.9	5.2×11.0
	2×4	2.56	0.8	1.0	6.2×13.2
	2×6	3.54	0.8	1.0	7.1×15.2

额定电压0.6/1kV、DC 1800V及以下光伏专用电缆（CEEIA B218—2012）材料消耗见表1-2-8。

表1-2-8　额定电压0.6/1kV、DC 1800V及以下光伏专用电缆（CEEIA B218—2012）材料消耗　（单位：kg/km）

型号	规格	导体	绝缘	填充	包带	护套	铠装	参考重量
GF-WDZC-EE-125	1×1.5	13.31	6.70	—	—	28.63	—	54.14
	1×2.5	22.15	7.97	—	—	31.36	—	67.17
	1×4	35.39	9.57	—	—	34.77	—	85.66
	1×6	53.25	11.16	—	—	38.18	—	108.75
	1×10	90.51	15.31	—	—	47.04	—	159.64
	1×16	136.85	18.18	—	—	53.17	—	215.40
	1×25	231.71	28.29	—	—	62.72	—	330.58
	1×35	315.39	32.39	—	—	69.54	—	425.65
	1×50	450.55	42.82	—	—	80.44	—	582.90
	1×70	630.78	55.62	—	—	92.71	—	789.05

（续）

型号	规格	导体	绝缘	填充	包带	护套	铠装	参考重量
GF-WDZC-EE-125	1×95	856.05	63.64	—	—	111.75	—	1042.43
	1×120	1081.33	77.62	—	—	123.44	—	1294.12
	1×150	1351.66	102.04	—	—	148.03	—	1614.70
	1×185	1667.05	129.74	—	—	163.61	—	1974.32
	1×240	2162.66	156.43	—	—	195.36	—	2529.83
	2×1.5	26.78	13.48	8.00	2.73	70.12	—	121.10
	2×2.5	44.56	16.04	10.46	3.11	77.13	—	151.30
	2×4	71.20	19.24	13.98	3.58	85.90	—	193.91
	2×6	107.13	22.46	18.01	4.05	94.66	—	246.30
	2×10	182.11	30.80	30.89	5.28	117.45	—	366.53
	2×16	275.35	36.56	41.82	6.13	133.23	—	493.10
	2×25	466.21	56.92	62.12	7.45	157.77	—	750.47
	2×35	634.56	65.16	79.07	8.39	175.30	—	962.49
	2×50	904.71	85.98	110.43	9.90	203.35	—	1314.37
	2×70	1266.60	111.68	151.97	11.59	234.90	—	1776.75
	2×95	1718.95	127.78	194.44	13.10	278.48	—	2332.75
	2×120	2171.31	155.86	242.14	14.61	325.28	—	2909.21
	2×150	2714.14	204.90	309.12	16.49	402.80	—	3647.44
	2×185	3347.44	260.50	384.27	18.38	467.03	—	4477.63
	2×240	4342.62	314.12	489.69	20.73	570.95	—	5738.10
	3×1.5	40.18	20.22	6.37	2.92	73.63	—	143.31
	3×2.5	66.84	24.06	8.62	3.35	81.51	—	184.38
	3×4	106.80	28.86	11.71	3.86	91.16	—	242.40
	3×6	160.70	33.69	15.26	4.38	100.80	—	314.82
	3×10	273.17	46.20	25.96	5.70	125.34	—	476.36
	3×16	413.03	54.84	34.49	6.60	141.99	—	650.96
	3×25	699.31	85.38	50.91	8.01	168.29	—	1011.89
	3×35	951.84	97.74	65.69	9.05	187.57	—	1311.90
	3×50	1357.07	128.97	92.80	10.70	218.25	—	1807.79
	3×70	1899.90	167.52	127.85	12.53	267.38	—	2475.19
	3×95	2578.43	191.67	161.69	14.14	315.54	—	3261.48
	3×120	3256.97	233.79	202.88	15.79	368.13	—	4077.57
	3×150	4071.21	307.35	258.05	17.81	453.59	—	5108.00

（续）

型号	规格	导体	绝缘	填充	包带	护套	铠装	参考重量
GF-WDZC-EE-125	3×185	5021.16	390.75	319.85	19.84	524.73	—	6276.34
	3×240	6513.93	471.18	407.62	22.38	639.36	—	8054.46
	4×1.5	53.57	26.96	7.60	3.30	80.64	—	172.06
	4×2.5	89.12	32.08	9.36	3.72	88.53	—	222.81
	4×4	142.40	38.48	13.40	4.34	99.92	—	298.55
	4×6	214.27	44.92	17.09	4.90	110.44	—	391.61
	4×10	364.22	61.60	28.53	6.36	137.61	—	598.31
	4×16	550.70	73.12	39.01	7.40	156.89	—	827.14
	4×25	932.42	113.84	58.12	9.00	186.70	—	1300.07
	4×35	1269.12	130.32	73.48	10.13	207.73	—	1690.79
	4×50	1809.43	171.96	103.33	11.97	241.92	—	2338.61
	4×70	2533.20	223.36	140.33	14.00	312.62	—	3223.52
	4×95	3437.91	255.56	180.62	15.83	369.15	—	4259.08
	4×120	4342.62	311.72	225.98	17.67	450.23	—	5348.23
	4×150	5428.28	409.80	286.58	19.93	527.07	—	6671.65
	4×185	6694.87	521.00	354.38	22.20	634.30	—	8226.77
	4×240	8685.24	628.24	454.64	25.07	768.99	—	10562.16
	5×1.5	66.96	33.70	9.48	3.68	87.65	—	201.45
	5×2.5	111.40	40.10	11.62	4.15	96.42	—	263.69
	5×4	178.00	48.10	16.11	4.81	108.69	—	355.73
	5×6	267.83	56.15	20.16	5.42	120.08	—	469.63
	5×10	455.28	77.00	36.12	7.12	151.64	—	727.15
	5×16	688.38	91.40	48.24	8.25	172.67	—	1008.96
	5×25	1165.52	142.30	71.99	10.04	205.98	—	1595.82
	5×35	1586.40	162.90	91.50	11.31	229.64	—	2081.76
	5×50	2261.78	214.95	127.02	13.34	283.11	—	2900.21
	5×70	3166.49	279.20	172.66	15.60	364.04	—	3998.00
	5×95	4297.39	319.45	224.16	17.67	429.58	—	5288.26
	5×120	5428.28	389.65	278.10	19.70	521.23	—	6636.97
	5×150	6785.35	512.25	354.91	22.24	635.56	—	8310.30
	5×185	8368.59	651.25	441.06	24.79	760.81	—	10246.52
	5×240	10856.55	785.30	558.88	27.94	915.95	—	13144.60

（续）

型号	规格	导体	绝缘	填充	包带	护套	铠装	参考重量
GF-WDZC-EE-23-125	2×1.5	26.78	13.48	8.00	2.73	129.72	62.44	243.15
	2×2.5	44.56	16.04	10.46	3.11	140.63	68.25	283.05
	2×4	71.20	19.24	13.98	3.58	154.27	75.51	337.78
	2×6	107.13	22.46	18.01	4.05	167.89	82.77	402.31
	2×10	182.11	30.80	30.89	5.28	203.35	101.65	554.08
	2×16	275.35	36.56	41.82	6.13	227.89	114.72	702.47
	2×25	466.21	56.92	62.12	7.45	266.06	135.05	993.81
	2×35	634.56	65.16	79.07	8.39	293.33	149.57	1230.08
	2×50	904.71	85.98	110.43	9.90	336.97	172.80	1620.79
	2×70	1266.60	111.68	151.97	11.59	401.39	198.94	2142.17
	2×95	1718.95	127.78	194.44	13.10	497.07	225.08	2776.42
	2×120	2171.31	155.86	242.14	14.61	578.05	631.67	3793.64
	2×150	2714.14	204.90	309.12	16.49	685.38	704.28	4634.31
	2×185	3347.44	260.50	384.27	18.38	822.74	784.14	5617.47
	2×240	4342.62	314.12	489.69	20.73	968.05	874.90	7010.11
	3×1.5	40.18	20.22	6.37	2.92	135.18	65.35	270.22
	3×2.5	66.84	24.06	8.62	3.35	147.45	71.88	322.20
	3×4	106.80	28.86	11.71	3.86	162.45	79.87	393.55
	3×6	160.70	33.69	15.26	4.38	177.44	87.85	479.32
	3×10	273.17	46.20	25.96	5.70	215.62	108.18	674.83
	3×16	413.03	54.84	34.49	6.60	241.53	121.98	872.47
	3×25	699.31	85.38	50.91	8.01	282.43	143.76	1269.80
	3×35	951.84	97.74	65.69	9.05	312.42	159.73	1596.47
	3×50	1357.07	128.97	92.80	10.70	360.14	185.14	2134.82
	3×70	1899.90	167.52	127.85	12.53	461.77	216.36	2885.93
	3×95	2578.43	191.67	161.69	14.14	549.71	241.05	3736.69
	3×120	3256.97	233.79	202.88	15.79	638.97	677.05	5025.45
	3×150	4071.21	307.35	258.05	17.81	800.54	762.36	6217.32
	3×185	5021.16	390.75	319.85	19.84	905.53	840.41	7497.54
	3×240	6513.93	471.18	407.62	22.38	1119.29	945.69	9480.09
	4×1.5	53.57	26.96	7.60	3.30	146.08	71.15	308.66
	4×2.5	89.12	32.08	9.36	3.72	158.36	77.69	370.33
	4×4	142.40	38.48	13.40	4.34	176.08	87.13	461.83

（续）

型号	规格	导体	绝缘	填充	包带	护套	铠装	参考重量
GF-WDZC-EE-23-125	4×6	214.27	44.92	17.09	4.90	192.44	95.84	569.46
	4×10	364.22	61.60	28.53	6.36	234.71	118.35	813.77
	4×16	550.70	73.12	39.01	7.40	264.71	134.32	1069.26
	4×25	932.42	113.84	58.12	9.00	311.06	159.01	1583.45
	4×35	1269.12	130.32	73.48	10.13	343.78	176.43	2003.26
	4×50	1809.43	171.96	103.33	11.97	412.69	204.75	2714.13
	4×70	2533.20	223.36	140.33	14.00	526.68	238.87	3676.44
	4×95	3437.91	255.56	180.62	15.83	640.63	678.86	5209.41
	4×120	4342.62	311.72	225.98	17.67	794.99	756.91	6449.89
	4×150	5428.28	409.80	286.58	19.93	909.32	844.04	7897.95
	4×185	6694.87	521.00	354.38	22.20	1056.48	931.17	9580.10
	4×240	8685.24	628.24	454.64	25.07	1301.36	1049.15	12143.70
	5×1.5	66.96	33.70	9.48	3.68	156.99	76.96	347.77
	5×2.5	111.40	40.10	11.62	4.15	170.63	84.22	422.12
	5×4	178.00	48.10	16.11	4.81	189.72	94.39	531.13
	5×6	267.83	56.15	20.16	5.42	207.44	103.83	660.83
	5×10	455.28	77.00	36.12	7.12	256.53	129.96	962.01
	5×16	688.38	91.40	48.24	8.25	289.24	147.39	1272.90
	5×25	1165.52	142.30	71.99	10.04	341.06	174.98	1905.89
	5×35	1586.40	162.90	91.50	11.31	392.91	194.58	2439.60
	5×50	2261.78	214.95	127.02	13.34	504.87	228.71	3350.67
	5×70	3166.49	279.20	172.66	15.60	632.34	669.79	4936.08
	5×95	4297.39	319.45	224.16	17.67	771.91	756.91	6387.49
	5×120	5428.28	389.65	278.10	19.70	899.83	834.97	7850.53
	5×150	6785.35	512.25	354.91	22.24	1058.48	932.98	9666.21
	5×185	8368.59	651.25	441.06	24.79	1288.22	1038.26	11812.17
	5×240	10856.55	785.30	558.88	27.94	1504.08	1159.88	14892.63
GF-WDZC-EE-33-125	2×1.5	26.78	13.48	8.00	2.73	141.99	137.15	330.12
	2×2.5	44.56	16.04	10.46	3.11	152.91	149.61	376.69
	2×4	71.20	19.24	13.98	3.58	166.54	166.24	440.79
	2×6	107.13	22.46	18.01	4.05	180.17	178.71	510.52
	2×10	182.11	30.80	30.89	5.28	223.51	355.12	827.71
	2×16	275.35	36.56	41.82	6.13	248.05	395.71	1003.63

（续）

型号	规格	导体	绝缘	填充	包带	护套	铠装	参考重量
GF-WDZC-EE-33-125	2×25	466.21	56.92	62.12	7.45	292.36	598.46	1483.52
	2×35	634.56	65.16	79.07	8.39	319.63	664.95	1771.77
	2×50	904.71	85.98	110.43	9.90	363.27	764.69	2238.98
	2×70	1266.60	111.68	151.97	11.59	446.05	864.44	2852.34
	2×95	1718.95	127.78	194.44	13.10	553.22	1246.79	3854.28
	2×120	2171.31	155.86	242.14	14.61	625.43	1376.66	4586.02
	2×150	2714.14	204.90	309.12	16.49	714.5	1506.53	5465.67
	2×185	3347.44	260.50	384.27	18.38	890.48	2110.44	7011.52
	2×240	4342.62	314.12	489.69	20.73	1041.92	2353.96	8563.03
	3×1.5	40.18	20.22	6.37	2.92	147.45	141.30	358.43
	3×2.5	66.84	24.06	8.62	3.35	159.72	157.93	420.52
	3×4	106.80	28.86	11.71	3.86	174.72	174.55	500.51
	3×6	160.70	33.69	15.26	4.38	189.71	191.17	594.90
	3×10	273.17	46.20	25.96	5.70	235.78	375.42	962.22
	3×16	413.03	54.84	34.49	6.60	261.69	416.00	1186.66
	3×25	699.31	85.38	50.91	8.01	308.73	631.70	1784.03
	3×35	951.84	97.74	65.69	9.05	338.72	698.20	2161.25
	3×50	1357.07	128.97	92.80	10.70	402.31	814.57	2806.42
	3×70	1899.90	167.52	127.85	12.53	515.38	1194.84	3918.03
	3×95	2578.43	191.67	161.69	14.14	608.88	1324.71	4879.53
	3×120	3256.97	233.79	202.88	15.79	688.93	1454.58	5852.95
	3×150	4071.21	307.35	258.05	17.81	867.69	2069.86	7591.96
	3×185	5021.16	390.75	319.85	19.84	976.62	2272.79	9001.02
	3×240	6513.93	471.18	407.62	22.38	1196.91	2556.88	11168.89
	4×1.5	53.57	26.96	7.60	3.30	158.35	153.77	403.54
	4×2.5	89.12	32.08	9.36	3.72	170.63	170.39	475.30
	4×4	142.40	38.48	13.40	4.34	188.35	187.02	574.00
	4×6	214.27	44.92	17.09	4.90	212.60	334.83	828.60
	4×10	364.22	61.60	28.53	6.36	254.87	405.85	1121.42
	4×16	550.70	73.12	39.01	7.40	291.00	598.46	1559.71
	4×25	932.42	113.84	58.12	9.00	337.35	698.20	2148.92
	4×35	1269.12	130.32	73.48	10.13	385.37	781.32	2649.75
	4×50	1809.43	171.96	103.33	11.97	457.73	897.69	3452.11

（续）

型号	规格	导体	绝缘	填充	包带	护套	铠装	参考重量
GF-WDZC-EE-33-125	4×70	2533.20	223.36	140.33	14.00	603.91	1324.71	4839.52
	4×95	3437.91	255.56	180.62	15.83	690.64	1454.58	6035.15
	4×120	4342.62	311.72	225.98	17.67	862.00	2069.86	7829.86
	4×150	5428.28	409.80	286.58	19.93	980.52	2272.79	9397.89
	4×185	6694.87	521.00	354.38	22.20	1133.71	2516.30	11242.48
	4×240	8685.24	628.24	454.64	25.07	1385.46	2840.98	14019.61
	5×1.5	66.96	33.70	9.48	3.68	169.26	166.24	449.30
	5×2.5	111.40	40.10	11.62	4.15	182.90	182.86	533.03
	5×4	178.00	48.10	16.11	4.81	209.88	324.68	781.60
	5×6	267.83	56.15	20.16	5.42	227.60	355.12	932.27
	5×10	455.28	77.00	36.12	7.12	276.69	446.44	1298.64
	5×16	688.38	91.40	48.24	8.25	315.54	648.33	1800.16
	5×25	1165.52	142.30	71.99	10.04	367.36	764.69	2521.89
	5×35	1586.40	162.90	91.50	11.31	420.67	847.81	3120.60
	5×50	2261.78	214.95	127.02	13.34	561.26	1272.76	4451.12
	5×70	3166.49	279.20	172.66	15.60	682.11	1454.58	5770.65
	5×95	4297.39	319.45	224.16	17.67	837.06	2069.86	7765.60
	5×120	5428.28	389.65	278.10	19.70	970.77	2272.79	9359.30
	5×150	6785.35	512.25	354.91	22.24	1135.76	2516.30	11326.80
	5×185	8368.59	651.25	441.06	24.79	1372.02	2800.40	13658.13
	5×240	10856.55	785.30	558.88	27.94	1594.85	3125.08	16948.58
GF-WDZC-EE-63-125	1×10	90.51	15.31	—	2.69	128.36	61.71	298.58
	1×16	136.85	18.18	—	3.11	140.63	68.25	367.02
	1×25	231.71	28.29	—	3.77	159.72	78.41	501.90
	1×35	315.39	32.39	—	4.24	173.35	85.67	611.04
	1×50	450.55	42.82	—	5.00	195.16	97.29	790.82
	1×70	630.78	55.62	—	5.84	219.71	110.36	1022.31
	1×95	856.05	63.64	—	6.60	241.53	121.98	1289.80
	1×120	1081.33	77.62	—	7.35	263.34	133.59	1563.23
	1×150	1351.66	102.04	—	8.29	290.61	148.12	1900.72
	1×185	1667.05	129.74	—	9.24	317.88	162.64	2286.55
	1×240	2162.66	156.43	—	10.41	351.96	180.79	2862.25

（续）

型号	规格	导体	绝缘	填充	包带	护套	铠装	参考重量
GF-WDZC-EE-73-125	1×10	90.51	15.31	—	2.69	140.63	132.99	382.13
	1×16	136.85	18.18	—	3.11	152.91	149.61	460.66
	1×25	231.71	28.29	—	3.77	171.99	170.39	606.15
	1×35	315.39	32.39	—	4.24	185.62	187.02	724.66
	1×50	450.55	42.82	—	5.00	215.32	334.83	1048.52
	1×70	630.78	55.62	—	5.84	239.87	385.56	1317.67
	1×95	856.05	63.64	—	6.60	261.69	416.00	1603.98
	1×120	1081.33	77.62	—	7.35	289.64	598.46	2054.40
	1×150	1351.66	102.04	—	8.29	289.64	664.95	2443.85
	1×185	1667.05	129.74	—	9.24	344.18	714.82	2865.03
	1×240	2162.66	156.43	—	10.41	393.84	797.94	3521.28
GF-WDZC-EER-125	1×1.5	13.18	7.21	—	—	30.00	—	50.39
	1×2.5	21.52	8.67	—	—	32.72	—	62.91
	1×4	35.42	10.40	—	—	36.81	—	82.63
	1×6	53.13	13.52	—	—	42.95	—	109.60
	1×10	86.59	16.77	—	—	50.45	—	153.81
	1×16	143.24	21.05	—	—	59.31	—	223.60
	1×25	222.82	33.62	—	—	71.58	—	328.02
	1×35	302.40	38.95	—	—	80.44	—	421.79
	1×50	432.00	51.02	—	—	92.71	—	575.73
	1×70	607.50	66.64	—	—	107.71	—	781.85
	1×95	810.00	74.16	—	—	127.09	—	1011.25
	1×120	1080.00	97.85	—	—	150.47	—	1328.32
	1×150	1318.35	123.08	—	—	173.74	—	1615.17
	1×185	1582.02	154.52	—	—	190.10	—	1926.64
	1×240	2137.87	190.50	—	—	231.79	—	2560.16
	2×1.5	26.53	14.76	9.19	2.92	73.63	—	127.03
	2×2.5	43.33	17.32	11.80	3.30	80.64	—	156.39
	2×4	71.31	21.18	16.34	3.86	91.16	—	203.85
	2×6	106.96	26.94	24.51	4.71	106.93	—	270.05
	2×10	174.31	34.00	36.76	5.75	126.22	—	377.04
	2×16	288.35	42.34	54.41	6.97	149.01	—	541.08
	2×25	448.54	67.64	84.55	8.67	180.56	—	789.96

（续）

型号	规格	导体	绝缘	填充	包带	护套	铠装	参考重量
GF-WDZC-EER-125	2×35	608.74	78.36	110.43	9.90	203.35	—	1010.78
	2×50	867.90	102.44	151.97	11.59	234.90	—	1368.80
	2×70	1220.48	133.82	211.72	13.67	273.47	—	1853.16
	2×95	1627.31	148.92	258.12	15.08	317.34	—	2366.77
	2×120	2169.74	196.48	372.48	18.10	397.35	—	3154.15
	2×150	2648.59	247.16	437.50	19.60	473.51	—	3826.36
	2×185	3178.31	310.26	530.77	21.58	543.19	—	4584.11
	2×240	4295.02	382.54	706.23	24.88	678.07	—	6086.74
	3×1.5	39.79	22.14	7.79	3.16	78.01	—	150.89
	3×2.5	64.99	25.98	9.50	3.53	85.02	—	189.02
	3×4	106.96	31.77	13.25	4.15	96.42	—	252.55
	3×6	160.44	40.41	20.59	5.09	113.95	—	340.48
	3×10	261.46	51.00	31.14	6.22	134.98	—	484.80
	3×16	432.52	63.51	45.83	7.54	159.52	—	708.92
	3×25	672.82	101.46	71.30	9.38	193.71	—	1048.67
	3×35	913.11	117.54	92.80	10.70	218.25	—	1352.40
	3×50	1301.85	153.66	127.85	12.53	252.43	—	1848.32
	3×70	1830.72	200.73	176.19	14.75	310.87	—	2533.26
	3×95	2440.96	223.38	213.42	16.26	359.37	—	3253.39
	3×120	3254.61	294.72	312.05	19.56	449.94	—	4330.88
	3×150	3972.89	370.74	363.80	21.16	533.11	—	5261.70
	3×185	4767.47	465.39	439.61	23.28	610.05	—	6305.80
	3×240	6442.53	573.81	587.68	26.86	759.64	—	8390.52
	4×1.5	53.06	29.52	8.83	3.53	85.02	—	179.96
	4×2.5	86.66	34.64	10.72	3.96	92.91	—	228.89
	4×4	142.62	42.36	15.36	4.67	106.06	—	311.07
	4×6	213.92	53.88	23.26	5.70	125.34	—	422.10
	4×10	348.62	68.00	33.82	6.93	148.13	—	605.50
	4×16	576.70	84.68	51.12	8.44	176.18	—	897.12
	4×25	897.09	135.28	77.99	10.46	213.87	—	1334.69
	4×35	1217.48	156.72	103.33	11.97	241.92	—	1731.42
	4×50	1735.79	204.88	140.33	14.00	279.60	—	2374.60
	4×70	2440.96	267.64	194.81	16.49	364.24	—	3284.14

（续）

型号	规格	导体	绝缘	填充	包带	护套	铠装	参考重量
GF-WDZC-EER-125	4×95	3254.61	297.84	240.45	18.24	421.31	—	4232.45
	4×120	4339.48	392.96	344.70	21.87	549.91	—	5648.92
	4×150	5297.19	494.32	406.39	23.70	620.57	—	6842.17
	4×185	6356.63	620.52	494.01	26.11	739.38	—	8236.65
	4×240	8590.04	765.08	652.53	30.07	913.51	—	10951.23
	5×1.5	66.32	36.90	10.52	3.91	92.03	—	209.68
	5×2.5	108.32	43.30	13.70	4.43	101.67	—	271.42
	5×4	178.27	52.95	18.71	5.18	115.70	—	370.81
	5×6	267.40	67.35	27.66	6.31	136.73	—	505.45
	5×10	435.77	85.00	42.09	7.73	163.03	—	733.62
	5×16	720.87	105.85	62.10	9.38	193.71	—	1091.91
	5×25	1121.36	169.10	97.56	11.69	236.66	—	1636.37
	5×35	1521.85	195.90	127.02	13.34	267.33	—	2125.44
	5×50	2169.74	256.10	172.66	15.60	327.52	—	2941.62
	5×70	3051.20	334.55	243.21	18.43	425.40	—	4072.79
	5×95	4068.27	372.30	294.24	20.31	489.58	—	5244.70
	5×120	5424.36	491.20	428.07	24.41	638.10	—	7006.14
	5×150	6621.49	617.90	501.50	26.44	748.24	—	8515.57
	5×185	7945.78	775.65	610.24	29.12	886.24	—	10247.03
	5×240	10737.55	956.35	807.91	33.55	1089.79	—	13625.15
	1×1.5	13.18	7.21	—	—	14.80	—	35.20
	1×2.5	21.52	8.67	—	—	16.36	—	46.60
	1×4	35.42	12.24	—	—	19.48	—	67.10
	1×6	53.13	15.82	—	—	29.70	—	98.70
	1×10	86.59	19.53	—	—	35.06	—	141.20
	1×16	143.24	31.43	—	—	48.21	—	222.90
	1×25	222.82	37.81	—	—	61.36	—	322.00
	1×35	302.40	43.73	—	—	68.95	—	415.10
	1×50	432.00	56.62	—	—	94.08	—	582.70
	1×70	607.50	73.25	—	—	109.08	—	789.80
	1×95	810.00	81.45	—	—	128.55	—	1020.00
	1×120	1080.00	115.43	—	—	153.39	—	1348.80
	1×150	1318.35	142.13	—	—	176.86	—	1637.30
	1×185	1582.02	164.95	—	—	204.47	—	1951.40
	1×240	2137.87	202.53	—	—	248.05	—	2588.50

（续）

型号	规格	导体	绝缘	填充	包带	护套	铠装	参考重量
GF-WDZC-EESR-125	2×1.5	26.36	14.42	—	—	14.80	—	56.00
	2×2.5	43.04	17.34	—	—	18.84	—	79.70
	2×4	70.84	24.48	—	—	25.32	—	121.30
	2×6	106.26	31.64	—	—	29.70	—	168.40

注：更多型号、规格电线电缆结构尺寸，可关注物资云微信公众号或登录 http：//www.wuzi.cn 进行查询。

2.3.3 结构尺寸与材料消耗（2Pfg 1169/08.2007）

额定电压0.6/1kV、DC 1800V 及以下光伏专用电缆（2Pfg 1169/08.2007）结构尺寸见表1-2-9。

表1-2-9 额定电压0.6/1kV、DC 1800V 及以下光伏专用电缆（2Pfg 1169/08.2007）结构尺寸 （单位：mm）

型号	规格	导体外径	绝缘厚度	护套厚度	参考外径
PV1-F	1×1.5	1.56	0.6	0.6	3.1
PV1-F	1×2.5	2.02	0.6	0.6	4.0
PV1-F	1×4	2.56	0.8	0.7	5.1
PV1-F	1×6	3.54	0.8	0.7	7.1
PV1-F	1×10	4.56	0.8	0.7	9.1
PV1-F	1×16	5.67	0.8	0.9	11.3
PV1-F	1×25	7.10	1.0	1.0	14.2
PV1-F	1×35	8.40	1.0	1.0	16.8

额定电压0.6/1kV、DC 1800V 及以下光伏专用电缆（2Pfg 1169/08.2007）材料消耗见表1-2-10。

表1-2-10 额定电压0.6/1kV、DC 1800V 及以下光伏专用电缆（2Pfg 1169/08.2007）材料消耗 （单位：kg/km）

型号	规格	导体	绝缘	护套	参考重量
PV1-F	1×1.5	13.24	5.90	9.18	28.32
PV1-F	1×2.5	21.62	7.11	10.39	39.12
PV1-F	1×4	35.38	12.25	15.50	63.13
PV1-F	1×6	53.37	15.82	18.62	87.81
PV1-F	1×10	86.98	19.53	21.87	128.38
PV1-F	1×16	134.42	25.11	35.22	194.75
PV1-F	1×25	213.49	38.81	47.92	300.22
PV1-F	1×35	292.56	44.73	53.84	391.13

注：更多型号、规格电线电缆结构尺寸，可关注物资云微信公众号或登录 http：//www.wuzi.cn 进行查询。

2.4　不同种类产品材料消耗定额与经济性对比分析

2.4.1　电缆结构对比分析

不同种类光伏电缆的结构对比见表1-2-11。

表1-2-11　不同种类光伏电缆结构的对比

电缆种类		镀锡铜导体光伏系统用电缆	铝合金软导体光伏系统用电缆	第2种铝合金导体光伏系统用电缆
代表型号		62930 IEC 131	PV-YJYRLHYJ	—
电压等级		AC 0.6/1kV、DC 1500V	AC 0.6/1kV、DC 1500V	AC 0.6/1kV、DC 1500V
导体	材质	镀锡铜	铝合金	铝合金
	结构工艺	第5种绞合导体	绞合软导体	第2种绞合导体
绝缘层	材质	125℃辐照交联聚烯烃绝缘料	125℃辐照交联聚烯烃绝缘料	125℃辐照交联聚烯烃绝缘料
	结构工艺	挤出	挤出	挤出
护套层	材质	125℃辐照交联聚烯烃护套料	125℃辐照交联聚烯烃护套料	125℃辐照交联聚烯烃护套料
	结构工艺	挤出	挤出	挤出

2.4.2　电缆材料消耗对比分析

以镀锡铜导体光伏发电系统用电缆、第5种铝合金导体光伏发电系统用软电缆、第2种铝合金导体光伏发电系统用电缆为例，对三种不同型号的光伏发电系统用电缆的材料消耗及原材料费用进行比较，具体数据见表1-2-12。

表1-2-12　光伏发电系统用0.6/1kV、DC 1500V电缆材料消耗及原材料费用对比

种类	电压	规格	材料名称	材料消耗/(kg/km)	材料单价/(元/kg)	单价小计/(元/m)	原材料费用/(元/m)
镀锡铜导体光伏发电系统用电缆	0.6/1kV DC 1500V	1×16	镀锡铜导体	142.87	73	10.43	11.16
			125℃辐照交联聚烯烃绝缘料	25.32	12.5	0.32	
			125℃辐照交联聚烯烃护套料	31.65	13	0.41	
第5种铝合金软导体光伏发电系统用软电缆	0.6/1kV DC 1500V	1×16	铝合金软导体	43.25	31.8	1.38	2.09
			125℃辐照交联聚烯烃绝缘料	21.8	12.5	0.27	
			125℃辐照交联聚烯烃护套料	34.29	13	0.45	
第2种铝合金导体光伏发电系统用电缆	0.6/1kV DC 1500V	1×16	第2种铝合金导体	43.15	19.5	0.84	1.53
			125℃辐照交联聚烯烃绝缘料	22.37	12.5	0.28	
			125℃辐照交联聚烯烃护套料	31.65	13	0.41	

从上述电缆同种规格（1×16）材料消耗及原材料费用对比分析中可以看出：镀锡铜导体光伏发电系统用电缆，所用导体为镀锡铜导体，铜的比重大，价格高，故该类电缆原材料费用最高；铝合金软导体光伏发电系统用软电缆所用导体为软铝合金导体，铝合金比重小，但铝合金细丝导体拉丝和绞合加工费高，故该类电缆原材料费用低于镀锡铜导体光伏发电系统用电缆，高于第 2 种铝合金导体光伏发电系统用电缆。总之，光伏发电系统用 0.6/1kV、DC 1500V 电缆（1×16）的原材料费用关系为：镀锡铜导体光伏发电系统用电缆 > 第 5 种铝合金导体光伏发电系统用软电缆 > 第 2 种铝合金导体光伏发电系统用电缆。

2.5　典型产品市场价格参考

额定电压 0.6/1kV、DC 1800V 及以下光伏专用电缆常用型号价格参考见表 1-2-13。

表 1-2-13　额定电压 0.6/1kV、DC 1800V 及以下光伏专用电缆常用型号价格参考　（单位：元/m）

型号	规格	导体费用	原材料费用	完全成本	市场参考价	招标控制价
IEC 62930 131	1×2.5	1.82	2.21	2.69	2.8	3.10
IEC 62930 131	1×4	2.99	3.44	4.20	4.39	4.83
IEC 62930 131	1×6	4.49	5.12	6.25	6.53	7.18
IEC 62930 131	1×10	7.30	8.16	9.96	10.47	11.45
IEC 62930 131	1×16	11.28	12.22	14.92	15.67	17.15
H1Z2Z2-K	1×2.5	1.82	2.21	2.69	2.79	3.10
H1Z2Z2-K	1×4	2.99	3.44	4.20	4.40	4.83
H1Z2Z2-K	1×6	4.49	5.12	6.25	6.56	7.18
H1Z2Z2-K	1×10	7.30	8.16	9.96	10.30	11.45
H1Z2Z2-K	1×16	11.28	12.22	14.92	15.48	17.15
PV1-F	1×2.5	1.82	2.08	2.54	2.68	2.92
PV1-F	1×4	2.98	3.40	4.15	4.34	4.77
PV1-F	1×6	4.49	5.02	6.13	6.36	7.05
PV1-F	1×10	7.30	7.94	9.70	10.02	11.15
PV1-F	1×16	11.28	12.19	14.88	15.60	17.11
GF-WDZC-EER-125	1×2.5	1.77	2.13	2.60	2.70	2.99
GF-WDZC-EER-125	1×4	2.91	3.37	4.12	4.26	4.74
GF-WDZC-EER-125	1×6	4.36	5.01	6.12	6.37	7.04
GF-WDZC-EER-125	1×10	7.10	7.88	9.63	9.95	11.07
GF-WDZC-EER-125	1×16	11.74	12.92	15.77	16.39	18.13

注：1. 本表编制日期为 2024 年 7 月 12 日，该日主材 1#铜价格为 79.75 元/kg（长江现货）。电缆价格随着原材料价格波动需作相应调整。

2. 本价格不包含出厂后的运输费、盘具费、特殊包装费。

3. 更多规格、型号电线电缆最新价格，可关注物资云微信公众号或登录 http://www.wuzi.cn 进行查询。

2.6　主要材料市场价格参考

主要原材料市场参考价格见表1-2-14。

表1-2-14　主要原材料市场参考价格

序号	材料名称	市场参考价/(元/kg)
1	镀锡铜导体（D-TXR）	78.14
2	低烟无卤辐照交联聚烯烃绝缘（J-EVA-F-125℃-WDZC）	20.34
3	低烟无卤辐照交联聚烯烃护套（H-EVA-F-125℃-WDZC）	11.17
4	单股聚丙烯网状撕裂填充绳（FC-PP-W-D-TC）	4.88
5	普通无纺布包带（FC-NW-BD）	7.63

注：上表中原材料单价为含税价格，价格来源为物资云价格情报中心，日期为2024年7月12日。

第3章　品牌价值

3.1　品牌价值的构成

企业品牌价值的形成过程是品牌价值“创建—传递—实现”的过程。在形成的过程中存在着一系列影响品牌价值的关键因素，掌握这些关键因素无疑是品牌价值管理活动的基础依据，更是提升品牌价值的关键所在。

3.1.1　品牌价值创建

品牌创建是品牌价值形成过程中重要环节，是品牌传递和品牌实现的基石。品牌价值创建要素是创立品牌所具备的必要物质基础，品牌价值创建要素主要包括质量能力、技术创新、财务状况、装备能力、行政许可、知识产权、体系认证、社会责任。具体见表1-3-1。

表1-3-1　品牌价值创建要素说明

序号	品牌价值要素	描　　述
1	质量能力	产品准入、产品认证、质量管理、质量溯源等
2	技术创新	研发、专利、科技创新、参与制定标准情况等
3	财务状况	衡量资产质量、债务风险、经营绩效、盈利水平
4	装备能力	衡量企业生产制造、试验检测等装备能力
5	行政许可	营业执照、生产许可等强制性许可
6	知识产权	商标、专利、著作权、非专利技术等
7	体系认证	质量管理、环境管理、职业健康管理、军工管理、测量管理、能源管理等
8	社会责任	纳税情况、公益、慈善等

3.1.2　品牌价值传递

品牌价值传递是品牌价值建立之后，使品牌被社会公众所认知的过程。其主要是通过品牌营销、品牌宣传、品牌文化传播等实现品牌形象的树立及实施品牌价值的传递。品牌价值传递能够直接影响品牌在市场中的地位。品牌价值传递要素主要包括市场竞争力、市场稳定性、服务能力、品牌供应链、企业征信、企业荣誉、品牌文化等。具体见表1-3-2。

表1-3-2 品牌价值传递要素说明

序号	品牌价值要素	描 述
1	市场竞争力	销售额、出口额、市场占有率、竞争力排名等
2	市场稳定性	销售收入增长率、销售利润率增长率、连续盈利年份数等
3	服务能力	服务网络覆盖率、服务人员素质、服务响应、售后服务、物流配送能力等
4	品牌供应链	优质供应商数量、优质客户数量、对外投资等
5	企业征信	历史履约情况、资信等级、不良行为情况等
6	企业荣誉	质量荣誉、诚信荣誉、其他荣誉
7	品牌文化	经营理念、员工关怀（包括但不限于薪资福利、晋升体系、员工忠诚度）

3.1.3 品牌价值实现

品牌价值实现实际上是品牌价值的实现与维护。品牌通过营销在市场上实现其价值，而这种价值是需要企业通过与客户间建立的关系去维护的。品牌价值实现与维护要素主要包括客户满意度、客户忠诚度、品牌形象、品牌忠诚度、第三方评价等。具体见表1-3-3。

表1-3-3 品牌价值实现与维护要素说明

序号	品牌价值要素	描 述
1	客户满意度	企业关联交易方满意度评价。具体评价指标可体现为“客户评价”
2	客户忠诚度	反映关联交易方继续合作的程度。具体评价指标可体现为“持续合作年限”
3	品牌形象	有无诚信不良行为、行政处罚、失信被执行人、诉讼仲裁等情形
4	品牌忠诚度	消费者对品牌的重复购买或依赖程度。具体评价指标可体现为“持续合作年限”
5	第三方评价	合作伙伴、媒体、员工或社会公众对企业的评价

3.2 品牌评价模型与权重推荐

3.2.1 品牌评价指标概述

品牌是企业的重要资产之一。加强品牌建设、提升品牌价值对于提升企业市场竞争力而言具有重大而深远的意义。针对电线电缆行业，结合品牌价值形成过程中的关键影响因素，本书采用“质量、服务、技术创新、有形资源和无形资源”的五维评价方式提供品牌评价模型，供广大读者参考。

1. 质量

质量是品牌创建、生存和发展的基础，是构成品牌价值的核心内容。企业的产品质量水平和质量管理水平可反映品牌的质量。产品质量水平包括产品准入情况、产品合格情况（如国家抽检、终端用户抽检结果）、产品认证情况、质量信用情况等。质量管理水平包括质量管理体系认证情况、质量荣誉情况、生产过程管理、关键工艺控制、成品检验检测、质量溯源体系等。

2. 服务

服务包括市场占有率、历年服务业绩、营业收入水平、优质供应商及优质客户的数量、服务范围及服务配套（包括服务人员、服务网点、服务承诺）、服务机制及标准（包括售前、售中和售后）、服务执行情况［服务响应时间、服务配合度、客户评价（客户满意度）、合作年限（品牌忠诚度）、履约诚信］。

3. 技术创新

技术创新包括技术研发实力（主要为研发人员占比）、研发投入、拥有专利情况、获得科技成就奖励情况，以及参与国家、行业或地方标准制定情况，工作站、研究中心或实验室建设情况等。

4. 有形资源

有形资源是指可见的、能用货币直接计量的资源，主要包括物质资源和财务资源。物质资源包括企业的土地、厂房、生产设备、原材料等，是企业的实物资源。财务资源是企业可以用来投资或生产的资金，包括应收账款、有价证券等。

5. 无形资源

企业的无形资源包括专利、技巧、知识、关系、文化、声誉以及能力。与企业的有形资源一样，它们都是稀缺的，都代表了企业为创造一定的经济价值而付出的投入。在当代市场竞争中，无形资源的作用越来越受到企业的重视。在评价指标上可表现为行政许可、商标、非专利技术、著作权、社会责任、员工关怀、媒体评价、各类荣誉奖项、各类标志证书、慈善或公益等。

3.2.2 品牌评价通用模型及权重推荐

本书提供的电线电缆品牌评价指标及权重推荐见表 1-3-4，使用者可全部或根据需要选择，但建议“质量、服务、技术创新、有形资源和无形资源”五个维度的评价指标均需选择部分，评价结果才相对合理。

表 1-3-4 电线电缆品牌评价指标及权重推荐

评价维度	二级评价指标	权重	占比
一、评价指标			
质量（33.6%）	产品准入	5	2.0%
	产品认证	30	12.0%
	质量管理	37	14.8%
	质量信用	12	4.8%

（续）

评价维度	二级评价指标	权重	占比
一、评价指标			
服务（22.0%）	服务业绩	9	3.6%
	服务组织	6	2.4%
	履约能力	12	4.8%
	服务响应	7	2.8%
	合作情况	7	2.8%
	不良行为	14	5.6%
技术创新（15.2%）	研发设计	6	2.4%
	技术创新	27	10.8%
	行业技术影响力	5	2.0%
有形资源（14.0%）	财务基本情况	3	1.2%
	偿债能力	3	1.2%
	经营能力	4	1.6%
	盈利能力	8	3.2%
	发展能力	5	2.0%
	装备能力	12	4.8%
无形资源（15.2%）	行政许可	5	2.0%
	管理体系认证	14	5.6%
	企业征信	6	2.4%
	企业荣誉	1	0.4%
	社会责任	2	0.8%
	员工关怀	4	1.6%
	第三方评价	3	1.2%
	其他情况	3	1.2%
合计		250	100.0%
二、评价激励加分项			
生产制造（40%）	生产设备先进性	30	30.0%
	数字化、智能化	10	10.0%
检验检测（30%）	检测设备先进性	30	30.0%
绿色可溯源（20%）	原材料先进性	8	8.0%
	溯源体系	12	12.0%
知识产权和重大荣誉（10%）	知识产权	5	5.0%
	重大荣誉	5	5.0%
合计		100	100.0%

注：上述品牌评价模型由企信在线（www.xincn.com）提供，版权归企信在线所有，如需转载需注明出处。

3.2.3　评价指标说明

1. 质量

（1）产品准入　产品准入在本模型中指真实、可供查询的工业品生产许可证，企业应提供相应物资的由国家主管产品生产领域质量监督工作的行政部门颁发的真实、可供查询的工业产品生产许可证，生产许可证在有效期内。

（2）产品认证　产品认证是指与产品相关的检测及认证，如产品检测报告（型式试验报告）、3C 产品认证、PCCC 产品认证、阻燃制品标识使用证书、煤矿矿用产品安全标志证书、CB 认证证书、UL 认证证书等。企业提供的相关认证证书必须真实、可供查询，认证范围涵盖相关产品且证书在有效期内。

（3）质量管理　质量管理包括但不限于质量管理体系认证、生产管理、试验管理、原材料管理和残次品管理等。

（4）质量信用　质量信用可以从质量保证体系、质量荣誉和质量不良行为等多个方面进行评价。

2. 服务

（1）服务业绩　服务业绩主要考虑企业的市场影响力、占有率等情况，主要考核主营业务年收入、年出口总额和优质客户数量等多方面指标。

（2）服务组织　服务组织指企业提供服务的组织和保障能力，可以从包装运输、服务网络和服务人员等多方面进行考察。

（3）履约能力　履约能力指企业提供的能证明自身执行合作事宜的相关文件。这可以从履约承诺、履约证明和重约守信等方面进行评价。

（4）服务响应　服务响应是衡量企业对客户服务要求做出的反应速度、服务内容、服务质量等重要指标。可以从服务响应时间、获取服务的便捷程度、服务内容及质量、应急预案和售后服务记录进行评价。

（5）合作情况　合作情况指企业与客户的合作情况，可以从合作年限和客户评价两个方面进行评价。

（6）不良行为　不良行为包括但不限于诚信不良行为、行政处罚、被执行人、失信被执行人、仲裁与诉讼等。

3. 技术创新

（1）研发设计　研发设计包括但不限于研发投入、研发机构级别、研发人员、研发成果等。

（2）技术创新　技术创新可以从专利情况、科技成果与奖励情况、创新技术转化情况等方面进行评价。

（3）行业技术影响力　行业技术影响力可以从参与制定标准情况、国家标准委员会成员和工作站或技术中心等方面进行评价。

4. 有形资源

（1）财务基本情况　财务基本情况从注册资本、资产总额和利润总额三个方面进行考察。企业应提供近三年的数据以辅助进行动态财务分析。

（2）偿债能力　衡量客户偿还债务的能力，一般可以选择资产负债率、流动比率、现金流动负债比率等指标进行评价。

（3）经营能力　衡量企业的经营运行能力，即企业运用各项资产以赚取利润的能力。可以从总资产周转率、存货周转率、应收账款周转率等方面进行评价。

（4）盈利能力　衡量客户获取利润的能力可以从总资产收益率、销售净利率、资本收益率、成本费用利润率等各方面去评价。

（5）发展能力　衡量企业的扩展经营能力，用于考察企业通过逐年收益增加或通过其他融资方式获取资金扩大经营的能力。衡量企业未来发展趋势与发展速度，包括企业规模的扩大、利润和所有者权益的增加。可供选择的财务指标有营业收入三年平均增长率、净利润三年平均增长率、资本保值增值率等。

（6）装备能力　装备能力指企业的生产制造、试验检测等设备装备情况，主要考察企业装备的价值、先进性、使用年限等。企业应当提供生产制造和试验检测设备的台账，包括设备的采购价格、产地、购置时间、投入使用年限、预计报废时间、设备先进性说明。除此之外，还应该提供能佐证台账真实性的辅助性材料供核实。

5. 无形资源

（1）行政许可　行政许可指行政机关根据公民、法人或者其他组织的申请，经依法审查准予其从事特定活动的行为。本书中行政许可主要是核查企业的营业执照，企业需提供真实的、可供查询的营业执照，企业应为中华人民共和国内依法注册的企业法人或其他组织，营业执照在有效期内，经营范围涵盖相关产品。

（2）管理体系认证　管理体系认证是指企业通过具有资质的、独立的第三方机构对企业的管理体系或产品，进行的第三方评价。主要包括 ISO 9001 质量管理体系认证、ISO 14001 环境管理体系认证、ISO 45001 职业健康安全管理体系认证、SA 8000 社会责任管理体系认证、ISO 27001 信息安全管理体系认证、ISO 10012 测量管理体系认证、ISO 5001 能源管理体系认证、军工质量管理体系认证、企业标准化管理体系认证等。企业需提供真实的、可供查询的管理体系认证证书，认证范围涵盖相关产品且证书在有效期内，有定期年检记录。

（3）企业征信　企业征信，即与企业信用相关的指标。从资信等级证明、纳税信用等级、诚信荣誉、机构信用代码证等方面可以进行评价。

（4）企业荣誉　企业荣誉指企业获得的行政部门、社会给予的荣誉证书及称号。一般分为国家级荣誉、省级荣誉、地方荣誉。三者间的等级排序：国家级 > 省级 > 地方。

（5）社会责任　社会责任包括企业环境保护、安全生产、社会道德以及公共利益等方面。本书推荐从慈善公益和纳税情况两方面进行评价。

（6）员工关怀　员工关怀包括员工的薪酬福利待遇、员工心理健康、员工激励机制、员工晋升体系、员工进修培训及员工忠诚度。

（7）第三方评价　第三方评价包括合作伙伴的评价、社会主流媒体的评价、第三方专业机构的评价、行业竞争力排名等。

（8）其他情况　其他无形资源，如商标、商誉、非专利技术、著作权等。

3.3　品牌竞争力评价激励

在市场竞争日益激烈的背景下，企业的装备水平、技术知识储备、创新能力、管理效率等都有可能成为企业的核心竞争力。因此，通过激励机制激发、鼓励和引导当代企业使用先进的设备、技术和管理体系，促进行业从“粗放式”发展向“高、精、尖”的高质量可持续发展。

因此，本书主要根据企业生产设备、检测设备的先进性、使用原材料是否优质、溯源体系是否科学完善、拥有知识产权的先进情况、国家级重大荣誉数量及含金量情况等几个维度综合建立品牌竞争力评价激励机制。

3.3.1　生产制造

生产制造先进性主要表现为以下两方面：

（1）生产设备或工艺的先进性　生产设备的先进性主要从生产设备的设备价值、设备性能、先进性水平、先进性描述等方面进行考察评价，例如拉（绞）丝工装设备、挤塑工装设备、铠装工装设备等；生产工艺的先进性则需要企业对工艺进行先进性阐述，再由行业专家综合判定其是否具有先进性。

（2）生产数字化、智能化　企业数字化、智能化领先于行业平均水平的可酌情加分。

建议生产制造部分加分总和最高不超过40分，生产制造加分项申报表见表1-3-5。

表1-3-5　生产制造加分项申报表

序号	设备/工艺类型	设备/工艺名称	型号	产地	购入价格	投入使用日期	工艺说明	先进性级别	先进性描述	备注

3.3.2 检验检测

检验检测先进性主要表现为检验检测的能力及设备先进性。根据检测设备的台（套）数、设备价值、采购年限、设备性能等方面评价其先进性，具备先进检测设备或具备先进检验检测能力的企业可酌情加分，建议检验检测部分加分总和最高不超过30分。检验检测加分项申报表见表1-3-6。

表1-3-6 检验检测加分项申报表

序号	设备类型	设备名称	型号	产地	购入价格	投入使用日期	设备主要作用	先进性级别	先进性描述	备注

3.3.3 绿色可溯源

绿色可溯源主要体现在两个方面：

（1）绿色原材料　在原材料选择上采用绿色环保或者低能耗原材料的可酌情加分。原材料先进性加分项申报表见表1-3-7。

表1-3-7 原材料先进性加分项申报表

序号	原材料类别	原材料名称	型号规格	产地	材料供应商	材料供应商规模	是否环保材料	材料先进性说明	备注

（2）溯源体系　有完善的溯源体系的可酌情加分，溯源体系包括但不限于原材料采购筛选记录、供应商筛选记录、原材料入库出库记录、产品生产记录、产品检测记录、产品销售记录、售后服务记录、不合格品管理记录，可溯源体系说明表见表1-3-8。

表 1-3-8　可溯源体系说明表

可溯源体系		说　　明
溯源体系建设	原材料可溯源	
	生产制造可溯源	
	管理可溯源	
	销售可溯源	
	……	

绿色可溯源部分加分总和建议最高不超过 20 分。

3.3.4　知识产权与重大荣誉

（1）知识产权　综合知识产权的数量及专利技术的先进性、时效性、成熟度、实用性、经济效益等方面，可酌情加分。知识产权加分项申报表见表 1-3-9。

表 1-3-9　知识产权加分项申报表

序号	知识产权级别	知识产权名称	先进性级别	先进性说明	投入产出比	备注

（2）重大荣誉　重大荣誉一般是指在国家安防、社会责任、航空航天、大型国家重点工程等项目中所获的荣誉。重大荣誉加分项申报表见表 1-3-10。

表 1-3-10　重大荣誉加分项申报表

序号	荣誉级别	荣誉名称	颁发单位	颁发日期	重大荣誉说明	备注

以上两项加分总和建议最高不超过 10 分。

3.4　优质企业考察要素

1. 生产管理

对于一个生产型企业来说，最重要的就是企业的生产。生产管理经营得好，能够有效降低企业库存资金占压，提高劳动生产效率，降低企业生产成本，为企业带来巨大的经济效益，进而实现企业效率、成本和质量等方面的不断改善，提升企业的整体实力。

企业生产管理主要包括计划管理、采购管理、制造管理、品质管理、效率管理、设备管理、库存管理、士气管理以及最为重要的精益生产管理九个方面。企业进行生产管理，就是为了达到高效、低耗、灵活、准时地生产合格产品，高效率地满足客户需要，缩短订货以及发货的时间，为客户提供满意的服务。

管理看板是管理可视化的一种表现形式，使各项数据、项目特别是一些企业的情报实现透明化，管理看板是企业发现问题、解决问题的非常有效的手段，也是成就优秀现场管理必不可少的工具。

2. 质量能力

电线电缆的生产不同于组装式的产品，组装式的产品可以拆开重装及更换零件，而电线电缆的任一环节或工艺过程出现问题，都会影响整根电线电缆的质量，事后的处理都是十分被动的。不是锯短就是降级处理，或者报废整条电线电缆。质量缺陷越是发生在内层，如果没有及时发现并终止生产，那么造成的损失就越大。所以，电线电缆企业的质量控制很重要。

考察一个企业的质量能力要从质量水平、质量管理和质量信用等多方面进行。从企业生产设备设施、工艺、检测试验能力、计量水平、人员水平、产品的主要性能和可靠性、产品执行标准的先进性、产品认证情况等可以考察企业的质量水平。从国家质量检验检测部门、市场监督管理部门及终端用户的抽检情况、企业在质量方面荣获的质量成果及奖励情况考察企业的质量信用状况。从企业自身的质量管理体系的建设、质量管理信息化水平等方面考察企业的质量管理。

专业的电线电缆企业应设有专门的品质管理办公室、化学分析实验室、光谱分析实验室、电气性能实验室、机械性能实验室、物理性能实验室等。从杆材拉丝、绞合到导体热处理，从绝缘挤出或绕包到绝缘线芯成缆，最后到铠装、护套、例行试验、包装出厂的每一个过程都有完善、严格的跟踪检验。即从源头开始控制，确保生产出的成品电线电缆拥有最高品质。对生产的产品进行全程质量控制，并在电线电缆结构中进行相应标注，确保电线电缆品质控制的可追溯性。严格执行不合格原材料不投产，不合格半成品不转序，不合格成品不出厂。

3. 经济实力

经济实力主要通过企业的财务状况进行考察。通过特定的财务指标衡量企业的资产质量、负债风险、经营绩效、盈利水平和现金流水平。

电线电缆行业是料重工轻的行业，生产线的正常运转依赖于原材料的储备。电线电缆主要原材料为铜（铝、合金丝）、塑料、橡胶等，这些原材料（特别是铜）价格波动幅度较大，经济实力强的企业会通过储备充足的原材料库存或运用衍生工具等一系列的手段规避市场价格波动带来的风险，就算在原材料库存不足或市场价格波动幅度较大的情况下，经济实力雄厚的企业也能够从容应对，不会受到资金不足的影响，如期履约。而经济实力弱的企业如果无法保证自身原材料供给的安全库存，就没办法做到即用即买，受库存和价格波动的影响大，企业违约的风险也随之增大，企业的违约进一步导致企业的商业信用受损。久而久之，资金的不良循环从根本上影响企业的盈利水平，企业经营陷入困局，经济实力更难扭转，最终造成企业停产，甚至破产的情形。

4. 技术创新

技术创新对企业而言是生命动力的源泉。拥有自主知识产权和核心技术才能生产具有核心竞争力的产品。紧紧抓住技术创新的战略基点，掌握更多关键核心技术，抢占行业发展制高点，才能在激烈的竞争中立于不败之地。

技术创新是当代电线电缆企业的必然选择。电线电缆行业经过“粗放式”的增长后，优秀的电线电缆企业需要在“劣币驱良币”的市场环境中变被动为主动，唯有下决心练好“内功”，才能开拓新的方向，实现战略调整，继而打开企业的蓝海市场。

5. 市场和服务

优秀的企业必然拥有较大的市场份额和优质服务，直接体现出企业的营销获利能力和服务质量。电线电缆企业的年销售收入的多少、出口额的多少、优质客户的范围及数量、重点用户及重点工程配套情况都能体现其市场的影响力和营销获利能力。而企业的服务网络的覆盖情况、服务人员素质高低、服务的响应、增值服务、客户反馈等则是考察企业服务质量的指标。

客户的反馈对于评价服务质量是具有参考价值的。在对优质的电线电缆企业的考察中，应该重点核实其客户使用电线电缆的运行情况、售后维护情况、服务配合情况等。如果客户采购的电线电缆经常出现问题，需要企业进行售后维护，说明电线电缆质量有待考究。如果客户提出的售后需求长时间得不到响应，又或者售后需求得不到有效的解决，说明企业的服务质量有待提高。

增值服务则是企业服务质量的加分项。随着科技和经济的发展，电线电缆产品种类越来越多，用户不可能完全掌握各种电线电缆知识，电线电缆企业传统的被动服务模式已经不符合时代和社会的发展要求。企业要变被动为主动，主动为用户解决可能遇到的各种问题才是知识经济时代服务竞争的真谛。一家有实力的电线电缆生产企业，不仅要能够提供最优质的电线电缆产品，还应该能够提供整套的电线电缆传输解决方案。帮助客户做《项目技术解决方案》《产品全寿命周期成本分析报告》等技术、商务方案；帮助客户提供电缆选型、安装指导、人员培训、运行监测等附加增值服务；向用户输出有关产品在敷设中应注意的事项，避免因敷设方法而影响产品性能；定期或不定期走访客户，主动征求顾客对公司产品服务质量的意见和建议；必要时参与特殊要求产品的设计，提供特殊要求的技术参数。以上服务对于没有专业的实力，没有对电缆行业的重视和准备长期服务电线电缆用户的态度的企业是很难做到的。

6. 品牌文化

从一个企业的文化、经营理念、品牌积淀也可以感受到一个企业对待电线电缆行业的态度。是空喊一些“绿色环保”的公关宣传口号，还是扎扎实实地做产品，为客户提供优质产品和服务，代表了不同企业的不同经营风格和对电线电缆事业及用户的态度。前一种是“假、大、空”，后一种是低调、务实，是真正站在客户的角度为客户考虑，把客户的利益放在优先的地位。一些不道德的企业为了商业利益欺骗客户，通过偷梁换柱等手法损害客户利益，用伪劣的电线电缆低价冲击市场。这些行为不仅损害了客户利益，更致命的是给用户留下安全隐患，给电线电缆行业健康发展造成极为负面的影响，这些不良行为是要进行深刻揭露和批判的。

7. 现场见证

现场见证，即对企业实地考察和核实。对搜集到的企业相关资料进行现场核实，确保企业实力的真实可靠。由于资料搜集和检验制度的局限性，中间环节存在盲点。如果盲目地采信，极有可能使用户利益受损。比如搜集的资料可能已有人为的美化处理，或者送检时提供的样品与实际交付的产品不相符等。因此，要对生产企业进行实地考察，考察企业的真实实力、产品品质，确保掌握的信息与企业实际信息是一致的。如果一个电线电缆企业有信心做到让第三方随时现场见证，至少说明是一家有实力的、时刻准备着的企业，企业的信用和产品的品质都是有保障的。

3.5　产品质量问题分析

3.5.1　主要质量问题

电线电缆质量问题产生的原因是多方面的，如原材料缺陷、生产工艺控制、质量管理、成本控制等都有可能导致产品质量问题。耐火电缆的主要质量问题集中在导体电阻，外观及结构尺寸，绝缘、护套的机械性能，绝缘热收缩，绝缘热延伸，耐火性能及电缆标志等方面。这些因素都可能给社会安全、环保和人身安全带来重大隐患。

电线电缆的质量问题大致为电气性能、外观及结构尺寸、绝缘机械性能、绝缘特殊性能、护套机械性能、护套特殊性能、电缆标志、不延燃试验、耐火性能、交货长度、包装 11 种分类。按照其对产品质量的影响程度划分为 A、B、C、D 四个等级，其中A表示严重、B表示较严重、C表示一般、D表示轻微，产品质量问题分类及严重性等级见表1-3-11。

表1-3-11　产品质量问题分类及严重性等级

分类	序号	试验项目	问题严重性	产生原因
电气性能	1	导体电阻	A	1、2
	2	成品电压试验	A	1、2、3
	3	4h电压试验	A	1、2、3
	4	绝缘体积电阻率	B	2、3
	5	绝缘电阻	B	2、3
外观及结构尺寸	6	导体结构	C	1
	7	绝缘厚度	A	1、3、4
	8	绝缘偏心度	B	1、3、4
	9	内护套、护套厚度	C	1、3、4
	10	屏蔽层的厚度、搭盖率、直径等	B	1、3、4
	11	铠装层的厚度、搭盖率、直径等	C	1、3、4
	12	外形尺寸	C	3、4
	13	外观质量	D	3、4
绝缘机械性能	14	老化前抗张强度	B	1、2、3
	15	老化前断裂伸长率	B	1、2、3
	16	老化后抗张强度	B	1、2、3
	17	老化后断裂伸长率	B	1、2、3
	18	老化前后抗张强度变化率	B	1、2、3
	19	老化前后断裂伸长率变化率	B	1、2、3
绝缘特殊性能	20	绝缘热失重	B	1、2、3
	21	绝缘热延伸	B	1、2、3
	22	绝缘热收缩	B	1、2、3
	23	热稳定性试验	B	2
	24	热冲击试验	B	2、3
	25	高温压力试验	B	2、3
	26	低温弯曲试验	B	2、3
	27	低温拉伸试验	B	2、3
	28	低温冲击试验	B	2、3
	29	耐酸碱试验	B	2
	30	绝缘耐臭氧	B	2
	31	吸水试验	B	2

（续）

分类	序号	试验项目	问题严重性	产生原因
护套机械性能	32	老化前抗张强度	B	1、2、3
	33	老化前断裂伸长率	B	1、2、3
	34	老化后抗张强度	B	1、2、3
	35	老化后断裂伸长率	B	1、2、3
	36	老化前后抗张强度变化率	B	1、2、3
	37	老化前后断裂伸长率变化率	B	1、2、3
护套特殊性能	38	护套热失重	B	1、2、3
	39	护套热延伸	B	1、2、3
	40	护套热收缩	B	1、2、3
	41	热冲击试验	B	2、3
	42	抗撕试验	B	2、3
	43	高温压力试验	B	2、3
	44	低温弯曲试验	B	2、3
	45	低温拉伸试验	B	2、3
	46	低温冲击试验	B	2、3
	47	炭黑含量	B	2
	48	耐酸碱试验	B	2
电缆标志	49	绝缘线芯识别标志	C	4
	50	成品电缆表面标志	C	4
	51	标志间距离	C	4
	52	产品表示方法	C	4
不延燃试验	53	单根阻燃试验	B	2
	54	成束阻燃试验	B	2
	55	烟发散试验	B	2
	56	pH 值	B	2
	57	电导率	B	2
	58	酸气含量试验	B	2
	59	氟含量试验	B	2
耐火性能	60	耐火试验	A	1、2、3、4
交货长度	61	交货长度	D	1、3
包装	62	包装	D	1

注：1. 问题严重性：A 为存在严重的安全隐患；B 为存在较大的安全隐患；C 为存在一定的安全隐患；D 为几乎不存在安全隐患。

2. 问题产生原因：1 为偷工减料（主观原因）；2 为原材料质量问题；3 为生产工艺；4 为质量管理。

3.5.2　质量问题产生的原因

1. 导体电阻

导体直流电阻（在环境温度为20℃条件下）是考核电线电缆的导体材料以及导体截面积是否符合标准的重要指标，同时也是电线电缆的重要使用指标。导体直流电阻不合格的主要原因有以下几方面：

1）导体材料质量不合格。一些生产企业使用含较多其他金属杂质的铜（铜导体中常见的杂质是铝、砷、磷、锑、镍、铅等，当砷含量达到0.35%时，铜导体的电阻率将增大50%以上），这些杂质的存在造成电阻值超标，严重影响电线电缆的性能和寿命。

2）导体截面积偏小。一些生产企业为了降低生产成本，在生产过程中未严格执行相关标准，偷工减料，故意以小截面充大截面，以获取高额利润，造成导体电阻不合格（导体电阻值与导体截面积成反比，导体截面积越小，导体电阻值越大）。

3）生产工艺不当。导体表面质量往往对电阻值有很大的影响。退火环境不理想（如退火不均匀）会导致导体状态不稳。绞制过程中放线盘的张力不一致会造成导体的节径比不符合要求，使导体过于松散，内外层有较大空隙，导体电阻值也会偏大。

4）导体材料或成品电线电缆存储不当。企业导体材料或成品电线电缆的存储中出现问题，使得存储的原材料或电线电缆受潮，造成导体表面氧化，从而导致导体电阻不达标。

5）电线电缆在包装、运输过程中，受外力挤压、拉伸，使导体变形、拉细，影响导体电阻。

2. 外观及结构尺寸

电线电缆结构尺寸不合格主要是绝缘厚度、绝缘偏心度、金属护层厚度、护套厚度达不到要求。主要原因有以下几方面：

1）生产企业为降低成本，厚度控制在标准的下限，生产过程稍有偏差，便导致结构尺寸不合格。

2）生产企业在生产中没有严格按照工艺要求操作控制温度，挤出机控温过高，挤出量减少，容易产生偏心，造成最薄点厚度不合格。

3）模具配置选择不当，如模间距选择不合适、模具的同心度未调整好。

4）生产企业在冷却工艺中没有严格按照工艺要求去执行或是冷却槽长度不够，从而造成绝缘和护套挤出后冷却不及时而偏离中心。

5）生产企业挤出机的控温精度不符合要求，挤出机螺杆转速不稳定或者牵引速度不稳定。

6）生产企业管理不规范，检验把关不严，没有对结构尺寸进行过程检验和出厂检验。

3. 绝缘、护套的机械性能

电线电缆的机械性能反映了材料的力学性能，包括绝缘、护套老化前后的抗张强度、断裂伸长率以及绝缘、护套老化前后抗张强度变化率、老化前后断裂伸长率的变化率等共涉及11个检测项目。机械性能不达标的主要原因有以下几方面：

1）生产企业质量意识淡薄。为了追求最大利润，降低生产成本，使用再生料或未经净化处理的回收料代替正常绝缘、护套料，使绝缘层、护套层起不到应有的绝缘和抗拉作用。

2）生产企业技术水平不高。如硫化压力、挤塑温度、收线速度等没有严格控制，造成绝缘料、护套料出现塑化不良。即材料得不到充分塑化，导致机械性能不合格。

3）生产企业原材料存储不当，使材料受潮、混入杂质，材料加工过程中气化，横断面产生细微气孔，影响材料的机械性能。

4）老化后机械性能试验需要产品在经7天（168小时）老化后才能进行试验，且不属于出厂检验项目，一般生产企业考虑成本不做此项试验。

4. 绝缘热收缩

绝缘热收缩指标主要考核XLPE绝缘材料在一定温度条件下材料的伸缩情况。不合格的主要因素有以下几方面：

1）绝缘材料质量不合格。电线电缆企业为了降低生产成本，或缺乏原材料进货检验的手段和意识，导致不合格原料进厂。绝缘热收缩属于非电气型式试验项目，而企业的过程检验和出厂检验只进行例行试验和抽样试验项目，因此绝缘热收缩是否合格就依赖于电缆材料的质量和电缆的生产工艺，尤其是电缆材料的质量。如果电缆材料质量不合格，那么用再好的工艺和设备也生产不出合格的产品。但是目前无论是电线电缆的生产许可证实施细则还是电线电缆3C认证实施细则，都未对电缆企业应具备电缆材料的检验能力提出明确的要求，造成了电线电缆生产企业（除同时生产电缆材料的企业外）不具备电缆材料的检测手段，进货检验只能验证其外观、型号、数量、合格证、质保书等。虽然部分企业也会小批量试制产品，对电缆材料的质量进行工艺验证，但也没有考核到绝缘热收缩这一性能。

2）生产工艺不当。采用挤管式挤塑但未科学合理的配置模具是绝缘热收缩试验不合格的主要原因之一。挤管式挤塑与挤压式挤塑相比，具有出胶量大，线速度高，容易调节偏心的优点，应用广泛。但挤管式挤塑的塑胶层致密性差，容易导致绝缘热收缩试验不合格。但通过合理的配模，在挤出中增加拉伸比，可以使塑料的分子排列整齐而达到塑胶层紧密的目的，避免热收缩试验不合格。部分企业为追求效率与产量，采用挤管式挤塑，但由于缺乏模具设计、工艺配模的技术人员，在实际生产中未考虑增加拉伸比，但根据拉伸比配置模具，导致绝缘热收缩不合格。塑料绝缘耐火电缆结构设计和生产工艺配合不当也会导致热收缩不合格。

3）绝缘材料未充分交联。由于产品不耐高温，在标准规定的试验温度 130℃ 下，产品会发生熔融或熔化现象。

4）冷却方式不当。因急冷设施简便，冷却效果充分，定型性好，得到广泛应用。但这种冷却方式是使塑料在大温差下进行骤然冷却，所以易在冷却过程中在绝缘内部残留内应力，造成绝缘热收缩不合格。

5. 绝缘热延伸

绝缘热延伸试验主要考核 XLPE 绝缘料在一定的温度条件下，材料分子结构发生变化的程度。它包括载荷下伸长率和冷却后永久伸长率两项指标。造成不合格的主要原因在于：

1）绝缘材料质量不合格，具体原因见绝缘热收缩部分。

2）生产企业为了降低生产成本选用了不适宜的交联生产工艺，或是采用了错误的工艺参数，导致绝缘材料交联度不达标。如过氧化物化学交联的交联温度、生产线速、氮气或蒸汽的压力、冷却水位等设定不当；硅烷交联的交联温度、生产线速、水温、蒸汽压力、交联时间等设定不当；电子辐照交联的加速器能量和束流、生产线速、线芯在辐照室“∞字轮”上所绕的道数设定不当等。

6. 耐火性能

耐火性能完全取决于耐火材料的特性、绕包结构和绕包工艺。如果随意更换耐火材料，耐火特性很难保证满足标准要求。所以一旦确定了产品结构、原材料要求和加工工艺，不要轻易改变，否则要进行试验再确认。不合格的主要因素有以下几方面：

1）原材料不合格。生产企业为了追求最大利润，降低生产成本，使用了不符合标准要求的耐火材料。

2）原材料存储不当。生产企业耐火原材料存储不当，未考虑周围环境的温度和湿度，使材料受潮，影响材料的性能。

3）生产工艺不当。耐火带材绕包不均匀紧密；与设备接触的导轮及杆不光滑，排线不整齐；张力设定不当；收线工装轮侧板及筒体不平整光滑。

7. 电缆标志

电线电缆上的标志是消费者购买、使用该商品的重要依据，同时也是维护消费者合法权益的一种保证。电缆标志不合格主要指产品合格证上的型号与额定电压等信息未标注或表示错误、成品电缆表面未印刷任何标志、标志连续性检查等内容不合格。造成不合格的主要原因有以下几方面：

1）生产企业对印字工艺掌握不够，调整标志间距时无法满足标准要求。

2）生产企业的责任心不强，出厂检验不严格。

3）未完全理解产品标准的要求，生产过程完成后没有严格按国家标准规定打印完整的标识内容或是标注不规范。

4）为节约成本，使用劣质油墨。

3.5.3　质量问题产生的根源

1. 企业自身方面

（1）部分企业的生产者质量观念落后　质量观念落后是许多中小型电缆企业的致命问题。对于个别中小型生产企业来说，不管是领导层还是基层员工，对于质量管理的认识都存在一定的偏差，他们对于质量管理的认识不足，对于行业的担当也有所欠缺。质量在他们心中并不是始终处于第一的位置，当质量与其他指标（如产量、销售额）发生冲突时，质量往往成了牺牲对象。

（2）采购的原材料质量把关不严　对于电线电缆的产品质量，首要问题在于原材料，电线电缆行业是一个料重工轻的行业，电线线缆的质量直接取决于原材料的质量。目前，一部分电线电缆企业缺乏原材料进货检验的手段和意识，导致不合格原料进厂。或者企业未定期分批抽检供应商提供不同批次的原材料，甚至为降低生产成本，故意采用劣质原材料，直接导致电线电缆产品质量不合格。

（3）工艺流程方面控制不严格　电线电缆产品的不合格，很大一部分原因是企业没有系统地去了解、规范电线电缆制作的工艺流程。不重视原材料的进场检验，生产过程中的抽样检验，到成品电缆的出厂检验。最终导致绝缘平均厚度或最薄点厚度不合格、护套平均厚度达不到标准要求、偏芯等现象时有发生，进而大批不合格产品直接流向市场。

（4）企业内部管理不到位　企业对产品标准不重视，质量控制意识薄弱，未按照“三按”（按设计、按标准、按工艺）进行生产，不注意设备的保洁、润滑和点检。产品实现的一次成功率较低而出现质量偏差，往往工艺质量问题未能事前控制，而依靠事后检查，或发生用户质量投诉才被发现。如果偏离质量规范、控制程序的操作不当或生产不严格，就会产生质量缺陷或造成严重质量损失。甚至有的企业为降低生产成本，简化生产工艺，偷工减料，直接导致导体直流电阻、绝缘热延伸等关键指标达不到标准要求。

（5）技术方面掌握不到位　技术是电线电缆制造生产中极为重要的一部分，也是企业能否走在行业最前沿的关键所在。对于国内大型电线电缆企业而言，他们有着雄厚的资本和广阔的人脉。在电缆生产工艺制造方面，企业可以采用跨国合作的方式，吸收国外先进的电缆制造技术，吸引大量的电线电缆技术方面的人才为其服务。可是，对于一些刚刚入行或资本财力有限的中小企业而言，他们也想努力做好质量并发展壮大企业，奈何技术的缺失也使他们的企业发展束手缚脚。

（6）产品敷设安装不到位　这是很多人都会忽略的一点。但是这个问题却是实实在在存在的。有些人认为把电线电缆放到指定的位置后敷设安装就算是完成了，但实际上却并没有那么简单。例如，电线电缆沟内全长应装设有连续的接地线装置，接地线的规格应符合规范要求。其金属支架、电线电缆的金属护套和铠装层（除有绝缘要求的例外）应全部与接地装置连接。产品敷设安装应按照特定的做法执行。

（7）一线技术质量人才紧缺，全员参与程度偏低　我国的电线电缆多为劳动密集型产品，产品质量对人员的依赖性较大。遗憾的是，多数电线电缆企业的一线技术质量人才十分缺乏，在很大程度上限制了产品质量的提升空间。

此外，我国多数电线电缆企业员工对质量管理的参与大多只是被动参与，而主动关心企业，积极提高产品质量的情况并不普遍。员工对加入 QC 小组普遍缺乏兴趣，一些 QC 成果也是在一些小改革的基础上加工出来的。可以说，广大员工的创造性、积极性远远没有充分发挥出来，产品质量工作的开展缺少群众基础。

2. 市场方面

（1）恶意的低价竞标　据不完全统计，我国已经拥有的电线电缆企业有 7000 多家。其中 97% 以上是民营性质的中小企业，部分企业根本不具备生产能力、质量控制和检测能力。加上集中于低端产品和产能过剩，企业为了各自眼前利益，纷纷以低价换市场，甚至出现“价不抵料”的闹剧。加之，低价中标、部分企业道德无良等现象的存在，更加剧了行业“低价竞标”的态势。

多年来，尽管电线电缆行业组织多次呼吁产品价格自律，但市场上的电线电缆产品价格依然混乱不堪，产品利润大幅下滑，电线电缆造假是行业“低价”带来的连锁反应。在低价的市场竞争环境中，如果企业按国家标准生产，严格执行工艺，必然会大幅亏损。另外，企业利润被挤压，行业平均利润率一直下降，企业合理利润难以保障。当产品的销售价格已经接近甚至低于产品制造实际成本时，部分厂家为了保证利润和控制成本，无视国家标准、行业标准，擅自做一些非标产品，出现偷工减料、以次充好、以小代大、缺尺少码的情况，最终造成电线电缆产品质量难以保证。

（2）串标围标，部分小企业抱团取暖求生存　在电线电缆行业投标过程中，有时会发生串标围标事件，给遵纪守法的企业造成损失，严重扰乱了正常的市场秩序。参与电线电缆串标围标的企业中，有的企业不但没有完备的管理团队、技术人员、质量控制体系，甚至没有检测设备。然而他们却有品牌、生产许可证、各种认证证书和获奖证书，而且注册资本还不低。他们通常是十几个厂家一起去投标，一张订单拿到手，分工合作，利益共享。

3. 行业监督方面

（1）行政监管部门听之任之　当下，个别地区的地方保护主义色彩仍然比较浓烈，有些监管部门在抽查方式上做文章，或者和下面的企业私相授受，睁只眼闭只眼、听之任之。

目前与电线电缆有关的认证有：体系认证、环保认证、生产许可证、CCC 强制认证、PCCC 电能认证、煤安认证、CRCC 中铁认证。但市场依然缺乏统一、有效、有力的监管机制，持证者与产品质量事故的连带关系和职责得不到强化，发证者与所发证书的质量和职责难以体现。此外，由于市场缺乏有力的监督机制，一些不规范的企业不惜采取偷工减料、假冒伪劣等手段，不少产品存在严重的质量问题或质量隐患。

（2）检验机构检测不规范　行业的检验机构理应为规范这一行业的从业行为服务，并对其负责及提供安全保障。近年来，越来越多不同体制的线缆检测机构纷纷成立，据不完全统计具有电线电缆检测资质（含电线电缆部分性能检测）的检测机构数百家。在庞大的检测队伍中，对产品标准和检测方法标准理解的差异、检测仪器的操作方法和检测技术掌握的差异以及相互之间的不正当竞争，影响了产品检测结论的科学性、公正性、正确性和合理性。另外，检测机构中人员素质也令人担忧，社会上只关注检测机构的名称，不关注内在的素质，导致所谓的“XXXX检测中心”就是权威，甚至误导了检测结果的公正性。部分检测机构的工作人员遵循“吃、拿、卡、要”的原则更加阻碍电线电缆行业的高质量发展。正是因为当下市场上的检测机构鱼龙混杂，导致许多企业为了那份产品检测达标的报告不惜利用各种手段获取“通行证”。

据国家以及各地质量监督检测机构对已经投入使用的、正在安装的或准备安装的电线电缆进行抽检的结果来看，其产品质量不合格的状况十分普遍且严重，与国家抽检、省抽查、许可证和各种认证（可能存在抽检样品来源是企业已有所准备的样品）检测结果形成强烈的反差，说明进入市场流通领域的电线电缆实际质量状况令人担忧。

（3）缺乏统一的国际线缆标准或技术规范　我国电线电缆产品标准滞后，纵观全球电线电缆市场，行业标准层出不穷，美国、欧盟、德国、加拿大、日本、英国……每个国家和地区都有自己的产品安全标准体系，错综纷杂的标准对电线电缆的质量提升也造成一定的阻碍。而我国电线电缆标准的滞后更使一些不法企业生产不合格的产品有机可乘。

4. 终端用户方面

（1）低价中标　当前，行业终端用户基本都是采取“招投标”的方式进行采购，并且大多数招标人采用“最低价中标”的评标办法。对于利润微薄的电线电缆企业而言，在既定的规则下，要生存就要尽可能多的占领市场。因而为了拿到订单，企业间大打价格战，久而久之行业中形成“拼价格”的不良生态环境。在一些项目招标中，最高价与最低价相差30%～40%的情况屡见不鲜，投标价格相差一倍的情况也时有发生。然而中标后，有的企业只能通过降低电缆截面、使用劣质原材料、减少长度、修改制造工艺等偷工减料的手段以保证其相应的利润。

（2）对线缆产品质量认识较为肤浅　对于行业内的人而言，分辨电线电缆的质量好坏、有无标识、标识是否规范很容易。但是，对于外行人而言，他们不知道该如何去辨别电线电缆产品质量好坏，这给一些不法商家提供了可乘之机。有些消费者认识不到电线电缆质量问题的重要性，甚至会向商家索求不合格的电线电缆产品。

（3）维权意识比较薄弱　对于消费者而言，有时即便发现自己买到的电线电缆存在质量问题，往往也不了了之。如果消费者自身能提高维权意识，遇到不合理的情况、据理力争，相信我国电线电缆市场的混乱现象将会有很大改观。

电线电缆的产品质量问题，既与行业发展阶段、市场发育程度和技术进步水平有关，更与企业的质量诚信缺失有关。电线电缆产品质量问题具有多方面、深层次的成因，但根本原因在于市场秩序混乱和企业诚信缺失，一味追求以低价中标，不讲质量诚信，以牺牲质量“谋求”市场。

3.6　企业征信与用户评价

3.6.1　企业征信评价的意义

企业征信作为社会信用体系的重要组成部分，在国外已有170余年的历史，并且形成了比较完善的运行机制和规则体系，对完善市场体系、维护市场秩序、促进市场经济发展起到了重要作用。我国的企业征信行业仍处于初步发展阶段，但经过10余年的发展，从无到有，逐渐壮大，形成了一定的规模，对经济发展和市场秩序规范发挥了积极作用。

从各国市场经济发展经验来看，比较成熟的市场经济体制运行都是以完善的社会信用体系为基础的。当下社会，信用越来越受重视，信用已然成为企业的名片。近年来，我国颁布的一系列政策法规，促进信用信息共享，整合信用服务资源，加快建设企业和个人信用服务体系，全面推动社会信用体系建设。

2014年6月14日，《国务院关于印发社会信用体系建设规划纲要（2014—2020年）的通知》指出全面推动社会信用体系建设，深入推进商务诚信建设（包括生产、流通、金融、价格、工程建设、招标投标等领域）。

2015年6月24日，《国务院办公厅关于运用大数据加强对市场主体服务和监管的若干意见》提出引导专业机构和行业组织运用大数据完善服务；充分认识运用大数据加强对市场主体服务和监管的重要性；建立健全失信联合惩戒机制及产品信息溯源制度。

2016年5月30日，《国务院关于建立完善守信联合激励和失信联合惩戒制度加快推进社会诚信建设的指导意见》提出构建守信联合激励和失信联合惩戒协同机制：建立健全信用信息公示机制、信用信息归集共享和使用机制，规范信用红黑名单制度；建立激励和惩戒措施清单制度；建立健全信用修复机制；建立健全信用主体权益保护机制；建立跟踪问效机制。

2017年5月12日，国家发改委等17部门联合签署印发《关于对电力行业严重违法失信市场主体及其有关人员实施联合惩戒的合作备忘录》的通知，其惩戒措施包括限制参与工程等招标投标活动，将有关失信信息通过“信用中国”网、电力交易平台网等政府指定网站和国家企业信用信息公示系统向社会公布等十三项。

2017年8月1日，国家能源局印发《能源行业市场主体信用评价工作管理办法（试行）》的通知，提出能源行业市场主体信用评价应从市场主体履行社会承诺的意愿、能力和表现等方面进行综合评价。能源行业主管部门在项目核准（备案）、市场准入、日常监管、政府采购、专项资金补贴、评优评奖等工作中，应加强信用评价结果应用。鼓励市场主体在生产经营、交易谈判、招投标等经济活动中使用信用信息和信用评价结果。

由此可见，在全面建设社会信用体系的大环境下，企业的信用尤为重要，企业信用评价也有了前所未有的重要意义。诚信是现代市场经济的基石，是企业发展的生命。随着市场经济的发展，信用透明成为必然趋势，没有诚信就没有良好的社会经济秩序。

民无信不立，业无信不兴。完善企业征信体系，是社会信用体系建设的重要一环，有利于提高企业的诚信意识，改善我国商务信用环境，推进商务诚信建设。完善企业征信体系的第一步就是要做好企业的征信评价。

1）企业信用评价是树立企业形象、提高竞争力的利器。信用评价是对企业进行的包括企业资本实力、运营能力、偿债能力、成长能力、产品质量、售后服务、交货、应付账款、品牌、用户满意度、员工素质、管理水平等方面的全面考察调研和分析。信用评价有助于企业防范商业风险，任何一个客户都愿意与信用记录优良的企业合作。显然，通过信用评价获得较高信用等级的企业是受客户欢迎和信赖的。因此，高等级的信用无疑是企业最重要的无形资产，是展示形象、提高竞争力、扩大市场的有力武器。目前，在招投标活动、企业筹资等方面，信用等级证书和信用标志会起到很好的促进作用。

2）企业信用评价是对企业内在质量的全面检验和考核，是提高经营水平的标尺。企业信用评价结果虽不等同于企业经营管理的好坏，但在一定程度上反映了企业经营管理的水平，能够及时发现企业在经营管理中存在的漏洞，是企业经营管理的一面镜子。通过企业信用评价使企业认清差距、改进不足，从而达到提高经营水平的目的。

3）企业信用评价是建立守信联合激励和失信联合惩戒制度的有效形式。通过企业信用评价，宣传展示诚信企业，惩罚失信企业。一方面，这起到了激励、教育和警示的作用。另一方面，客户可以很直观地比较、鉴别、选择。长此以往，对于“屡教不改”的失信企业必将淘汰出局，市场环境得到净化。

综上所述，企业征信的作用及意义在于：增加企业之间信用信息的透明度，降低社会交易成本；促进企业信用的记录、监督和约束机制的建立；为企业的交易和信用管理决策提供信息和评估支持；为国家社会信用体系的建立和完善奠定基础。

企业征信无论对国家宏观信用管理体系的建设，还是企业微观信用管理，都具有非凡的意义。地区差异、信息不对称都是直接造成经济贸易活动中合作双方不了解、信用状况掌握不充分。这不但给双方交易造成麻烦，也给有心之人可乘之机，更增加了社会交易成本。为了保证企业间的信用交易行为顺利进行，乃至建立一个正常的市场经济秩序，完善的企业征信体系必不可少。而委托独立、客观、公正的第三方对合作对象进行资信调查和信用咨询，可以使交易决策更有依据和说服力。

3.6.2　企业征信评价流程

企业信用评价应保持客观独立，做到对被评对象信用信息进行尽职调查，并采取相应方法核实比对，不带有任何偏见、不受任何外来因素影响，务求真实客观、独立公正地反映被评对象的信用状况。在被评对象提供的信用信息不完备或不能核实的情况下，应持审慎态度。同时也应该侧重对被评对象未来一段时间内的履约能力与意愿进行分析与判断。

企业信用评价流程包括信用评价申请、资料采集等，具体如图 1-3-1 所示。

图 1-3-1　企业信用评价流程

1）信用评价申请。企业向第三方评价机构提出信用评级申请，双方签订《企业信用评价协议书》。

2）资料采集。第三方评价机构制定信用评价方案及相关细则，并向企业发出《企业信用评价资料清单》，申请企业在把信用评价所需资料按要求准备齐全并提交给第三方评价机构。企业提交数据的同时，还需同时提交相关证明材料，以方便第三方评价机构对企业资料及数据的核查。

3）资料处理。第三方评价机构评审小组对企业提供的资料进行整理分析，核查资料完整性和真实性，按照信用评价细则对申请企业进行初步打分评价。

4）现场核实（如有需要）。对待评企业进行现场核实。

5）专家评价。第三方评级机构组织专家成立信用评审委员会，对初评结果进行评价，确定企业信用评价结果。

6）出具信用评价报告。向申请企业提供完整的信用评价报告。

7）信用评价公示。评价结果会在网站等各大媒体上发布予以公示，并出具企业信用证书或发放牌匾。

第4章 技术工艺

4.1 产品材料性能与结构设计

4.1.1 典型产品工艺结构与图示

光伏发电系统用直流电缆由导体、125℃低烟无卤辐照交联阻燃聚烯烃绝缘和125℃低烟无卤辐照交联阻燃聚烯烃护套三部分组成。根据用户使用需求可以分为单芯结构和双芯结构。如图1-4-1和图1-4-2所示。

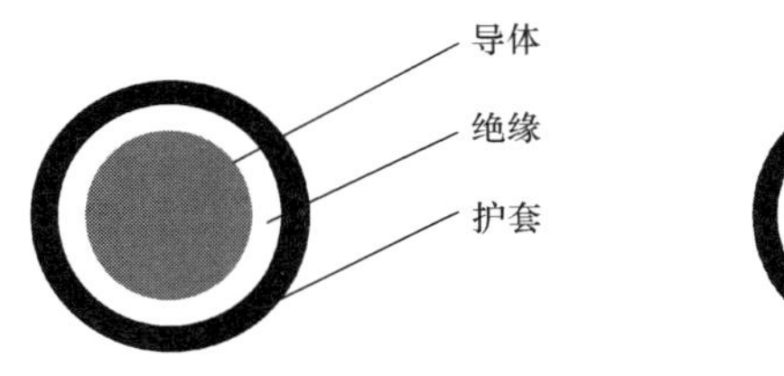

图1-4-1 单芯光伏发电系统用直流电缆结构示意图

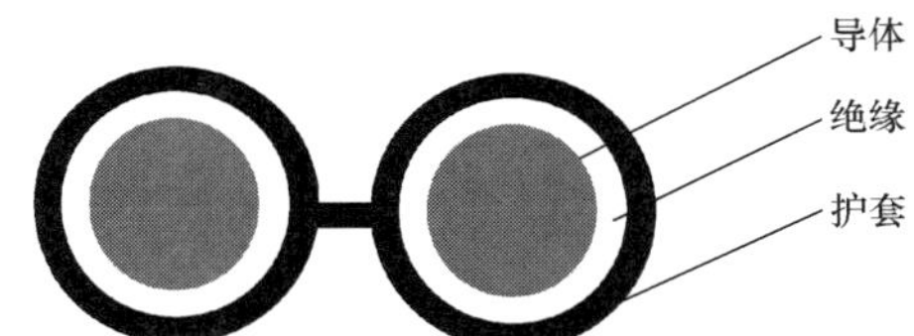

图1-4-2 双芯光伏发电系统用直流电缆结构示意图

4.1.2 主要原材料性能

1. 导体

光伏发电系统用直流电缆多数情况下在户外长期工作，受施工条件的限制，直流电缆的连接多采用接插件。直流电缆导体的材料可分为铜芯和铝芯。铜芯直流电缆的抗氧化能力要比铝芯的好，其寿命长、稳定性能好、压降小和电量损耗小。在施工上由于铜芯直流电缆柔性好，允许的弯度半径较小，所以拐弯方便，穿管容易。而且铜芯直流电缆抗疲劳、反复折弯不易断裂，所以接线方便。同时铜芯直流电缆的机械强度高，能承受较大的机械拉力，给施工敷设带来很大便利，也为机械化施工创造了条件。相反，铝芯电缆由于铝材的化学特性，安装接头易出现氧化现象（电化学反应），特别是容易发生蠕变现象，容易导致故障的发生。

因此，光伏电缆的导体通常采用5类镀锡软铜导体，其形状为圆形。光伏电缆标准对用于光伏电站电缆的导体有明确要求，导体生产时严格执行相应的产品标准。光伏电缆的导体电性能侧重于在环境温度20℃时的导体直流电阻、耐腐蚀性以及导体电气连续性（光伏电缆正常使用时导体不得出现断芯）等。导体的物理机械性能受益于国内铜材加工制造水平、过程品控的提高，光伏电缆导体用镀锡铜单丝物理机械性能均满足相关光伏电缆产品标准的要求。

2. 绝缘

由于光伏发电系统用直流电缆经常暴露在室外恶劣环境中，如高温、低温和紫外线辐射。普通电缆一般使用的材料有聚氯乙烯（PVC）、橡胶、弹性体（TPE）和交联聚乙烯（XLPE）等，但普通电缆工作的最高额定温度为90℃，远远不能满足耐高温的要求。此外，光伏电站安装和运行维护期间，电缆可能布线在地面以下的土壤内、杂草丛生乱石中、屋顶结构的锐边上，或者裸露在空气中，电缆有可能承受各种外力的冲击。如果电缆护套强度不够，电缆绝缘层将会受到损坏，从而影响整个电缆的使用寿命，甚至会导致短路、火灾和人员伤害等危险问题的出现。电缆科研技术人员发现，经辐射交叉链接的材料比辐射处理前有较高的机械强度。交叉链接工艺改变了电缆绝缘护套材料聚合物的化学结构，当可熔性热塑材料转换为非可熔性弹性体材料时，交叉链接辐射则显著改善了电缆绝缘材料的热学特性、机械特性和化学特性。

因此，电缆绝缘料一般选用125℃低烟无卤辐照交联阻燃聚烯烃绝缘料。这种绝缘料是以不含卤素的高聚物为基础原料，加入无卤阻燃剂、抗氧剂、润滑剂等助剂，经混炼、塑化、造粒制得的热固性无卤低烟阻燃电缆绝缘料。

产品外观为直径3～4mm、高3mm的圆柱形粒状物或具有相当大小的其他形状粒状物。同时，电缆绝缘料应塑化良好、色泽均匀，不应有明显的杂质。其性能应符合表1-4-1的规定。除此之外，还应满足相应电缆产品标准要求。

表1-4-1 125℃低烟无卤辐照交联阻燃聚烯烃绝缘料的性能（交联后）

序号	检验项目	单位	试验要求	试验方法	
				标准号	条文号
1	密度	g/cm³	1.25±0.02	GB/T 1033.1—2008	/
2	抗张强度	N/mm²	≥6.5	GB/T 2951.11—2008	9.1
3	断裂伸长率	%	≥125		
4	空气热老化 试验温度 试验时间 老化后抗张强度 抗张强度最大变化率 老化后断裂拉伸长率 断裂伸长率最大变化率	 ℃ h N/mm² % % %	 150±2 7×24 ≥6.5 -30 ≥125 -30	GB/T 2951.12—2008	8.1

（续）

序号	检验项目	单位	试验要求	试验方法	
				标准号	条文号
5	冲击脆化温度 试验温度 冲击脆化性能	 ℃ /	 -40±2 通过	GB/T 2951.14—2008	8.3
6	体积电阻率（20℃）不小于	Ω·m	1.0×10^{12}	GB/T 3183812.2—2019	/
7	热延伸 温度、挂重 时间 负载下伸长率 冷却后永久伸长率	 ℃、MPa min % %	 200±3、0.2 15 ≤100 ≤25	GB/T 2951.21—2008	9
8	介电强度不小于	MV/m	20	GB/T 1408	/
9	烟密度 无焰 有焰		 ≤350 ≤100	GB/T 8323	/
10	卤酸气体含量	mg/g	≤5	GB/T 17650.1—2021	/
11	pH值 电导率	 μs/mm	≥4.3 ≤10	GB/T 17650.2—2021	/
12	邵氏硬度	A	94~97	GB/T 2411—2008	/

注：“/”代表无，下同。

3. 护套

护套料选择为125℃低烟无卤辐照交联阻燃聚烯烃护套。另外，直流回路在运行中常常受到多种不利因素的影响，如挤压、电缆制造不良、绝缘材料不合格、绝缘性能低、直流系统绝缘老化或存在某些损伤缺陷等而造成接地，使得系统不能正常运行。户外环境小动物侵入或撕咬也会造成直流接地故障。因此，在这种情况下一般使用铠装、带防鼠剂功能护套的电缆。

125℃低烟无卤辐照交联阻燃聚烯烃护套料的性能应符合表1-4-2的规定。除此之外，还应满足相应电缆产品标准要求。

表 1-4-2　125℃低烟无卤辐照交联阻燃聚烯烃护套料的性能（交联后）

序号	检验项目	单位	试验要求		试验方法	
					标准号	条文号
1	密度	g/cm^3	1.43 ± 0.02（黑）	1.45 ± 0.02（红）	GB/T 1033.1—2008	/
2	抗张强度	N/mm^2	≥8		GB/T 2951.11—2008	9.2
3	断裂伸长率	%	≥125			
4	空气热老化 试验温度 试验时间 老化后抗张强度 抗张强度最大变化率 老化后断裂拉伸长率 断裂伸长率最大变化率	 ℃ h N/mm^2 % % %	 150 ± 2 7 × 24 ≥8 −30 ≥125 −30		GB/T 2951.12—2008	8.1
5	冲击脆化温度 试验温度 冲击脆化性能	 ℃ /	 −40 ± 2 通过		GB/T 2951.14—2008	8.4
6	体积电阻率（20℃）	Ω · m	≥1.0 × 10^{12}		GB/T 318812.2—2019	/
7	热延伸 温度、挂重 时间 负载下伸长率 冷却后永久伸长率	 ℃、MPa min % %	 200 ± 3、0.2 15 ≤100 ≤25		GB/T 2951.21—2008	9
8	介电强度	MV/m	≥18		GB/T 1408	/
9	烟密度 无焰 有焰		 ≤350 ≤100		GB/T 8323	/
10	卤酸气体含量	mg/g	≤5		GB/T 17650.1—2021	/
11	pH 值 电导率	 μs/mm	≥4.3 ≤10		GB/T 17650.2—2021	/
12	耐酸试验 45g/L 草酸溶液 时间 温度 抗张强度变化率 断裂伸长率	 h ℃ % %	 7 × 24 23 ± 2 ≤ ±30 ≥100		GB/T 2951.21—2008 GB/T 2951.11—2008	10 9.2

（续）

序号	检验项目	单位	试验要求	试验方法	
				标准号	条文号
13	耐碱试验 40g/L 氢氧化钠溶液 时间 温度 抗张强度变化率 断裂伸长率	 h ℃ % %	 7×24 23±2 ≤±30 ≥100	GB/T 2951.21—2008 GB/T 2951.11—2008	10 9.2
14	耐臭氧试验 温度 浓度 结果	 ℃ ppm /	 25±2 250~300 不开裂	GB/T 2951.21—2008	8.1
15	湿热试验 相对湿度 温度 时间 抗张强度变化率 断裂伸长率变化率	 % ℃ H % %	 85 90 1000 ≤-30 ≤-30	GB/T 2423.3—2016 GB/T 2951.11—2008	6 9.2
16	氧指数	%	≥28	GB/T 2406.1—2008	/

4.2　产品制造

光伏发电系统用直流电缆是由镀锡铜（或铝合金）导体、125℃辐照交联聚烯烃绝缘和125℃辐照交联聚烯烃护套组合加工而成，主要生产工序包括拉丝（大拉、中拉、细拉）、退火（镀锡退火）、导体绞制、绝缘挤包、护套挤包、辐照交联、性能测试等。其中，绝缘挤包和护套挤包生产工艺有绝缘和护套分开挤包、绝缘和护套1+1挤包、绝缘和护套双层共挤挤包三种方式。

4.2.1　主要工序

1. 拉丝

拉丝是铜杆或铝合金杆在一定拉力下，通过一定的模具产生塑性变形使其截面变小，而长度增加的一种冷加工变形，主要是通过数道由大到小的模具来实现的。拉丝配模的原则是除成品道次外，其余各道次的延伸系数必须大于对应道次的机械速比，延伸系数与机械速比的比值称为滑动系数，滑动系数必须大小合适。如果滑动系数过大，拉伸力大、线径容易拉得太细，甚至断线，塔轮容易起槽，影响单丝表面质量，并且设备的功率消耗大，模具使用寿命短。如果滑动系数过小，使用的模具将会过多，导致不能充分利用金属杆材的塑性，同时金属线材与塔轮之间无滑动，也容易断线，进而影响产品质量。合理的配模能充分利用金属杆材的塑性，达到采用最少的拉伸道次提高生产效率，缩短生产周期。而且能够减少拉细拉断现象，拉伸后的单丝能达到工艺要求的尺寸和形状，具备良好的表面质量。大拉机各道次的延伸系数一般是第一道次最大，其后各道次依次减小，中拉、细拉机除最后一道次外，其余各道次延伸系数一般相同。

影响拉丝产品质量的另一个因素是拉丝油，拉丝油主要起到三个作用：

（1）润滑作用　避免模具与金属直接接触，减少摩擦，降低摩擦系数，使金属杆沿受力方向均匀变形，并增加金属杆的变形程度，延长模具的使用寿命。

（2）冷却作用　配比适当的拉丝油，可以使由于金属变形产生的热量迅速传导，降低金属杆材与模具的温度，防止金属杆材因温度过高产生氧化而变色的现象。

（3）清洗作用　金属杆材在拉伸过程中，不断产生细微的金属颗粒，拉丝油不断冲洗模孔，能起到不断清洗金属粉末的作用。拉丝油的浓度、温度、清洁度、pH 值等参数，对生产过程及产品质量均有较大的影响。如果拉丝油浓度高，金属杆材与模具孔壁的摩擦系数会减小，相应摩擦力也会减小，金属拉伸所需的力也随之减小，故能减少功率的损耗。但拉丝油浓度高也会使其黏度上升，导致拉丝油冲洗模孔的作用减少，拉丝过程中产生金属碎屑不易被拉丝油冲洗带走，进而容易造成线材表面起槽、划伤、碎屑残留等缺陷。而且拉丝油浓度过大，金属碎屑悬浮在拉丝油中不易沉淀，影响润滑效果以及拉伸后线材的表面质量。拉丝油浓度过低，金属杆材与模具孔壁的摩擦系数会增大，相应的摩擦力也会增大，拉伸所需的力也增大，金属杆材及模具的温度会升高，能源耗用增加且易氧化变色，模具使用寿命缩短。如果拉丝油的温度过高，拉丝过程中产生的热量不易被带走，金属杆材及模具的温度也会升高，线材容易氧化变色，导致拉丝模具使用寿命也会缩短。而拉丝油温度过低，则其黏度会上升，也不利于线材拉伸。拉丝油长期使用后，因细菌繁殖，拉丝油中易产生酸性物质，酸性物质会造成拉丝油分层，润滑效果减弱。为降低这些酸性物质的作用，在使用拉丝油一段时间后，会加一定量的碱性物质，如氢氧化钠，让它起到中和酸性物质的作用。但如果碱性物质加多了，拉伸后的金属线材表面易有拉丝油残留，残留的拉丝油会对金属线材形成腐蚀。工厂通常用 pH 试纸测试拉丝油的酸碱度，再根据测试结果加入适当的材料调节以达到所需要的酸碱度。

镀锡铜导体光伏系统用电缆和铝合金软导体光伏系统用软电缆采用的是软导体结构，其单丝直径相对较细，须把铜杆或铝合金杆通过大拉、中拉、细拉分三次拉丝，才能达到所需要的单丝直径。

拉制的单丝应光滑、圆整，同时表面光洁、无油污、无毛刺、无氧化变色等缺陷，外径均匀且符合工艺要求。

2. 退火（镀锡退火）

金属单丝退火的目的是调质。金属杆经过挤压拉伸变成金属单丝后，其晶格被破坏，强度变大，伸长率变小，体积电阻率上升。为降低金属单丝的体积电阻率，提高其伸长率（柔软性能），便于后道工序的加工，工厂需对拉伸后的金属单丝进行退火处理。

金属单丝退火的方式有很多种，其中有罐式炉退火、管式退火、连续退火、感应退火等。

罐式炉退火设备主要由退火罐、加热电阻丝、炉坑、控制系统等组成。其优点是设备简单、易维护；缺点是耗电量大，退火后单丝性能不稳定，退火时间长。铜线和铝线的退火流程有所不同，铜线的罐式炉退火主要流程如图1-4-3所示。

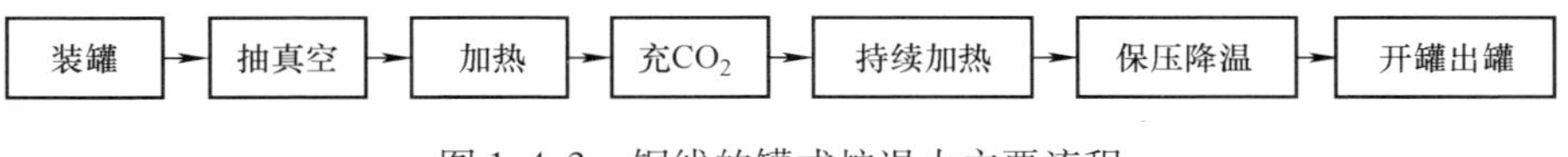

图1-4-3 铜线的罐式炉退火主要流程

铝线的罐式炉退火主要流程如图1-4-4所示。

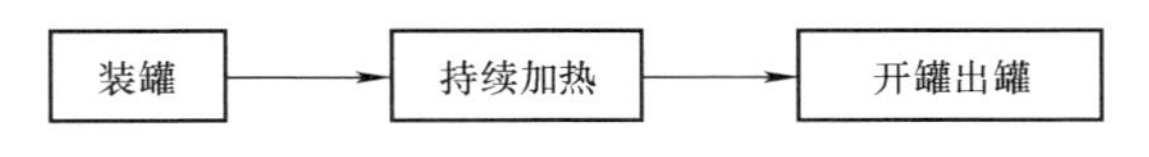

图1-4-4 铝线的罐式炉退火主要流程

管式退火设备主要由不锈钢管、加热丝、冷却液、收放线以及控制装置组成。其通过电热丝加热空心不锈钢管，金属单丝从加热的不锈钢管中穿过，从而达到退火的目的。其优点是设备较简单，能够实现在线连续退火，退火时间相对较短，加上锡槽后可以同时对金属单丝进行镀锡。其缺点是耗电量大，无法实现退火速度自动跟踪，退火温度不能随线速度变化而及时调整。

连续退火设备都安装在拉丝机最后一个导轮与收线架之间，构成拉丝、退火、收线的连续生产机组。连续退火设备主要由可变调压器、电刷、电极轮、冷却系统、控制系统等组成。金属单丝在退火设备内连续通过几个金属导轮，金属导轮连接有加热电源。当金属单丝在这几个金属导轮之间接触通过时，金属单丝上就有电流通过。金属单丝本身具有电阻，通过电流时会发热，其产生的热量会加热金属单丝，从而起到退火作用。其优点是比较节能，能实现在线退火，退火速度快、效率高，能实现退火速度自动跟踪，退火温度可以随线速度变化而及时调整。缺点是由于靠电刷传输电流，电极轮转动使得阻力较大，单丝电极轮之间易产生火花，影响金属单丝表面质量。

感应退火设备主要由感应电源、感应线圈、导轮组、冷却液、控制系统等组成。其利用电磁感应的原理达到给金属单丝退火的目的。其优点是不需要通过电刷将电流传输到金属单丝上。工作时其所受的阻力较小，退火效率高，能耗低，耗电量不及罐式退火炉或管式退火设备的一半。其能够实现退火速度的自动跟踪，对环境几乎没有污染。缺点是设备价格较高。

退火后的金属单丝不能氧化变色，不能有拉丝油或冷却液残留，退火后金属单丝伸长率应符合工艺要求。

3. 导体绞制

导体绞制是指将若干根相同直径或不同直径的金属单丝，按一定的方向和一定的规则绞合在一起，使之成为一个整体。

绞合导体有以下特点：

（1）柔软性好　由于电线电缆在不同场合下使用，其载流量也不相同。导体截面积也有大有小。随着导体截面积增大，金属单丝的直径也随之增大，而使其弯曲也会困难。如果采用多根小直径的金属单丝绞合，则可以提高导体的弯曲性能，便于电线电缆的加工制造和安装敷设。

（2）稳定性好　多根金属单丝按一定方向和一定规则绞合起来的绞合导体，其每根金属单丝的位置均轮流处在绞线上部的伸长区和绞线下部的压缩区。当导体两端受力弯曲时，每根金属单丝受到的拉伸力和压缩力均相同。绞合导体不会因金属单丝伸长和压缩程度不同导致松散和变形。

（3）可靠性好　用多根金属单丝绞合的导体，其缺陷不会集中于同一点，故金属单丝本身的缺陷对绞合导体的性能影响极小。

（4）强度高　同样截面积的单根实心导体和多根金属单丝绞制而成的绞合导体，绞合导体的强度比同截面积的单根实心导体要高。

导体绞合分正规绞合和非正规绞合（包括束合）。其中，第 2 种铝合金导体（GB/T 3956—2008）光伏系统用电缆所用的铝合金导体采用非正规绞合工艺里的圆形紧压绞合工艺，镀锡铜导体光伏系统用电缆和第 5 种铝合金导体（GB/T 3956—2008）光伏系统用软电缆采用非正规绞合工艺里的束绞工艺。

电缆导体绞向按导体最外层左向，相邻层绞向相反。同心绞合的相邻层绞合方向相反，多层金属单丝绞合成圆形。当绞合导体受力时，各层产生的转动力矩相互抵消，防止各层金属单丝同时向一个方向转动而松股。同时也能使绞线产生转动力矩的分力，避免绞线在未拉紧时打转。

束合或绞合后的导体，表面应光洁，无明显机械损伤，同时不得有氧化变色现象。对于镀锡导体，要求色泽均匀、光滑，镀锡层均匀，不能有漏镀、黑斑等缺陷。导体不能有浮丝、曲丝、断丝、单丝拱起等缺陷。导体节距均匀，外形尺寸符合工艺要求，导体直流电阻要符合相应的标准或规范要求。

4. 绝缘和护套挤包

光伏发电系统用直流电缆有单芯和双芯两种，单芯电缆可以采用绝缘和护套分两次挤包、绝缘和护套1+1挤包、绝缘和护套双层共挤挤包等生产方式挤包绝缘和护套。双芯电缆主要采用绝缘和护套分两次挤包的形式。

绝缘和护套分两次挤包，即单机单挤。顾名思义，这种生产方式是先挤包绝缘，做成绝缘线芯，挤包绝缘过程中须按规定进行过火花耐压。绝缘线芯收上盘后，可先辐照，然后挤包护套。也可以先挤包护套，然后绝缘和护套一起辐照交联。这种生产方式主要适用于没有1+1或双层共挤设备的企业，生产效率低，一根线要挤包两次，上下盘次数多，易损伤电缆。

绝缘和护套1+1挤包是目前光伏发电系统用直流电缆大批量生产最流行的生产方式。两台挤出机一前一后，先挤出绝缘，绝缘挤出后立即进入短水槽冷却，然后过红外测径仪测量控制绝缘线芯的外径，之后通过滑石粉箱过粉。过粉的目的是为了防止绝缘和护套粘连。已过粉的绝缘线芯直接进入另一台挤出机的机头挤包护套，护套挤出后冷却、印字再进冷却水槽，最后收线上盘，实现从导体出线到成品上盘一次完成。该生产方式的优点是生产效率高，绝缘和护套一次完成，不需要分开做两次，并且可根据客户要求控制绝缘和护套的可分离性能。如果加上滑石粉，绝缘和护套可分离；如果不加滑石粉，绝缘和护套可粘连。

绝缘和护套双层共挤是两台挤出机配一个机头，绝缘和护套同时挤包。该生产方式的优点是生产效率高，绝缘和护套一次完成，不需要分开做两次。但绝缘和护套之间没有滑石粉作隔离剂，只能做绝缘和护套粘连型电缆，并且一次性挤出两层，绝缘和护套厚度控制相对困难。

5. 辐照

光伏发电系统用直流电缆所用的绝缘和护套材料为高分子材料，其分子结构为线型，在高温下易熔化，在有机溶剂里易溶解，力学性能相对较差。故光伏系统用电缆在绝缘和护套挤包完成后，还需要进行辐照（或称为交联）。其目的是让线型分子结构在高能电子的作用下，交联变成立体网状结构。

具体来说，辐照主要起到以下几个作用：

1）提高电缆绝缘和护套的机械物理性能。通过高能电子辐射处理，电缆绝缘和护套的拉伸强度、断裂伸长率、硬度等机械物理性能可以得到提高。

2）提高电缆的耐热性。辐射处理能使电缆绝缘和护套的高分子材料产生交联，由线型结构变成立体网状结构，从而增强了电缆的耐热性。辐照前，绝缘和护套在高温下易熔化；辐照后，绝缘和护套在高温下不再熔化。

3）提高电缆的耐辐射性。辐射处理能使电缆绝缘和护套的高分子材料产生交联，从而提高了电缆的耐辐射性。

4）提高电缆的耐化学腐蚀性。辐射处理能使电缆绝缘和护套的高分子材料产生交联，从而增强了电缆的耐化学腐蚀性。辐照前，绝缘和护套在有机溶剂中易溶解；辐照后，绝缘和护套在有机溶剂（除王水）中不再溶解。

5）提高电缆的抗老化性。辐射处理能使电缆内部的高分子材料产生交联，从而增强了电缆的抗老化性。

光伏电缆辐照工艺主要有辐照交联法、自然交联法两种。

辐照交联法：通过电子加速器的能量释放，电缆料的分子结构会发生改变，其力学性能与阻燃性能得到质的变化。

自然交联法：将电缆放置自然环境中可进行自然交联，目前业内多采用蒸煮交联工艺，为线缆创造高温高湿环境从而加快交联速度。

6. 产品检测

电缆在辐照后进入产品检测工序，经检测合格的电缆可以成圈或上盘，然后入库。

4.2.2　关键工序

1. 铜丝镀锡工序

导体工序中对镀锡加工工序要求较高，铜导体镀锡后会在表面形成一层致密的氧化膜，可以提高导体的抗氧化性，锡的氧化物导电性较好，可以减少铜单丝之间的接触电阻、减少接触面过热等现象。

2. 电子加速器辐照工序

在电线电缆辐射加工中常使用的电子束流能量在0.8～3.0MeV之间。其工控原理为通过将带电粒子引入人工控制的电场内，在电场的作用下加速至预定能量值后，将所得特定能量等级的电子束流（β射线）应用于指定物质上的装置。在电磁场的作用下，垂直于粒子运动方向的磁场会产生洛伦兹力，电场力将粒子势能转换为动能。经过辐照后的电线电缆性能更好掌控，均匀稳定。

3. 蒸煮交联工序

自然交联属于化学交联的一种，其原理是把有机硅化合物（如乙烯基三甲氧基硅烷）接枝到聚乙烯的主链上，在催化剂过氧化物（DCP）的触发下，加上硅烷水解，就可以产生交联。由于硅原子上含有三个烷氧基，所以从分子角度看，完全可以形成三维立体交叉连接，使其机械物理特性优于平面直链结构。虽然自然交联料可以在自然状况下实现交联反应，但目前自然交联的交联效果还不够理想，尚需进一步改进。近年来，受益于国内电缆材料技术的进步与发展，出现了不需要水煮就可快速自然交联（硅烷干法交联）的硅烷交联聚乙烯绝缘料，使硅烷交联工艺进一步简化。

第5章　敷设运维

光伏电缆主要用于光伏发电系统中直流侧的光伏组件与组件之间的串联连接、组串之间及组串至直流配电箱（汇流箱）之间的并联连接和直流配电箱至逆变器之间的连接，也可以用于逆变器与输电网间连接用的交流回路。由于产品结构及材料的特殊性，其敷设安装及运行维护要求与常规电缆有所区别，应依据相关标准、规范严格落实，以确保其良好的电气安全性能。本章主要对其结构特性和施工特点作简述，敷设一般规定可参见《耐火电缆设计与采购手册》《电力电缆设计与采购手册》《铝合金电缆设计与采购手册》等。

5.1　光伏电缆的结构特性和载流量

光伏电缆的结构特性见表1-5-1。

表1-5-1　光伏电缆的结构特性

标准号	型号	电压等级	规格	绝缘护套
NB/T 42073—2016	PV-YJYJ	AC 0.6/1kV、DC 1500V	1.5～240mm²	无卤交联
IEC 62930：2017	62930 IEC 131 62930 IEC 132	DC 1500V（允许最大DC 1800V）	1.5～400mm²（5类导体） 16～400mm²（2类导体）	可以有卤交联或无卤交联
EN 50618：2014	H1Z2Z2-K	DC 1500V（允许最大DC 1800V）	1.5～240mm²	无卤交联
CEEIA B218—2012	GF-WDZ（A、B、C）EER-125	DC 1800V	1.5～240mm²	无卤交联
2Pfg 1169/08.2007	PV1-F	0.6/1kV、DC 1800V（空载状态下）	1.5～35mm²	无卤交联

常见光伏电缆PV1-F和H1Z2Z2-K的载流量见表1-5-2。

表 1-5-2　常见光伏电缆 PV1-F 和 H1Z2Z2-K 的载流量　（单位：A）

标称截面积/mm^2	安装种类		
	单芯电缆空气中自由敷设	单芯电缆敷设在设备表面	在设备表面相邻敷设
1.5	30	29	24
2.5	41	39	33
4	55	52	44
6	70	67	57
10	98	93	79
16	132	125	107
25	176	167	142
35	218	207	176

5.2　光伏电缆的施工特点

光伏电缆由镀锡铜导体、交联聚烯烃绝缘、交联聚烯烃护套构成。组成材料全部为耐紫外线、耐湿热的热固性材料，具有优良的耐气候性。电缆绝缘材质为交联聚烯烃材质，材料中含有的高极性基础树脂提高了与水的相容性。在水浸泡环境下，材料吸收水分子将降低绝缘电阻值。此外材料中的氢氧化铝、氢氧化镁处在直流正极时将会水解产生镁离子随电场迁移，也会降低材料性能。基于这些特点，光伏电缆宜直接明敷于室外。

第6章 常见问题

6.1 设计选型类常见问题

1. 光伏电缆的选型主要考虑哪些因素?

光伏系统中电缆的选择主要考虑以下因素:

1) 电缆的绝缘性能;

2) 电缆的耐火阻燃性能;

3) 电缆的防潮、防晒性能;

4) 电缆的敷设方式;

5) 电缆缆芯的类型 (铜芯或铝芯);

6) 电缆的规格大小。

2. 现有关于光伏电缆选型的规范都有哪些?

现有关于光伏电缆选型的规范:

1)《民用建筑电气设计标准》GB 51348—2019

2)《建筑光伏系统应用技术标准》GB/T 51368—2019

3)《光伏发电工程电气设计规范》NB/T 10128—2019

4)《光伏发电站设计规范》GB 50797—2012

3. 光伏发电系统是否可以选择铝合金电缆?

目前,相关规范均未说明是否可采用铝合金电缆,以及在哪些部分可采用铝合金电缆。在新能源系统中使用何种材质电缆,尚缺乏一些系统性的分析思考。应该根据电缆所在系统、敷设方式、一旦发生火灾故障对整个系统的影响等因素,确定电缆的选型原则。脱离具体的应用场所而单独讨论是否可以选择铝合金电缆是不合理的。

6.2 产品价格类常见问题

1. 电缆产品价格构成中,哪个要素占比最重?

电线电缆产品的合理价格构成要素包括直接材料、直接人工、直接制造费用等制造成本,管理费用、财务费用、销售费用等期间费用,以及企业合理的利润和其他。以上要素中,直接材料占比最重,可占到全部成本的50% ~70% 。

2. 影响电缆价格的主要因素是什么?

影响电缆价格的因素有很多，主要包括产品成本、市场因素、营销策略等。其中，包括原材料消耗及价格、固定成本、研发成本、技术成本、主要部件等在内的产品成本起着决定性作用。此外，供求关系和营销策略也会影响到电缆价格的短期变动。

3. 电缆招标控制价格为何将企业利润包含在内?

招标控制价包含完全成本、企业合理的利润和其他与产品相关的费用。之所以将企业利润计算在内是因为合理的利润可以保障制造企业的正常经营，有助于产品质量的稳定，降低风险。

6.3　供应商遴选类常见问题

产品质量溯源方法都有哪些?

产品质量溯源是指通过追踪和记录产品在生产、加工、运输等各个环节的信息，确保产品的质量和安全性。以下是一些常见的产品质量溯源方法。

（1）条形码和二维码

条形码：条形码作为每个产品上标识的唯一身份信息，扫描后可获取产品的生产和销售记录。

二维码：与条形码类似，但包含更多信息。消费者可以通过手机扫描获取产品的详细信息，如成分、生产日期、供应链信息等。

（2）RFID（射频识别）技术

标签：在产品上贴上 RFID 标签，通过射频信号进行无线识别和追踪，能够实时监控产品的位置和状态。

数据存储：RFID 标签可存储大量信息，包括生产流程、检验结果和运输记录。

（3）区块链技术

去中心化记录：利用区块链的不可篡改性，记录每个产品在供应链中的所有环节信息，确保信息的透明和可追溯性。

智能合约：通过智能合约自动执行质量控制和合规检查，提高产品质量管理的效率。

（4）生产过程记录

生产日志：在生产过程中记录关键参数（如温度、湿度、时间等）和工艺流程，确保每一步的可追溯性。

检验记录：记录产品在生产各环节的检验结果，确保不合格品能够被追踪和隔离。

（5）供应链管理系统

ERP 系统：企业资源计划系统可以集成生产、采购、库存等信息，形成完整的产品追溯链。

供应链可视化：通过供应链管理工具监控每个环节的状态和质量，提供实时的数据支持。

（6）溯源标签和产品说明书

溯源标签：在产品包装上附带信息丰富的溯源标签，提供关于产品来源、成分和生产工艺的信息。

产品说明书：在产品说明书中提供溯源信息，帮助消费者了解产品的质量控制过程。

（7）质量管理体系

ISO标准：采用国际标准化组织（ISO）发布的质量管理标准，确保产品在整个生命周期内都可追溯。

六西格玛：通过六西格玛方法对生产过程进行严格控制，减少缺陷并提供可追溯质量的记录。

（8）数据分析与报告

数据收集：收集各环节的数据，利用大数据分析技术进行质量评估和趋势预测。

报告生成：定期生成质量报告，记录产品的质量指标、问题及改进措施。

（9）第三方认证

检验机构：利用第三方检验机构进行产品检测和质量认证，为产品的质量溯源提供独立的依据。

合规性检查：定期接受合规性检查，确保遵循行业标准和法规要求。

通过以上多种方法的结合，企业可以实现对产品质量的全面溯源，从而提升产品的安全性和可靠性，增强消费者的信任。

6.4　技术类常见问题

1. 使用光伏专用电缆的必要性

光伏电站中的直流电缆需户外敷设，环境条件恶劣，一般材质电缆在这种环境下长期使用将导致电缆护套易碎，甚至会分解电缆绝缘层，增大电缆短路的风险，进而引发火灾，造成较大的人身和财产损失。同时也会缩短电缆及光伏电站的使用寿命。因此，在光伏电站中使用专用的电缆和附件是非常有必要的。

2. 光伏电缆的特性主要取决于哪些因素？

光伏电缆的特性主要是由其绝缘材料和护套材料决定的。不同于一般电缆，光伏电缆使用的绝缘和护套材料为辐照交联材料。绝缘和护套材料经辐照加速器辐照后，分子结构会发生变化，其性能也会大幅提升。

第2篇　风　电　篇

第1章　设计选型

1.1　产品概述

1.1.1　风力发电系统示意图（图2-1-1）

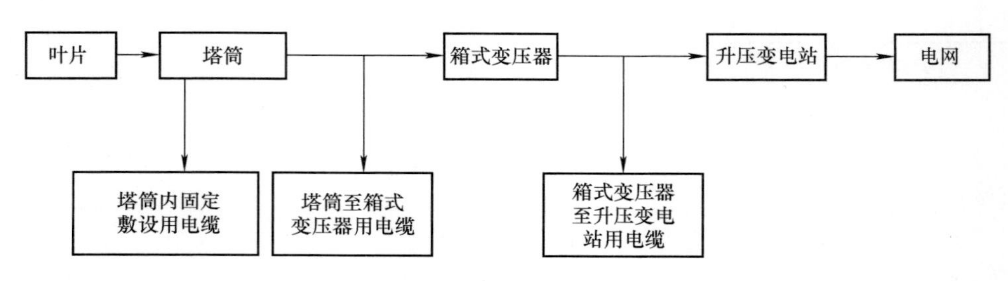

图2-1-1　风力发电系统示意图

1.1.2　风电电缆的种类、型号和规格

风电电缆主要有低压风力发电用耐扭曲软电缆、中压风力发电用耐扭曲软电缆和铝合金导体风电电缆。

低压风力发电用耐扭曲软电缆型号和规格分别见表2-1-1和表2-1-2。

表2-1-1　低压风力发电用耐扭曲软电缆型号

型号	电压等级	名　　称
FDEF-25	450/750V	铜芯乙丙橡皮绝缘氯丁橡皮护套风力发电用耐扭曲软电缆
FDEF-40		铜芯乙丙橡皮绝缘氯丁橡皮护套风力发电用耐寒耐扭曲软电缆
FDES-25	450/750V 0.6/1kV 1.8/3kV	铜芯乙丙橡皮绝缘热塑性弹性体护套风力发电用耐扭曲软电缆
FDES-40		铜芯乙丙橡皮绝缘热塑性弹性体护套风力发电用耐寒耐扭曲软电缆
FDES-55		铜芯乙丙橡皮绝缘热塑性弹性体护套风力发电用耐严寒耐扭曲软电缆

（续）

型号	电压等级	名　　称
FDGG-40	0.6/1kV 1.8/3kV	铜芯硅橡胶绝缘硅橡胶护套风力发电用耐寒耐扭曲软电缆
FDGG-55		铜芯硅橡胶绝缘硅橡胶护套风力发电用耐严寒耐扭曲软电缆
FDEU-40	0.6/1kV 1.8/3kV	铜芯乙丙橡皮绝缘聚氨酯弹性体护套风力发电用耐寒耐扭曲软电缆
FDEU-55		铜芯乙丙橡皮绝缘聚氨酯弹性体护套风力发电用耐严寒耐扭曲软电缆
FDEG-40	0.6/1kV 1.8/3kV	铜芯乙丙橡皮绝缘硅橡胶护套风力发电用耐寒耐扭曲软电缆
FDEG-55		铜芯乙丙橡皮绝缘硅橡胶护套风力发电用耐严寒耐扭曲软电缆
FDEH-25	450/750V 0.6/1kV 1.8/3kV	铜芯乙丙橡皮绝缘氯磺化聚乙烯橡皮护套风力发电用耐扭曲软电缆
FDEH-40		铜芯乙丙橡皮绝缘氯磺化聚乙烯橡皮护套风力发电用耐寒耐扭曲软电缆
FDEH-55		铜芯乙丙橡皮绝缘氯磺化聚乙烯橡皮护套风力发电用耐严寒耐扭曲软电缆
FDGU-40	0.6/1kV 1.8/3kV	铜芯硅橡胶绝缘聚氨酯弹性体护套风力发电用耐寒耐扭曲软电缆
FDGU-55		铜芯硅橡胶绝缘聚氨酯弹性体护套风力发电用耐严寒耐扭曲软电缆

注：阻燃C类电缆在型号前加“ZC－”，金属屏蔽型电缆在护套代号后加“P”。

表2-1-2　低压风力发电用耐扭曲软电缆规格

额定电压	芯数	标称截面积/mm^2
450/750V 0.6/1kV	1	1.5～400
	2	1～25
	3	1～300
	3+1	4～185
	4	1～300
	5	1～25
	6～36	1.5～4
1.8/3kV	1	10～400
	3	10～240

中压风力发电用耐扭曲软电缆型号和规格分别见表2-1-3和表2-1-4。

表2-1-3　中压风力发电用耐扭曲软电缆型号

序号	型号	中文名称
1	FDEH-25	乙丙橡皮绝缘热固性弹性体护套风力发电机用耐扭曲软电缆
2	FDEH-40	乙丙橡皮绝缘热固性弹性体护套风力发电机用耐寒耐扭曲软电缆
3	FDEU-25	乙丙橡皮绝缘聚氨酯护套风力发电机用耐扭曲软电缆
4	FDEU-40	乙丙橡皮绝缘聚氨酯护套风力发电机用耐寒耐扭曲软电缆
5	FDES-25	乙丙橡皮绝缘热塑性弹性体护套风力发电机用耐扭曲软电缆
6	FDES-40	乙丙橡皮绝缘热塑性弹性体护套风力发电机用耐寒耐扭曲软电缆

表 2-1-4　中压风力发电用耐扭曲软电缆规格

额定电压 kV	参照标准名称	常用芯数	标称截面积/mm^2
3.6/6（7.2） 6/6（7.2） 6/10（12） 8.7/10（12） 8.7/15（17.5） 12/20（24） 18/30（36） 21/35（40.5） 26/35（40.5）	GB/T 33606—2017 额定电压 6kV（U_m = 7.2kV）到 35kV（U_m = 40.5kV）风力发电用耐扭曲软电缆	单芯或三芯	25～300

铝合金导体风电电缆型号和规格分别见表 2-1-5 和表 2-1-6。

表 2-1-5　铝合金导体风电电缆型号及名称

型号	名　　称
ZC-FDLHEH-40	风力发电塔筒用铝合金导体乙丙绝缘氯化聚乙烯护套耐寒－40℃阻燃 C 类橡套电缆
ZB-FDLHEH-40	风力发电塔筒用铝合金导体乙丙绝缘氯化聚乙烯护套耐寒－40℃阻燃 B 类橡套电缆
ZA-FDLHEH-40	风力发电塔筒用铝合金导体乙丙绝缘氯化聚乙烯护套耐寒－40℃阻燃 A 类橡套电缆

表 2-1-6　铝合金导体风电电缆规格

型号	额定电压/kV	芯数	标称截面积/mm^2
ZC-FDLHEH-40 ZB-FDLHEH-40 ZA-FDLHEH-40	0.6/1 1.8/3	1	70～630

1.1.3　风电电缆产品代号及含义

低压风电电缆（GB/T 29631—2013）产品代号及含义见表 2-1-7。

表 2-1-7　低压风电电缆产品代号及含义

代号	含　　义
FD	风力发电用电缆系列
ZC	阻燃 C 类
(T) 省略	铜导体
E	乙丙橡胶或其他相当的合成弹性体绝缘
G	硅橡胶混合物或其相当的合成弹性体绝缘
P	金属屏蔽
G	硅橡胶混合物或其相当的合成弹性体护套

（续）

代号	含　义
H	氯磺化聚乙烯橡胶混合物或其他相当的合成弹性体护套
F	氯丁胶混合物或其他相当的合成弹性体护套
U	聚氨酯弹性体护套
S	其他热塑弹性体护套
-55	适应的最低环境温度为-55℃（耐严寒型）
-40	适应的最低环境温度为-40℃（耐寒型）
-25	适应的最低环境温度为-25℃

产品采用型号、规格和标准编号表示，规格包括额定电压、芯数和导体标称截面积。示例：

铜芯乙丙橡胶聚氨酯弹性体护套风力发电用耐寒耐扭曲软电缆，额定电压为0.6/1kV，（3+1）芯，标称截面积10mm^2，中性线截面积6mm^2，表示为：

FDEU-40　0.6/1　3×10+1×6　GB/T 29631—2013

中压风电电缆（GB/T 33606—2017）的产品代号及含义见表2-1-8。

表2-1-8　中压风电电缆产品代号及含义

代号	含　义
FD	风力发电用电缆系列
ZC	阻燃C类
（T）省略	铜导体
E	乙丙橡胶或类似混合料绝缘
（P）省略	金属屏蔽
H	热固性弹性体护套（氯磺化聚乙烯、氯丁橡胶或类似聚合物）
U	聚氨酯弹性体护套
S	其他热塑弹性体护套
-40	适应的最低环境温度为-40℃（耐寒型）
-25	适应的最低环境温度为-25℃

产品用型号、规格和标准编号表示，规格包括额定电压、芯数和导体标称截面积。示例：

乙丙橡胶绝缘热固性弹性体护套风力发电机用耐寒耐扭曲软电缆，额定电压为8.7/15kV，3芯，标称截面积70mm^2，金属丝编织屏蔽（或金属丝疏绕屏蔽）总截面积16mm^2，表示为：

FDEU-40　8.7/15　3×70+3×16/3　GB/T 33606—2017

铝合金风电电缆（T/CEEIA 408—2019）的产品代号及含义见表2-1-9。

表 2-1-9　铝合金风电电缆的产品代号及含义

代号	含　义
FD	风力发电塔筒用电缆系列
LH	铝合金导体
E	乙丙橡胶或其他相当的合成弹性体绝缘
H	氯化聚乙烯橡胶或其他相当的合成弹性体护套
-40	适应的最低环境温度为 -40℃（耐寒型）
ZA	阻燃 A 类
ZB	阻燃 B 类
ZC	阻燃 C 类

产品采用型号、规格和标准编号表示，规格包括额定电压、芯数和导体标称截面积。示例：

风力发电塔筒用铝合金导体乙丙绝缘氯磺化聚乙烯护套耐寒 -40℃阻燃 C 类橡套电缆，额定电压为 1.8/3kV，1 芯，导体标称截面积 300mm^2，表示为：

ZC-FDLHEH-40　1.8/3kV　1×300　T/CEEIA 408—2019

1.2　应用场景

1.2.1　风电场需采用电缆的环节

风电场需采用电缆的环节：

1）机舱和塔架之间的电缆。

2）连接风机与升压变压器之间的电缆。

3）风电场集电线路：一般是全电缆方案的集电线路，以及架空方案和架空-电缆混合方案集电线路的电缆部分。

4）升压变电站里面的中、低压电力电缆。

5）设备、仪器、仪表用屏蔽型控制电缆和通信电缆。

6）设备部件防雷用的接地电缆。

1.2.2　风力发电系统电缆选型

风力发电系统电缆选型见表 2-1-10。

表 2-1-10 风力发电系统电缆选型

序号	应用区域	产品类别	电压等级	产品名称	代表型号	执行标准
1	机舱塔架	耐扭曲软电缆	1.8/3kV 及以下	额定电压 1.8/3kV 及以下风力发电用耐扭曲软电缆	FDEH、FDEH-X	GB/T 29631—2013
		耐扭曲软电缆	6kV 到 35kV	额定电压 6kV（U_m = 7.2kV）到 35kV（U_m = 40.5kV）风力发电用耐扭曲软电缆	ZC-FDEH、ZC-FDEH-X	GB/T 33606—2017
2	连接风机和升压变压器	铠装交联电缆	0.6/1kV、1.8/3kV	铜芯交联聚乙烯绝缘聚氯乙烯（聚乙烯）护套钢带（非磁性）铠装电力电缆	YJV22、YJY23、YJY63、ZC-YJY23、ZC-YJY63	GB/T 12706—2020
3	风电场集电线路	中压电力电缆	10kV、35kV	铝、铜芯交联聚乙烯绝缘聚氯乙烯（聚乙烯）护套钢带（非磁性）铠装电力电缆	YJV22、YJY23、YJY63、ZC-YJY22、ZC-YJY623、YJLV22、YJLY23、YJLY63、ZC-YJLY23、ZC-YJLY63	GB/T 12706—2020
4	升压变电站	中压电力电缆	10kV、35kV	铜芯交联聚乙烯绝缘聚氯乙烯（聚乙烯）护套钢带（非磁性）铠装电力电缆	ZC-YJY23、ZC-YJY63	GB/T 12706.3—2020
5		低压电力电缆	1kV	铜芯交联聚乙烯绝缘聚氯乙烯（聚乙烯）护套钢带（非磁性）铠装电力电缆	ZC-YJY23、ZC-YJY63	GB/T 12706—2020
6	设备仪器仪表	屏蔽型控制电缆	450/750V	铜芯聚氯乙烯绝缘聚氯乙烯护套编织屏蔽控制电缆	ZC-KVVP	GB/T 9330—2020

风电电缆载流量参考见表2-1-11。

表2-1-11　风电电缆载流量参考

型号	额定电压	规格	载流量/A			
			敷设在空气中	敷设在土壤中	敷设在隔热墙的导管内	敷设在明敷的导管中
FDLHEH	1.8/3kV	1×300	556	658	658	658
FDLHEH	1.8/3kV	1×400	645	763	763	763
FDLHEH	0.6/1kV	1×35	102	114	128	114
FDLHEH	0.6/1kV	1×70	156	166	198	166
FDLHEH	0.6/1kV	1×120	217	224	278	225
FDEH	0.6/1kV	1×1.5	19	26	23	26
FDEH	0.6/1kV	1×2.5	26	34	31	34
FDEH	0.6/1kV	1×4	35	44	42	44
FDEH	0.6/1kV	1×6	45	56	54	56
FDEH	0.6/1kV	1×10	61	73	74	73
FDEH	0.6/1kV	1×16	81	95	100	95
FDEH	0.6/1kV	1×25	106	121	133	121
FDEH	0.6/1kV	1×35	131	146	164	146
FDEH	0.6/1kV	1×50	158	173	198	173
FDEH	0.6/1kV	1×70	200	213	254	213
FDEH	0.6/1kV	1×95	241	252	306	252
FDEH	0.6/1kV	1×120	278	287	354	287
FDEH	0.6/1kV	1×150	318	324	382	324
FDEH	0.6/1kV	1×185	362	363	441	363
FDEH	0.6/1kV	1×240	426	419	506	419
FDEH	0.6/1kV	1×300	486	474	599	474
FDEH	0.6/1kV	1×400	525	514	693	514
FDEH	0.6/1kV	2×1.0	14	18	17	18
FDEH	0.6/1kV	2×1.5	17	22	22	22
FDEH	0.6/1kV	2×2.5	22	29	29	29
FDEH	0.6/1kV	2×4	30	38	38	38
FDEH	0.6/1kV	2×6	38	48	48	48
FDEH	0.6/1kV	2×10	52	63	62	63
FDEH	0.6/1kV	2×16	70	81	81	81
FDEH	0.6/1kV	2×25	90	104	103	104

（续）

型号	额定电压	规格	载流量/A			
			敷设在空气中	敷设在土壤中	敷设在隔热墙的导管内	敷设在明敷的导管中
FDEH	0.6/1kV	3×1.0	12	16	16	16
FDEH	0.6/1kV	3×1.5	15	21	19	21
FDEH	0.6/1kV	3×2.5	18	27	25	27
FDEH	0.6/1kV	3×4	28	36	34	36
FDEH	0.6/1kV	3×6	36	45	44	45
FDEH	0.6/1kV	3×10	50	58	59	58
FDEH	0.6/1kV	3×16	65	76	80	76
FDEH	0.6/1kV	3×25	85	97	106	97
FDEH	0.6/1kV	3×35	106	117	132	117
FDEH	0.6/1kV	3×50	126	140	158	140
FDEH	0.6/1kV	3×70	160	171	205	171
FDEH	0.6/1kV	4×1.0	11	15	15	15
FDEH	0.6/1kV	4×1.5	14	20	17	20
FDEH	0.6/1kV	4×2.5	19	26	24	26
FDEH	0.6/1kV	4×4	26	33	32	33
FDEH	0.6/1kV	4×6	34	42	41	42
FDEH	0.6/1kV	4×10	46	55	56	55
FDEH	0.6/1kV	4×16	62	72	75	72
FDEH	0.6/1kV	4×25	80	91	100	91
FDEH	0.6/1kV	4×35	99	110	123	110
FDEH	0.6/1kV	4×50	119	130	150	130
FDEH	0.6/1kV	4×70	150	160	192	160
FDEH	0.6/1kV	5×1.0	11	15	15	15
FDEH	0.6/1kV	5×1.5	14	20	17	20
FDEH	0.6/1kV	5×2.5	19	26	24	26
FDEH	0.6/1kV	5×4	26	33	32	33
FDEH	0.6/1kV	5×6	34	42	41	42
FDEH	0.6/1kV	5×10	46	55	56	55
FDEH	0.6/1kV	5×16	62	72	75	72
FDEH	0.6/1kV	5×25	80	91	100	91
FDEH	0.6/1kV	6×1.5	13	18	16	18

（续）

型号	额定电压	规格	载流量/A			
			敷设在空气中	敷设在土壤中	敷设在隔热墙的导管内	敷设在明敷的导管中
FDEH	0.6/1kV	12×1.5	13	18	16	18
FDEH	0.6/1kV	18×1.5	12	17	15	17
FDEH	0.6/1kV	24×1.5	12	17	15	17
FDEH	0.6/1kV	36×1.5	10	16	14	16
FDEH	0.6/1kV	6×2.5	18	24	22	24
FDEH	0.6/1kV	12×2.5	18	24	22	24
FDEH	0.6/1kV	18×2.5	16	22	20	22
FDEH	0.6/1kV	24×2.5	16	22	20	22
FDEH	0.6/1kV	36×2.5	15	21	19	21
FDEH	0.6/1kV	6×4	25	31	30	31
FDEH	0.6/1kV	12×4	25	31	30	31
FDEH	1.8/3kV	1×10	95	116	116	116
FDEH	1.8/3kV	1×16	119	138	138	138
FDEH	1.8/3kV	1×25	156	181	181	181
FDEH	1.8/3kV	1×35	190	221	221	221
FDEH	1.8/3kV	1×50	229	266	266	266
FDEH	1.8/3kV	1×70	287	334	334	334
FDEH	1.8/3kV	1×95	343	409	409	409
FDEH	1.8/3kV	1×120	398	474	474	474
FDEH	1.8/3kV	1×150	465	540	540	540
FDEH	1.8/3kV	1×185	522	621	621	621
FDEH	1.8/3kV	1×240	634	736	736	736
FDEH	1.8/3kV	1×300	712	843	843	843
FDEH	1.8/3kV	1×400	825	977	977	977
FDEH	1.8/3kV	3×10	76	93	92.8	92.8
FDEH	1.8/3kV	3×16	95	111	111	111
FDEH	1.8/3kV	3×25	125	145	145	145
FDEH	1.8/3kV	3×35	152	177	177	177
FDEH	1.8/3kV	3×50	185	213	213	213
FDEH	1.8/3kV	3×70	229	268	268	268
FDEH	1.8/3kV	3×95	274	328	328	328

（续）

型号	额定电压	规格	载流量/A			
			敷设在空气中	敷设在土壤中	敷设在隔热墙的导管内	敷设在明敷的导管中
FDEH	1.8/3kV	3×120	319	380	380	380
FDEH	1.8/3kV	3×150	372	432	432	432
FDEH	1.8/3kV	3×185	418	499	499	499
FDEH	1.8/3kV	3×240	510	589	589	589
FDEH	0.6/1kV	3×4+1×2.5	19	26	24	26
FDEH	0.6/1kV	3×6+1×4	26	33	32	33
FDEH	0.6/1kV	3×10+1×6	34	42	41	42
FDEH	0.6/1kV	3×16+1×10	46	55	56	55
FDEH	0.6/1kV	3×25+1×16	62	72	75	72
FDEH	0.6/1kV	3×35+1×16	80	91	100	91
FDEH	0.6/1kV	3×50+1×25	99	110	123	110
FDEH	0.6/1kV	3×70+1×35	119	130	150	130
FDEH	0.6/1kV	3×95+1×50	150	160	192	160
FDEHP	450/750V	2×1.0	14	18	17	18
FDEHP	450/750V	3×1.0	12	16	16	16
FDEHP	450/750V	4×1.0	11	15	15	15
FDEHP	450/750V	5×1.0	11	15	15	15
FDEHP	450/750V	2×1.5	17	22	22	22
FDEHP	450/750V	3×1.5	15	21	19	21
FDEHP	450/750V	4×1.5	14	20	17	20
FDEHP	450/750V	5×1.5	14	20	17	20
FDEHP	450/750V	6×1.5	13	18	16	18
FDEHP	450/750V	12×1.5	13	18	16	18
FDEHP	450/750V	18×1.5	12	17	15	17
FDEHP	450/750V	24×1.5	12	17	15	17
FDEHP	450/750V	36×1.5	10	16	14	16
FDEHP	450/750V	2×2.5	22	29	29	29
FDEHP	450/750V	3×2.5	18	27	25	27
FDEHP	450/750V	4×2.5	19	26	24	26
FDEHP	450/750V	5×2.5	19	26	24	26
FDEHP	450/750V	6×2.5	18	24	22	24
FDEHP	450/750V	12×2.5	18	24	22	24
FDEHP	450/750V	18×2.5	16	22	20	22

注：1. 环境温度23±1℃；土中敷设热阻系数1.2K·m/W。

2. 中压风电电缆载流量参照上表同规格电缆载流量。

1.3　风电电缆选型原则与设计规范

1.3.1　风电电缆一般选型原则

风电场电缆选型的一般原则：

1）由于风机塔筒存在扭动及轴向位移，因此塔筒电缆需要选择抗扭动、延展性好的耐扭曲电缆，低温地区还需要电缆有耐低温能力。具体可参见风机厂家范围。

2）风电出口到升压变压器或箱式变电站之间的电缆，因同容量风机的电缆选型实际工程中大多不统一，最终会导致较大的投资差异。该部分电缆截面积选用应综合考虑需求量和成本，合理选型。具体可参见风机厂家范围。

3）在新能源系统中使用何种材质电缆，相关规范尚缺乏明确指导原则。目前实际工程中的一般做法是：风电场35kV电缆集电线路采用的电缆一般选用铝芯或铜芯交联聚乙烯绝缘电力电缆，电缆截面积应按持续允许电流选择；升压变电站一般采用铜芯电缆。

4）风机到升压变电站的电缆一般采用铜芯电缆，并且大多采用三芯电缆。

5）风电场集电线路与升压变电站的电压降之和按不大于10%来控制（原因是当超出限值时应保证风机不出现脱网事故）。

1.3.2　风电电缆设计规范

关于风电电缆选型的现有规范：

（1）《额定电压1.8/3kV及以下风力发电用耐扭曲软电缆》GB/T 29631—2013

导体应采用GB/T 3956—2008规定的第5种柔软圆形绞合导体。导体材料应为退火软铜线，单线可以不镀锡或镀锡。

（2）《额定电压66kV（U_m=72.5kV）风力发电用耐扭曲软电缆》TICW22—2022

1）导体：应采用GB/T 3956—2008中规定的第5种铜或镀锡铜导体；20℃时的直流电阻应符合GB/T 3956—2008中第5种铜或镀锡铜导体的规定要求。

2）绝缘、护套：规定了绝缘及护套的材料主要为耐寒弯曲性能优异的弹性体或橡胶类材料。

（3）《风力发电场设计规范》GB 51096—2015

1）风力发电场电缆选择与敷设应符合现行国家标准《电力工程电缆设计标准》GB 50217—2018的有关规定。

2）风力发电场中压电缆宜选用交联聚乙烯绝缘电缆，可选用铜芯或铝芯电力电缆。

3）风力发电机组与机组变电单元之间的低压电力电缆宜选用铜芯电力电缆。

电力电缆可采用三芯或单芯电缆。当采用单芯铠装电力电缆时，应选用非磁性金属铠装层。

4）-15℃以下低温环境应选用耐低温材料绝缘电缆，不宜选用聚氯乙烯绝缘电缆。

综上，现有新能源规范关于电缆选择的规定基本只是对导体材质、压降有少量规定，其他方面一般参照国家标准《电力工程电缆设计标准》GB 50217—2018。考虑到新能源电站的特殊运行特点，故应在满足国标的基础上，补充编制相应新能源电缆选型手册，以指导新能源工程设计建设工作。

1.3.3　检测方法标准及主要检验项目

风电电缆主要检测方法标准见表2-1-12。

表2-1-12　风电电缆主要检测方法标准

序号	标准号	标准名称
1	GB/T 2423.17—2008	电工电子产品环境试验　第2部分：试验方法　试验Ka：盐雾
2	GB/T 2423.18—2021	环境试验　第2部分：试验方法　试验Kb：盐雾，交变（氯化钠溶液）
3	GB/T 2900.10—2013	电工术语　电缆
4	GB/T 2951.11—2008	电缆和光缆绝缘和护套材料通用试验方法　第11部分：通用试验方法　厚度和外形尺寸测量—机械性能试验
5	GB/T 2951.12—2008	电缆和光缆绝缘和护套材料通用试验方法　第12部分：通用试验方法　热老化试验方法
6	GB/T 2951.14—2008	电缆和光缆绝缘和护套材料通用试验方法　第14部分：通用试验方法　低温试验
7	GB/T 2951.21—2008	电缆和光缆绝缘和护套材料通用试验方法　第21部分：弹性体混合料专用试验方法　耐臭氧试验　热延伸试验　浸矿物油试验
8	GB/T 2951.31—2008	电缆和光缆绝缘和护套材料通用试验方法　第31部分：聚氯乙烯混合料专用试验方法　高温压力试验　抗开裂试验
9	GB/T 3048.4—2007	电线电缆电性能试验方法　第4部分：导体直流电阻试验
10	GB/T 3048.5—2007	电线电缆电性能试验方法　第5部分：绝缘电阻试验
11	GB/T 3048.8—2007	电线电缆电性能试验方法　第8部分：交流电压试验
12	GB/T 3048.13—2007	电线电缆电性能试验方法　第13部分：冲击电压试验
13	GB/T 3956—2008	电缆的导体
14	GB/T 4909.2—2009	裸电线试验方法　第2部分：尺寸测量
15	GB/T 5013.1—2008	额定电压450/750V及以下橡皮绝缘电缆　第1部分：一般要求
16	GB/T 6995.1—2008	电线电缆识别标志方法　第1部分：一般规定
17	GB/T 6995.3—2008	电线电缆识别标志方法　第3部分：电线电缆识别标志
18	GB/T 6995.4—2008	电线电缆识别标志方法　第4部分：电气装备电线电缆绝缘线芯识别标志

（续）

序号	标准号	标准名称
19	GB/T 9330—2020	塑料绝缘控制电缆
20	GB/T 12706.1—2020	额定电压1kV（U_m=1.2kV）到35kV（U_m=40.5kV）挤包绝缘电力电缆及附件　第1部分：额定电压1kV（U_m=1.2kV）和3kV（U_m=3.6kV）电缆
21	GB/T 12706.2—2020	额定电压1kV（U_m=1.2kV）到35kV（U_m=40.5kV）挤包绝缘电力电缆及附件　第2部分：额定电压6kV（U_m=7.2kV）到30kV（U_m=36kV）电缆
22	GB/T 12706.3—2020	额定电压1kV（U_m=1.2kV）到35kV（U_m=40.5kV）挤包绝缘电力电缆及附件 第3部分：额定电压1kV（U_m=1.2kV）和3kV（U_m=3.6kV）电缆
23	GB/T 18380.12—2022	电缆和光缆在火焰条件下的燃烧试验　第12部分：单根绝缘电线电缆火焰垂直蔓延试验 1kW预混合型火焰试验方法
24	GB/T 18380.33—2022	电缆和光缆在火焰条件下的燃烧试验　第33部分：垂直安装的成束电线电缆火焰垂直蔓延试验 A类
25	GB/T 18380.34—2022	电缆和光缆在火焰条件下的燃烧试验　第34部分：垂直安装的成束电线电缆火焰垂直蔓延试验 B类
26	GB/T 18380.35—2022	电缆和光缆在火焰条件下的燃烧试验　第35部分：垂直安装的成束电线电缆火焰垂直蔓延试验 C类
27	T/CEEIA 408—2019	额定电压1.8/3kV及以下风力发电塔筒用铝合金导体耐寒阻燃橡套电缆
28	JB/T 8137—2013	电线电缆交货盘
29	JB/T 10696.7—2007	电线电缆机械和理化性能试验方法　第7部分：抗撕试验

检测风电电缆是否合格可能需要检测20多个项目，而对判定其质量好坏起着关键作用的检测项目主要包括全性能检验项目、常规检验项目、特殊性能检验项目、关键检验项目等。

不同类别风电电缆全性能检验项目、常规检验项目、特殊性能检验项目、关键检验项目分别见表2-1-13～表2-1-16。

表2-1-13　不同类别风电电缆全性能检验项目

试验项目分类	检验项目	风电动力低压电缆	风电动力中压电缆
电气性能	20℃导体直流电阻	○	○
	4h电压试验	○	○
	tanδ测量		○
	半导电屏蔽电阻率		○
	目测检查电缆	○	○
	成品电缆电压试验	○	○

（续）

试验项目分类	检验项目	风电动力低压电缆	风电动力中压电缆
电气性能	冲击电压试验及随后的工频电压试验	○	○
	加热循环试验及随后的局部放电试验		○
	热循环及随后的局部放电试验		○
	绝缘电阻	○	
	工作温度下绝缘电阻	○	
	环境温度下绝缘电阻	○	
结构尺寸	导体结构	○	○
	绝缘厚度	○	○
	绝缘最薄处厚度	○	○
	金属屏蔽	○	○
	护套厚度	○	○
	护套最薄处厚度	○	○
	金属屏蔽检查	○	○
	电缆外径	○	○
	成品电缆椭圆度	○	○
	缆芯绞合节径比	○	
	印刷标志	○	○
	表观	○	○
	交货长度	○	○
绝缘性能	机械性能		
	原始拉伸性能	○	○
	绝缘热延伸试验	○	○
	成品电缆段的附加老化试验		○
	绝缘吸水试验		○
	空气烘箱老化试验	○	○
	成品电缆耐臭氧试验		○
外套性能	物理机械性能	○	○
	原始拉伸性能	○	○
	空气烘箱老化试验	○	○
	成品电缆段的附加老化试验		○
	护套热延伸试验	○	○
	低温冲击试验	○	○

（续）

试验项目分类	检验项目	风电动力低压电缆	风电动力中压电缆
外套性能	低温拉伸试验	○	○
	低温弯曲试验	○	○
	高温压力试验	○	○
	抗开裂试验	○	
	热冲击试验		○
	抗撕试验	○	○
	浸油试验	○	○
	单根垂直燃烧试验	○	○
	成束燃烧试验（C类）	○	○
	外套火花试验		○
特殊性能	常温下电缆扭转试验	○	○
	低温下电缆扭转试验	○	○
	高温下电缆扭转试验	○	
	负载下电缆扭转试验	○	
	负重试验	○	○
	人工气候老化试验	○	○
	耐盐雾试验	○	○
电缆标志	标志间距	○	○
	成品电缆表面标志	○	○

注：1. 上表中的试验项目与具体的产品型号有关，不是所有的型号都要进行上表的检测项目；
2. “○”代表该项目需要检测，下同。

表 2-1-14　不同类别风电电缆常规检验项目

试验项目分类	检验项目	风电动力低压电缆	风电动力中压电缆
电气性能	导体直流电阻	○	○
	电压试验（5min）	○	○
结构尺寸	导体	○	○
	绝缘	○	○
	屏蔽		○
	护套	○	○
	电缆外径	○	○
	椭圆度	○	○

（续）

试验项目分类	检验项目	风电动力低压电缆	风电动力中压电缆
绝缘性能	绝缘老化前机械性能	○	○
	绝缘老化后机械性能	○	○
外套性能	护套老化前机械性能	○	○
	护套老化后机械性能	○	○

表 2-1-15　不同类别风电电缆特殊性能检验项目

试验项目分类	检验项目	风电动力低压电缆	风电动力中压电缆
燃烧性能	成束阻燃试验	○	○
	单根垂直燃烧试验	○	○
	常温下电缆扭转试验	○	○
	低温下电缆扭转试验	○	○
	高温下电缆扭转试验	○	
	负载下电缆扭转试验	○	
	负重试验	○	○
	人工气候老化试验	○	○
	耐盐雾试验	○	○

表 2-1-16　不同类别风电电缆关键检验项目

试验项目分类	检验项目	风电动力低压电缆	风电动力中压电缆
电气性能	导体直流电阻	○	○
	电压试验（5min）	○	○
	工作温度下绝缘电阻	○	○
结构尺寸	绝缘厚度	○	○
	护套套厚度	○	○
绝缘性能	老化前性能	○	○
	老化后性能	○	○
外套性能	老化前后机械性能试验	○	○
	成品电缆段的附加老化试验	○	○
	护套热延伸试验	○	○
	护套抗撕试验	○	○
	护套低温试验	○	○
	浸油试验	○	○

（续）

试验项目分类	检验项目	风电动力低压电缆	风电动力中压电缆
燃烧性能	单根垂直燃烧试验	○	○
	成束燃烧试验	○	○
特殊性能	扭转试验	○	○
	低温试验	○	○

1.4 风电电缆型号的选择

1.4.1 额定电压

风电电缆额定电压见表 2-1-17。

表 2-1-17 风电电缆额定电压

型 号	额定电压
FDEH、FDEH-X	450/750V
ZC-FDLHEH-40、ZB-FDLHEH-40、ZA-FDLHEH-40、FDEH、FDEH-X	0.6/1kV 1.8/3kV
FDEH、FDEH-X	6kV（U_m=7.2kV）到 35kV（U_m=40.5kV）

1.4.2 导体的选择

风电耐扭曲软电缆的导体应采用 GB/T 3956—2008 规定的第 5 种柔软圆形绞合导体。导体材料应为退火软铜线，单线可以不镀锡或镀锡。导体表面允许用非吸湿性带材作重叠绕包、纵包或用半导电带重叠绕包。

风电塔筒用铝合金橡套电缆的导体应采用 GB/T 3956—2008 规定的第 2 种铝合金导体，导体应采用圆形紧压或型线紧压绞合结构。导体材料应符合 GB/T 31480.1—2015 附录 A.1 要求。同时导体表面应光洁、均匀，无毛刺、断线、油污等缺陷。

1.4.3 绝缘材料的选择

风电电缆绝缘材料的选择见表 2-1-18。

表 2-1-18 风电电缆绝缘材料

额定电压	绝缘混合料
1.8/3kV 及以下	70℃乙丙橡胶或其他相当的合成弹性体
	90℃乙丙橡胶或其他相当的合成弹性体
	硅橡胶混合物或其相当的合成弹性体
6kV（U_m=7.2kV）到 35kV（U_m=40.5kV）	乙丙橡胶或类似混合料

1.4.4 屏蔽的选择

（1）中压风电电缆 GB/T 33606—2017 规定：当单芯和三芯电缆绝缘线芯需要屏蔽时，应由导体屏蔽和绝缘屏蔽组成。除额定电压 3.6/6（7.2）kV 电缆可用无屏蔽结构外，其他电缆均应有屏蔽。导体屏蔽应是非金属的，由挤包的半导电材料或在导体上先包半导电带再挤包半导电材料组成。绝缘屏蔽应由非金属半导电材料构成，且与金属屏蔽层在电气上接触良好。所有电缆应有金属屏蔽，金属屏蔽包括金属丝编织（或带有地线芯）、金属丝疏绕（或带有地线芯）和地线芯等形式。选择金属屏蔽材料时，应特别考虑存在腐蚀的可能性，这不仅是为了机械安全，而且也为了电气安全。编织和疏绕用的金属丝应为 GB/T 4910—2022 规定的镀锡铜丝。单芯电缆不应采用单独的地线芯作为金属屏蔽。三芯电缆采用地线芯单独作为金属屏蔽时，其他线芯应由符合 GB/T 3956—2008 中第 5 种导体外挤包半导电层共同组成。额定电压为 3.6/6（7.2）kV 的电缆采用金属丝编织或疏绕屏蔽时可以无半导电层，采用地线芯单独作为金属屏蔽时应有半导电层。

（2）低压风电电缆 GB/T 29631—2013 和 NB/T 31035—2012 规定：低压风电电缆金属屏蔽由软圆铜线或镀锡铜线构成，其金属编织（或缠绕）密度应不小于 80%。为了提高耐扭性能，允许在编织中加入高机械强度非金属线。

1.4.5 外护套的选择

风电电缆护套材料的选择见表 2-1-19。

表 2-1-19 风电电缆护套材料

序号	护套混合料
1	氯丁橡胶混合物或其他相当的合成弹性体
2	氯磺化聚乙烯橡胶混合物或其他相当的合成弹性体
3	氯化聚乙烯橡胶或其他相当的合成弹性体
4	硅橡胶混合物或其他相当的合成弹性体
5	聚氨酯弹性体
6	其他热塑弹性体

1.5　典型设计案例

项目简介：

该项目位于山东省昌邑市北部海域，距离海岸 14～18km，由三峡集团所属三峡能源投资建设，共布置有 50 台单机容量 6MW 的海上风电机组及一座 220kV 海上升压变电站，同时配套建设昌邑海上风电场监测观测站，将海洋环境观测数据同步上传至山东省海洋观测网。该项目于 2022 年 12 月 16 日全容量并网。项目投运 46d 就完成 1 亿 kWh 发电量任务，相较于同容量风电场至少提前 15d 完成考核指标。

该项目设计方案（表 2-1-20）：

表 2-1-20　设计方案

序号	名称	规格型号	单位	数量	产品标准
1	电缆	FDEHP-X $4\times1.5mm^2$	m	6600	国家标准
2	电缆	FDEH-X $3\times25+1\times16mm^2$	m	6500	国家标准
3	电缆	FDEH-X 0.6/1kV $5\times2.5mm^2$	m	300	国家标准
4	电缆	FDEH-X 0.6/1kV $5\times2.5mm^2$	m	3500	国家标准
5	电缆	FDEHP-X 450/750V $18\times0.75mm^2$	m	500	国家标准
6	电缆	FDEH-X $3\times1.5mm^2$	m	500	国家标准
7	电缆	FDEHP-X 450/750V $2\times1.0mm^2$	m	350	国家标准
8	电缆	FDEH-X 26/35kV $3\times70+3\times16mm^2$	m	6750	国家标准
9	电缆	FDEH 1.8/3kV $1\times300mm^2$	m	2640	国家标准

第 2 章　电缆价格

2.1　材料定额消耗核算方法

2.1.1　导体单元的核算

非紧压绞合圆形导体：

$$W_{导体} = \frac{\pi d^2}{4}\rho n n_1 k k_1$$

紧压绞合圆形导体：

$$W_{导体} = \frac{\pi d^2}{4}\rho n n_1 k k_1 \frac{1}{\mu}$$

式中　$W_{导体}$——导体材料消耗（kg/km）；

d——单位直径（mm）；

n——导线根数；

n_1——电缆芯数；

k——导体平均绞入系数；

k_1——成缆绞入系数；

ρ——导体密度（g/cm^3）；

μ——紧压时单线的延伸系数。

2.1.2　绝缘层（挤包）的核算

$$W_{绝缘} = \pi t(D_{前} + t)\rho n_1 k_1$$

式中　$W_{绝缘}$——绝缘材料消耗（kg/km）；

$D_{前}$——挤包前外径（mm）；

t——绝缘厚度（mm）；

n_1——电缆芯数；

k_1——成缆绞入系数；

ρ——绝缘密度（g/cm^3）。

2.1.3　导体屏蔽层和绝缘屏蔽层的核算

$$W = \pi t(D_{前} + t)\rho n_1 k_1$$

式中　W——屏蔽材料消耗（kg/km）；

$D_{前}$——挤包前外径（mm）；

t——屏蔽层厚度（mm）；

n_1——电缆芯数；

k_1——成缆绞入系数；

ρ——所用材料密度（g/cm^3）。

2.1.4　金属屏蔽层的核算

（1）金属丝疏绕屏蔽

$$W = \frac{\pi}{4} d^2 n n_1 \rho k_1 k_2$$

式中　W——金属丝疏绕屏蔽材料消耗（kg/km）；

d——金属丝直径（mm）；

n——金属丝根数；

n_1——电缆芯数；

ρ——金属丝密度（g/cm^3）；

k_1——成缆绞入系数；

k_2——金属丝疏绕系数。

（2）金属丝编织屏蔽

$$W = \left[\frac{\pi^2}{2} d(D + 2d) \right] p \cdot k \cdot \rho$$

式中　W——金属丝编织屏蔽材料消耗（kg/km）；

d——编织金属丝直径目标值（mm）；

D——编织前外径（mm）；

p——编织层前单向覆盖率，见表 2-2-1；

k——交叉系数，取 1.02；

ρ——编织材料相对密度（g/cm^3）。

表 2-2-1　编织层前单向覆盖率

p(%)	p	p(%)	p	p(%)	p
99	0.9000	87	0.6394	75	0.5000
98	0.8586	86	0.6258	74	0.4901
97	0.8268	85	0.6127	73	0.4804
96	0.8000	84	0.6000	72	0.4708
95	0.7764	83	0.5877	71	0.4615
94	0.7550	82	0.5757	70	0.4523
93	0.7354	81	0.5641	69	0.4432
92	0.7171	80	0.5528	68	0.4343
91	0.7000	79	0.5417	67	0.4255
90	0.6873	78	0.5310	66	0.4169
89	0.6683	77	0.5204	65	0.4084
88	0.6536	76	0.5101	64	0.4000

注：编织层前单向覆盖率 p 由相应的产品标准或工艺文件所规定。

2.1.5　成缆绕包单元的核算

$$W_{包带} = \frac{\pi mt(D_{前} + mt)}{1 \pm \Delta}\rho$$

式中　$W_{包带}$——包带材料消耗（kg/km）；

t——带材厚度（mm）；

m——带材绕包层数；

$D_{前}$——绕包前外径（mm）；

Δ——包带搭盖率（间隙率），重叠绕包为 $-\Delta$，间隙绕包为 $+\Delta$；

ρ——包带材料密度（g/cm^3）。

2.1.6　内护单元的核算

$$W_{内护} = \pi t(D_{前} + t)\rho$$

式中　$W_{内护}$——内护材料消耗（kg/km）；

$D_{前}$——挤包前外径（mm）；

t——内护层厚度（mm）；

ρ——内护层材料密度（g/cm^3）。

2.1.7　外护单元的核算

$$W_{外护} = \pi t(D_{前} + t)\rho$$

式中　$W_{外护}$——外护材料消耗（kg/km）；

$D_{前}$——挤包前外径（mm）；

t——护套厚度（mm）；

ρ——护套材料密度（g/cm^3）。

2.2　典型产品结构尺寸与材料消耗

风电电缆典型产品结构尺寸见表 2-2-2。

表 2-2-2　风电电缆典型产品结构尺寸　（单位：mm）

型号	额定电压	规格	导体外径	绝缘厚度	护套厚度	参考外径
FDLHEH	1.8/3kV	1×300	20.50	2.4	1.9	28.0～30.5
FDLHEH	1.8/3kV	1×400	23.30	2.6	2.0	31.5～34.0
FDLHEH	0.6/1kV	1×70	9.90	1.4	1.6	15.5～17.5
FDLHEH	0.6/1kV	1×120	13.00	1.6	1.6	18.5～20.5
FDEH	0.6/1kV	1×1.5	1.50	0.8	1.4	5.7～7.1
FDEH	0.6/1kV	1×2.5	2.00	0.9	1.4	6.3～7.9
FDEH	0.6/1kV	1×4	2.40	1.0	1.5	7.2～9.0
FDEH	0.6/1kV	1×6	3.10	1.0	1.6	7.9～9.8
FDEH	0.6/1kV	1×10	4.10	1.2	1.8	9.5～11.9
FDEH	0.6/1kV	1×16	5.00	1.2	1.9	10.8～13.4
FDEH	0.6/1kV	1×25	6.50	1.4	2.0	12.7～15.8
FDEH	0.6/1kV	1×35	7.90	1.4	2.2	14.3～17.9
FDEH	0.6/1kV	1×50	9.10	1.6	2.4	16.5～20.6
FDEH	0.6/1kV	1×70	11.00	1.6	2.6	18.6～23.3
FDEH	0.6/1kV	1×95	12.60	1.8	2.8	20.8～26.0
FDEH	0.6/1kV	1×120	14.40	1.8	3.0	22.8～28.6
FDEH	0.6/1kV	1×150	15.90	2.0	3.2	25.2～31.4
FDEH	0.6/1kV	1×185	17.60	2.2	3.4	27.6～34.4
FDEH	0.6/1kV	1×240	20.30	2.4	3.5	30.6～38.3
FDEH	0.6/1kV	1×300	22.30	2.6	3.6	33.5～41.9
FDEH	0.6/1kV	1×400	27.60	2.8	3.8	37.4～46.8
FDEH	0.6/1kV	2×1.0	1.3	0.8	1.3	7.7～10.0
FDEH	0.6/1kV	2×1.5	1.5	0.8	1.5	8.5～11.0
FDEH	0.6/1kV	2×2.5	2	0.9	1.7	10.2～13.1
FDEH	0.6/1kV	2×4	2.4	1.0	1.8	11.8～15.1
FDEH	0.6/1kV	2×6	3.1	1.0	2.0	13.1～16.8
FDEH	0.6/1kV	2×10	4.1	1.2	3.1	17.7～22.6
FDEH	0.6/1kV	2×16	5	1.2	3.3	20.2～25.7

（续）

型号	额定电压	规格	导体外径	绝缘厚度	护套厚度	参考外径
FDEH	0.6/1kV	2×25	6.5	1.4	3.6	24.3～30.7
FDEH	0.6/1kV	3×1.0	1.3	0.8	1.4	8.3～10.7
FDEH	0.6/1kV	3×1.5	1.50	0.8	1.6	9.2～11.9
FDEH	0.6/1kV	3×2.5	2.00	0.9	1.8	10.9～14.0
FDEH	0.6/1kV	3×4	2.40	1.0	1.9	12.7～16.2
FDEH	0.6/1kV	3×6	3.10	1.0	2.1	14.1～18.0
FDEH	0.6/1kV	3×10	4.10	1.2	3.3	19.1～24.2
FDEH	0.6/1kV	3×16	5.00	1.2	3.5	21.8～27.6
FDEH	0.6/1kV	3×25	6.50	1.4	3.8	26.1～33.0
FDEH	0.6/1kV	3×35	7.90	1.4	4.1	29.3～37.1
FDEH	0.6/1kV	3×50	9.10	1.6	4.5	34.1～42.9
FDEH	0.6/1kV	3×70	11.00	1.6	4.8	38.4～48.3
FDEH	0.6/1kV	4×1.0	1.3	0.8	1.5	9.2～11.9
FDEH	0.6/1kV	4×1.5	1.50	0.8	1.7	10.2～13.1
FDEH	0.6/1kV	4×2.5	2.00	0.9	1.9	12.1～15.5
FDEH	0.6/1kV	4×4	2.40	1.0	2.0	14.0～17.9
FDEH	0.6/1kV	4×6	3.10	1.0	2.3	15.7～20.0
FDEH	0.6/1kV	4×10	4.10	1.2	3.4	20.9～26.5
FDEH	0.6/1kV	4×16	5.00	1.2	3.6	23.8～30.1
FDEH	0.6/1kV	4×25	6.50	1.4	4.1	28.9～36.6
FDEH	0.6/1kV	4×35	7.90	1.4	4.4	32.5～41.1
FDEH	0.6/1kV	4×50	9.10	1.6	4.8	37.7～47.5
FDEH	0.6/1kV	4×70	11.00	1.6	5.2	42.7～54.0
FDEH	0.6/1kV	5×1.0	1.3	0.8	1.6	10.2～13.1
FDEH	0.6/1kV	5×1.5	1.50	0.8	1.8	11.2～14.4
FDEH	0.6/1kV	5×2.5	2.00	0.9	2.0	13.3～17.0
FDEH	0.6/1kV	5×4	2.40	1.0	2.2	15.6～19.9
FDEH	0.6/1kV	5×6	3.10	1.0	2.5	17.5～22.2
FDEH	0.6/1kV	5×10	4.10	1.2	3.6	22.9～29.1
FDEH	0.6/1kV	5×16	5.00	1.2	3.9	26.4～33.3
FDEH	0.6/1kV	5×25	6.50	1.4	4.4	32.0～40.4
FDEH	0.6/1kV	6×1.5	1.50	0.8	2.5	13.4～17.2
FDEH	0.6/1kV	12×1.5	1.50	0.8	2.9	17.6～22.4

（续）

型号	额定电压	规格	导体外径	绝缘厚度	护套厚度	参考外径
FDEH	0.6/1kV	18×1.5	1.50	0.8	3.2	20.7～26.3
FDEH	0.6/1kV	24×1.5	1.50	0.8	3.5	24.3～30.7
FDEH	0.6/1kV	36×1.5	1.50	0.8	3.8	27.8～35.2
FDEH	0.6/1kV	6×2.5	2.00	0.9	2.7	15.7～20.0
FDEH	0.6/1kV	12×2.5	2.00	0.9	3.1	20.6～26.2
FDEH	0.6/1kV	18×2.5	2.00	0.9	3.5	24.4～30.9
FDEH	0.6/1kV	24×2.5	2.00	0.9	3.9	28.8～36.4
FDEH	0.6/1kV	36×2.5	2.00	0.9	4.3	33.2～41.8
FDEH	0.6/1kV	6×4	2.40	1.0	2.9	18.2～23.2
FDEH	0.6/1kV	12×4	2.40	1.0	3.5	24.4～30.9
FDEH	0.6/1kV	18×4	2.40	1.0	3.9	28.8～36.4
FDEH	1.8/3kV	1×10	4.10	2.1	1.8	11.3～13.7
FDEH	1.8/3kV	1×16	5.00	2.1	1.9	12.6～15.2
FDEH	1.8/3kV	1×25	6.50	2.2	2.0	14.3～17.4
FDEH	1.8/3kV	1×35	7.90	2.2	2.2	15.9～19.5
FDEH	1.8/3kV	1×50	9.10	2.2	2.4	17.7～21.8
FDEH	1.8/3kV	1×70	11.00	2.2	2.6	19.8～24.5
FDEH	1.8/3kV	1×95	12.60	2.4	2.8	22.0～27.2
FDEH	1.8/3kV	1×120	14.40	2.4	3.0	24.0～29.8
FDEH	1.8/3kV	1×150	15.90	2.6	3.2	26.4～32.6
FDEH	1.8/3kV	1×185	17.60	2.6	3.4	28.4～35.2
FDEH	1.8/3kV	1×240	20.30	2.8	3.5	31.4～39.1
FDEH	1.8/3kV	1×300	22.30	2.8	3.6	33.9～42.3
FDEH	1.8/3kV	1×400	27.60	3.0	3.8	37.8～47.2
FDEH	1.8/3kV	3×10	4.10	2.1	3.3	23.0～28.1
FDEH	1.8/3kV	3×16	5.00	2.1	3.5	25.7～31.5
FDEH	1.8/3kV	3×25	6.50	2.2	3.8	29.6～36.5
FDEH	1.8/3kV	3×35	7.90	2.2	4.1	32.8～40.6
FDEH	1.8/3kV	3×50	9.10	2.2	4.5	36.7～45.5
FDEH	1.8/3kV	3×70	11.00	2.2	4.8	41.0～50.9
FDEH	1.8/3kV	3×95	12.60	2.4	5.3	45.9～56.6
FDEH	1.8/3kV	3×120	14.40	2.4	5.6	50.0～62.6
FDEH	1.8/3kV	3×150	15.90	2.6	6.0	54.6～68.6
FDEH	1.8/3kV	3×185	17.60	2.6	6.4	58.7～73.7

（续）

型号	额定电压	规格	导体外径	绝缘厚度	护套厚度	参考外径
FDEH	1.8/3kV	3×240	20.30	2.8	7.1	66.7～83.7
FDEH	0.6/1kV	3×4+1×2.5	2.4/2.0	1.0/0.9	2.0	14.0～17.9
FDEH	0.6/1kV	3×6+1×4	3.1/2.4	1.0/1.0	2.3	15.7～20.0
FDEH	0.6/1kV	3×10+1×6	4.1/3.1	1.2/1.0	3.4	20.9～26.5
FDEH	0.6/1kV	3×16+1×10	5.0/4.1	1.2/1.2	3.6	23.5～29.6
FDEH	0.6/1kV	3×25+1×16	6.50/5.0	1.4/1.2	4.0	27.9～35.6
FDEH	0.6/1kV	3×35+1×16	7.90/5.0	1.4/1.2	4.3	31.0～40.1
FDEH	0.6/1kV	3×50+1×25	9.10/6.50	1.6/1.4	4.8	35.7～46.0
FDEH	0.6/1kV	3×70+1×35	11.0/7.90	1.6/1.4	5.0	40.7～52.0
FDEH	0.6/1kV	3×95+1×50	12.6/9.10	1.8/1.6	5.5	46.4～59.0
FDEH	0.6/1kV	3×120+1×70	14.40/11.00	1.8/1.6	5.8	50.0～64.0
FDEH	0.6/1kV	3×150+1×70	15.90/11.00	2.0/1.6	6.3	55.0～70.0
FDEH	0.6/1kV	3×185+1×95	17.60/12.60	2.2/1.8	6.8	60.0～76.0
FDEHP	450/750V	2×1.0	1.30	0.8	1.3	8.7～11.0
FDEHP	450/750V	3×1.0	1.30	0.8	1.4	9.3～11.7
FDEHP	450/750V	4×1.0	1.30	0.8	1.5	10.2～12.9
FDEHP	450/750V	5×1.0	1.30	0.8	1.6	11.2～14.1
FDEHP	450/750V	2×1.5	1.50	0.8	1.5	9.5～12.0
FDEHP	450/750V	3×1.5	1.50	0.8	1.6	10.2～12.9
FDEHP	450/750V	4×1.5	1.50	0.8	1.7	11.2～14.1
FDEHP	450/750V	5×1.5	1.50	0.8	1.8	12.2～15.4
FDEHP	450/750V	6×1.5	1.50	0.8	2.5	14.4～18.2
FDEHP	450/750V	12×1.5	1.50	0.8	2.9	18.6～23.4
FDEHP	450/750V	18×1.5	1.50	0.8	3.2	21.7～27.3
FDEHP	450/750V	24×1.5	1.50	0.8	3.5	25.3～31.7
FDEHP	450/750V	36×1.5	1.50	0.8	3.8	28.8～36.2
FDEHP	450/750V	2×2.5	2.00	0.9	1.7	11.2～14.1
FDEHP	450/750V	3×2.5	2.00	0.9	1.8	11.9～15.0
FDEHP	450/750V	4×2.5	2.00	0.9	1.9	13.1～16.5
FDEHP	450/750V	5×2.5	2.00	0.9	2.0	14.3～18.0
FDEHP	450/750V	6×2.5	2.00	0.9	2.7	16.7～21.0
FDEHP	450/750V	12×2.5	2.00	0.9	3.1	21.6～27.2
FDEHP	450/750V	18×2.5	2.00	0.9	3.5	25.4～31.9

风电电缆常用规格材料消耗见表2-2-3。

表2-2-3　风电电缆常用规格材料消耗　（单位：kg/km）

型号	额定电压	规格	导体	绝缘	屏蔽	护套	参考重量
FDLHEH	1.8/3kV	1×300	810.00	350.07	—	367.50	1527.60
FDLHEH	1.8/3kV	1×400	1075.00	424.87	—	428.70	1928.60
FDLHEH	0.6/1kV	1×35	105.00	59.10	—	111.00	275.10
FDLHEH	0.6/1kV	1×70	200.00	93.10	—	139.00	432.10
FDLHEH	0.6/1kV	1×120	340.00	121.60	—	188.50	650.10
FDEH	0.6/1kV	1×1.5	11.94	10.70	—	38.80	61.44
FDEH	0.6/1kV	1×2.5	20.79	12.90	—	51.50	85.19
FDEH	0.6/1kV	1×4	33.62	16.80	—	58.80	109.22
FDEH	0.6/1kV	1×6	48.10	20.30	—	71.40	139.80
FDEH	0.6/1kV	1×10	83.60	31.50	—	99.90	215.00
FDEH	0.6/1kV	1×16	132.80	36.80	—	115.80	285.40
FDEH	0.6/1kV	1×25	204.80	54.70	—	144.80	404.30
FDEH	0.6/1kV	1×35	292.30	64.40	—	169.90	526.60
FDEH	0.6/1kV	1×50	413.40	84.70	—	225.80	723.90
FDEH	0.6/1kV	1×70	598.30	99.80	—	304.20	1002.30
FDEH	0.6/1kV	1×95	783.60	128.30	—	374.90	1286.80
FDEH	0.6/1kV	1×120	998.80	144.30	—	434.30	1577.40
FDEH	0.6/1kV	1×150	1201.30	177.10	—	498.00	1876.40
FDEH	0.6/1kV	1×185	1518.90	259.90	—	586.50	2365.30
FDEH	0.6/1kV	1×240	1993.00	320.00	—	665.00	2978.00
FDEH	0.6/1kV	1×300	2449.40	347.70	—	725.30	3522.40
FDEH	0.6/1kV	1×400	3274.20	454.20	—	829.70	4558.10
FDEH	0.6/1kV	2×1.0	16.42	16.60	—	52.50	94.07
FDEH	0.6/1kV	2×1.5	23.88	21.40	—	76.90	134.40
FDEH	0.6/1kV	2×2.5	41.58	25.80	—	105.60	190.28
FDEH	0.6/1kV	2×4	67.24	33.60	—	143.30	268.55
FDEH	0.6/1kV	2×6	96.20	40.60	—	168.90	336.27
FDEH	0.6/1kV	2×10	167.20	63.00	—	316.00	600.82
FDEH	0.6/1kV	2×16	265.60	73.60	—	412.00	826.32
FDEH	0.6/1kV	2×25	409.60	109.40	—	529.80	1153.68
FDEH	0.6/1kV	3×1.0	24.63	24.90	—	72.60	134.34
FDEH	0.6/1kV	3×1.5	35.82	32.10	—	90.70	174.48

（续）

型号	额定电压	规格	导体	绝缘	屏蔽	护套	参考重量
FDEH	0.6/1kV	3×2.5	62.37	38.70	—	121.60	244.94
FDEH	0.6/1kV	3×4	100.86	50.40	—	150.10	331.50
FDEH	0.6/1kV	3×6	144.30	60.90	—	176.10	419.43
FDEH	0.6/1kV	3×10	250.80	94.50	—	372.20	789.25
FDEH	0.6/1kV	3×16	398.40	110.40	—	475.00	1082.18
FDEH	0.6/1kV	3×25	614.40	164.10	—	600.50	1516.90
FDEH	0.6/1kV	3×35	876.90	193.20	—	788.90	2044.90
FDEH	0.6/1kV	3×50	1240.20	254.10	—	936.40	2673.77
FDEH	0.6/1kV	3×70	1794.90	299.40	—	1106.00	3520.33
FDEH	0.6/1kV	4×1.0	32.84	33.20	—	86.00	167.24
FDEH	0.6/1kV	4×1.5	47.76	42.80	—	110.70	221.39
FDEH	0.6/1kV	4×2.5	83.16	51.60	—	138.70	300.81
FDEH	0.6/1kV	4×4	134.48	67.20	—	178.50	418.20
FDEH	0.6/1kV	4×6	192.40	81.20	—	228.90	552.75
FDEH	0.6/1kV	4×10	334.40	126.00	—	443.00	993.74
FDEH	0.6/1kV	4×16	531.20	147.20	—	508.10	1305.15
FDEH	0.6/1kV	4×25	819.20	218.80	—	690.00	1900.80
FDEH	0.6/1kV	4×35	1169.20	257.60	—	838.70	2492.05
FDEH	0.6/1kV	4×50	1653.60	338.80	—	990.20	3280.86
FDEH	0.6/1kV	4×70	2393.20	399.20	—	1217.00	4410.34
FDEH	0.6/1kV	5×1.0	41.05	41.50	—	100.40	201.25
FDEH	0.6/1kV	5×1.5	59.70	53.50	—	121.60	258.28
FDEH	0.6/1kV	5×2.5	103.95	64.50	—	168.90	371.09
FDEH	0.6/1kV	5×4	168.10	84.00	—	209.70	507.98
FDEH	0.6/1kV	5×6	240.50	101.50	—	263.90	666.49
FDEH	0.6/1kV	5×10	418.00	157.50	—	486.40	1168.09
FDEH	0.6/1kV	5×16	664.00	184.00	—	661.00	1659.90
FDEH	0.6/1kV	5×25	1024.00	273.50	—	838.70	2349.82
FDEH	0.6/1kV	6×1.5	71.64	64.20	—	143.30	307.05
FDEH	0.6/1kV	12×1.5	143.28	128.40	—	299.10	627.86
FDEH	0.6/1kV	18×1.5	214.92	192.60	—	420.80	911.15
FDEH	0.6/1kV	24×1.5	286.56	256.80	—	538.30	1189.83
FDEH	0.6/1kV	36×1.5	429.84	385.20	—	600.50	1557.09

（续）

型号	额定电压	规格	导体	绝缘	屏蔽	护套	参考重量
FDEH	0.6/1kV	6×2.5	124.74	77.40	—	249.20	496.47
FDEH	0.6/1kV	12×2.5	249.48	154.80	—	390.80	874.59
FDEH	0.6/1kV	18×2.5	374.22	232.20	—	517.20	1235.98
FDEH	0.6/1kV	24×2.5	498.96	309.60	—	661.00	1616.52
FDEH	0.6/1kV	36×2.5	748.44	464.40	—	822.20	2238.54
FDEH	0.6/1kV	6×4	201.72	100.80	—	299.10	661.78
FDEH	0.6/1kV	12×4	403.44	201.60	—	517.20	1234.46
FDEH	1.8/3kV	1×10	83.60	31.50	—	121.60	236.70
FDEH	1.8/3kV	1×16	132.80	36.80	—	150.10	319.70
FDEH	1.8/3kV	1×25	204.80	54.70	—	181.00	440.50
FDEH	1.8/3kV	1×35	292.30	64.40	—	222.90	579.60
FDEH	1.8/3kV	1×50	413.40	84.70	—	283.70	781.80
FDEH	1.8/3kV	1×70	598.30	99.80	—	335.60	1033.70
FDEH	1.8/3kV	1×95	783.60	128.30	—	391.80	1303.70
FDEH	1.8/3kV	1×120	998.80	144.30	—	452.40	1595.50
FDEH	1.8/3kV	1×150	1201.30	177.10	—	517.30	1895.70
FDEH	1.8/3kV	1×185	1518.90	259.90	—	586.50	2365.30
FDEH	1.8/3kV	1×240	1993.00	320.00	—	643.90	2956.90
FDEH	1.8/3kV	1×300	2449.40	347.70	—	725.30	3522.40
FDEH	1.8/3kV	1×400	3274.20	454.20	—	806.80	4535.20
FDEH	1.8/3kV	3×10	250.80	94.50	—	451.80	876.81
FDEH	1.8/3kV	3×16	398.40	110.40	—	517.20	1128.60
FDEH	1.8/3kV	3×25	614.40	164.10	—	646.40	1567.39
FDEH	1.8/3kV	3×35	876.90	193.20	—	788.90	2044.90
FDEH	1.8/3kV	3×50	1240.20	254.10	—	882.20	2614.15
FDEH	1.8/3kV	3×70	1794.90	299.40	—	1062.60	3472.59
FDEH	1.8/3kV	3×95	2350.80	384.90	—	1333.10	4475.68
FDEH	1.8/3kV	3×120	2996.40	432.90	—	1533.50	5459.08
FDEH	1.8/3kV	3×150	3603.90	531.30	—	1791.50	6519.37
FDEH	1.8/3kV	3×185	4556.70	779.70	—	2030.60	8103.70
FDEH	1.8/3kV	3×240	5979.00	960.00	—	2608.10	10501.81
FDEH	0.6/1kV	3×4+1×2.5	121.65	66.40	—	168.90	356.95
FDEH	0.6/1kV	3×6+1×4	177.92	81.40	—	217.80	477.12

（续）

型号	额定电压	规格	导体	绝缘	屏蔽	护套	参考重量
FDEH	0.6/1kV	3×10+1×6	298.90	120.20	—	422.50	841.60
FDEH	0.6/1kV	3×16+1×10	482.00	148.70	—	486.40	1117.10
FDEH	0.6/1kV	3×25+1×16	747.20	210.60	—	675.60	1633.40
FDEH	0.6/1kV	3×35+1×16	1009.70	241.00	—	796.30	2047.00
FDEH	0.6/1kV	3×50+1×25	1445.00	323.60	—	961.20	2729.80
FDEH	0.6/1kV	3×70+1×35	2087.20	381.00	—	1085.70	3553.90
FDEH	0.6/1kV	3×95+1×50	2764.20	491.80	—	1396.70	4652.70
FDEHP	450/750V	2×1.0	17.50	18.60	31.00	71.60	138.70
FDEHP	450/750V	3×1.0	26.30	27.90	33.20	81.50	168.90
FDEHP	450/750V	4×1.0	35.00	37.20	36.30	96.70	205.20
FDEHP	450/750V	5×1.0	43.80	46.50	39.80	114.20	244.30
FDEHP	450/750V	2×1.5	25.50	20.30	32.80	86.50	165.10
FDEHP	450/750V	3×1.5	38.30	30.40	35.00	97.30	201.00
FDEHP	450/750V	4×1.5	51.00	40.50	38.50	114.90	244.90
FDEHP	450/750V	5×1.5	63.80	50.70	42.50	131.60	288.60
FDEHP	450/750V	6×1.5	76.60	60.80	63.80	206.60	407.80
FDEHP	450/750V	12×1.5	153.10	121.60	85.00	313.90	673.60
FDEHP	450/750V	18×1.5	229.70	182.40	100.30	409.20	921.60
FDEHP	450/750V	24×1.5	306.30	243.20	118.60	527.50	1195.60
FDEHP	450/750V	36×1.5	459.40	364.80	136.90	660.10	1621.20
FDEHP	450/750V	2×2.5	42.80	30.10	39.00	119.10	231.00
FDEHP	450/750V	3×2.5	64.20	45.10	41.60	136.20	287.10
FDEHP	450/750V	4×2.5	85.70	60.10	46.00	155.60	347.40
FDEHP	450/750V	5×2.5	107.10	75.10	69.70	183.90	435.80
FDEHP	450/750V	6×2.5	128.50	90.20	76.10	271.80	566.60
FDEHP	450/750V	12×2.5	257.00	180.30	102.10	419.80	959.20
FDEHP	450/750V	18×2.5	385.40	270.50	121.00	557.10	1334.00

2.3 典型产品价格参考

风电电缆典型产品价格参考见表2-2-4。

表 2-2-4　风电电缆典型产品价格参考　（单位：元/m）

型号	电压	规格	导体费用	原材料费用	完全成本	招标控制价
FDLHEH	1.8/3kV	1×300	24.28	33.77	41.63	45.80
FDLHEH	1.8/3kV	1×400	32.23	43.53	53.67	59.04
FDLHEH	0.6/1kV	1×35	3.15	5.34	6.91	7.60
FDLHEH	0.6/1kV	1×70	6.00	9.01	11.67	12.83
FDLHEH	0.6/1kV	1×120	10.19	14.22	18.40	20.24
FDEH	1.8/3kV	1×185	106.32	117.13	144.41	158.85
FDEH	1.8/3kV	1×240	139.51	151.88	187.25	205.97
FDEH	1.8/3kV	1×300	171.46	185.20	228.33	251.17
FDEH	1.8/3kV	1×400	229.19	245.46	302.62	332.89
FDEH	0.6/1kV	1×25	14.34	16.87	21.83	24.01
FDEH	0.6/1kV	1×35	20.46	23.43	30.33	33.36
FDEH	0.6/1kV	1×50	28.94	32.88	42.55	46.80
FDEH	0.6/1kV	1×70	41.88	46.98	60.80	66.88
FDEH	0.6/1kV	1×95	54.85	61.21	79.21	87.14
FDEH	0.6/1kV	1×120	69.92	77.22	99.93	109.92
FDEH	0.6/1kV	1×150	84.09	92.63	119.88	131.87
FDEHP	450/750V	2×1.0	1.23	4.60	6.53	7.18
FDEHP	450/750V	3×1.0	1.84	5.63	7.99	8.79
FDEHP	450/750V	4×1.0	2.45	6.78	9.63	10.59
FDEHP	450/750V	5×1.0	3.07	8.00	11.35	12.48
FDEHP	450/750V	2×1.5	1.79	5.50	7.80	8.58
FDEHP	450/750V	3×1.5	2.68	6.83	9.69	10.66
FDEHP	450/750V	4×1.5	3.57	8.33	11.82	13.00
FDEHP	450/750V	5×1.5	4.47	9.86	14.00	15.40
FDEHP	450/750V	6×1.5	5.36	13.35	18.95	20.84
FDEHP	450/750V	12×1.5	10.72	22.41	31.81	34.99
FDEHP	450/750V	18×1.5	16.08	30.91	43.87	48.25
FDEHP	450/750V	24×1.5	21.44	39.90	56.63	62.29
FDEHP	450/750V	36×1.5	32.16	55.29	78.48	86.33
FDEHP	450/750V	2×2.5	3.00	7.69	10.91	12.00
FDEHP	450/750V	3×2.5	4.49	9.80	13.91	15.30

（续）

型号	电压	规格	导体费用	原材料费用	完全成本	招标控制价
FDEHP	450/750V	4 ×2.5	6.00	12.07	17.14	18.85
FDEHP	450/750V	5 ×2.5	7.50	15.85	22.49	24.74
FDEHP	450/750V	6 ×2.5	9.00	19.08	27.08	29.79
FDEHP	450/750V	12 ×2.5	17.99	33.04	46.90	51.59
FDEHP	450/750V	18 ×2.5	26.98	46.36	65.80	72.38

注：1. 本表编制日期为2024年1月25日，该日主材1#铜价格为68.80元/kg（长江现货）。电缆价格随着原材料价格波动需作相应调整。

2. 本价格不包含出厂后的运输费、盘具费、特殊包装费。

3. 更多规格、型号电线电缆最新价格，可关注物资云微信公众号或登录http：//www.wuzi.cn进行查询。

第3章　技术工艺

3.1　产品材料性能与结构设计

3.1.1　典型产品工艺结构与图示

风力发电机组用耐扭曲软电缆按照电压等级分为450/750V控制电缆、0.6/1kV低压动力电缆、1.8/3kV低压动力电缆、26/35kV及以下中压动力电缆、36/66kV高压动力电缆。

控制电缆用于风力发电机组的供电回路、控制回路、监控回路、保护线路、通信线路，通常采用固定或扭转敷设。

控制电缆主要由导体、绝缘、屏蔽（可选）、护套构成，导体材料为第5种（GB/T 3956—2008）裸铜或镀锡铜，绝缘材料为乙丙橡胶，屏蔽层选择镀锡铜丝编织，护套材料为耐寒阻燃氯化聚乙烯。控制电缆结构示意图见图2-3-1。

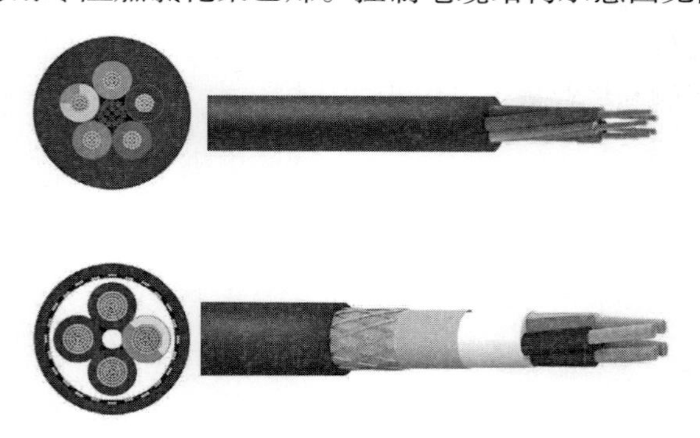

图2-3-1　控制电缆结构示意图

低压动力电缆主要用于传输电能，安装于风力发电机组的发电机至变流器的输电回路及保护回路或塔内设备间的输电回路，采用固定（托盘、线夹）或扭转（悬垂、吊挂）敷设。

低压动力电缆主要由导体、绝缘、护套构成，导体材料为第5种裸铜或镀锡铜，绝缘材料为乙丙橡胶，护套材料为耐寒阻燃氯化聚乙烯。低压动力电缆结构示意图见图2-3-2。

低压动力电缆中还包括铝合金导体动力电缆，一般用于塔筒内固定敷设，主要

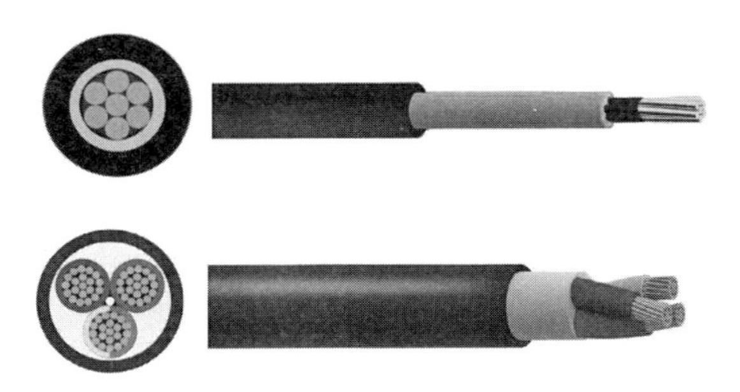

图 2-3-2 低压动力电缆结构示意图

为单芯电缆。其典型结构由导体、绝缘、护套构成，导体材料为第 2 种（GB/T 3956—2008）铝合金，绝缘材料为乙丙橡胶，护套材料为耐寒阻燃氯化聚乙烯。低压铝合金导体动力电缆结构示意图见图 2-3-3。

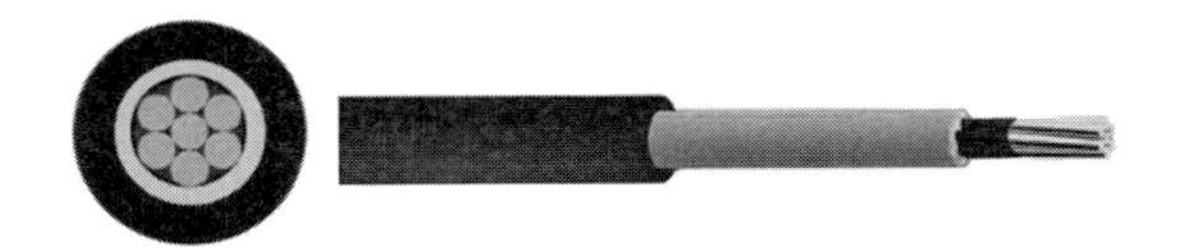

图 2-3-3 低压铝合金导体动力电缆结构示意图

中高压动力电缆适用于海上大功率风力发电机组中机舱、塔架内部风机偏航过程中需要扭转的部位，用于底部变压器和开关柜之间的固定连接，也可用于顶端机舱后部变压器高压侧和塔筒底部开关柜的连接，实现电能传输。电缆具有优异的柔软性和抗扭性能。

中高压动力电缆包括单芯电缆和三芯电缆，产品结构包括导体、导体屏蔽、绝缘、绝缘屏蔽、金属屏蔽和护套。

导体使用第 5 种铜或镀锡铜导体，表面绕包一层半导电带，导体屏蔽选择不可剥离的半导电材料，绝缘选用中/高压乙丙橡胶，绝缘屏蔽选择不可剥离或可剥离的半导电材料，金属屏蔽根据线芯结构选择金属丝编织、金属丝疏绕或地线芯形式，护套材料为耐寒阻燃氯化聚乙烯。中高压动力电缆结构示意图见图 2-3-4。

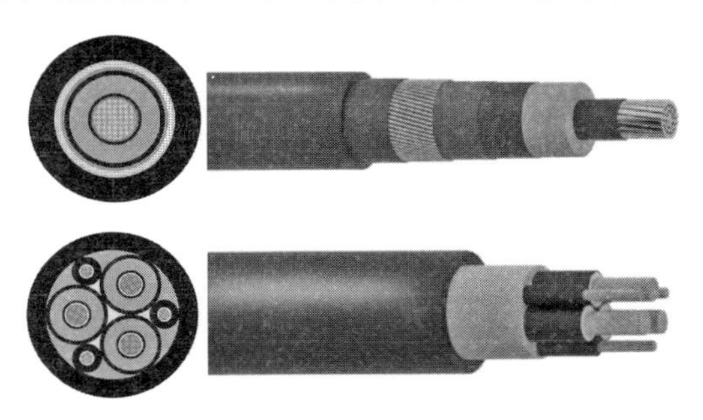

图 2-3-4 中高压动力电缆结构示意图

3.1.2 主要原材料性能

1. 绝缘材料性能

风电电缆的绝缘材料为乙丙橡胶或硬质乙丙橡胶，乙丙橡胶材料是一种无定型的非结晶材料，其分子主链上乙烯与丙烯单体单元无规则排列，使其具有橡胶的特性。乙烯含量在60%左右时，其加工性能和硫化胶的物理机械性能均较好。乙丙橡胶分子链不含极性基团，链节比较柔顺，使乙丙橡胶具有许多优异的性能。

1）耐臭氧性能好。乙丙橡胶在含臭氧100ppm的介质中经过2430h仍不龟裂。

2）耐气候性能好。制品不发生龟裂，颜色经久不变。乙丙橡胶在阳光下暴晒3年不出现裂纹。

3）耐热老化性能优越。乙丙橡胶不易老化，可长期用于温度为85～90℃的条件，短期使用温度可达150℃。

4）耐寒性能好。在－55℃时仍有较好的曲挠性。在－57℃时才开始变硬，－77℃时变脆。

5）电绝缘性能优异，尤其是耐电晕性很突出，浸水后电绝缘性能仍很稳定。乙丙橡胶用于高压电缆绝缘时，它有不发生电树枝、水树枝的突出优点。

乙丙橡胶绝缘材料的性能应符合表2-3-1的规定。

表2-3-1 乙丙橡胶绝缘材料性能要求

序号	试验项目	单位	EPR材料性能要求		
			3kV	35kV	66kV
1	老化前				
1.1	抗张强度，最小	MPa	4.2	6.5	6.5
1.2	断裂伸长率，最小	%	200	300	200
2	空气箱老化后				
2.1	处理条件：				
	—温度	℃	135±3	135±3	135±3
	—持续时间	h	168	168	168
2.2	抗张强度变化率，最大	%	±30	±30	±30
2.3	断裂伸长率变化率，最大	%	±30	±30	±30
3	耐臭氧试验				
3.1	臭氧浓度	%	0.025～0.030	0.025～0.030	0.025～0.030
3.2	无开裂试验持续时间	h	24	24	24
4	热延伸试验				
4.1	处理条件				
	—空气温度	℃	250±3	250±3	250±3
	—负荷时间	min	15	15	15
	—机械应力	N/cm^2	20	20	20

（续）

序号	试验项目	单位	EPR材料性能要求		
			3kV	35kV	66kV
4.2	载荷下最大伸长率	%	175	175	175
4.3	冷却后最大永久伸长率	%	15	15	15
5	吸水试验				
5.1	温度	℃	—	85±2	85±2
5.2	持续时间	h	—	336	336
5.3	重量增量，最大	mg/cm^2	—	5	5
6	密度，最大	g/cm^3	1.50	1.25	1.25
7	介电强度，最小	MV/m	20	30	30
8	介质损耗，最大	—	—	0.018	0.004
9	相对介电常数，最大	—	—	2.6	2.6

2. 护套材料性能

风电电缆的护套材料主要为耐寒阻燃氯化聚乙烯橡胶，也可选用聚氨酯弹性体或其他热塑性弹性体材料。

氯化聚乙烯是由乙烯、氯乙烯、1,2—二氯乙烯组成的三元共聚物。极性氯原子的存在使得氯化聚乙烯具有优良的耐热老化性、耐候老化性、耐寒性、耐冲击性、耐化学药品性、耐油性和电气性能等，含氯量超过25%的氯化聚乙烯还具有自熄性。

1）耐热老化性。CPE是饱和结构的聚合物，同时氯呈无规则分布，在受热时不致引起连锁脱氯反应，这是CPE热稳定性优越的原因。

2）耐臭氧及耐候老化性。CPE硫化胶具有良好的耐臭氧和耐候老化性，可经受400×10^{-6}的臭氧浓度的苛刻试验条件，经臭氧老化后几乎不产生龟裂。

3）耐油及耐溶剂性。CPE的溶解度参数在9.2~9.3之间。其对脂肪族碳氢化合物、乙醇和酮类有很好的抗耐性。CPE有一定的耐油性，它在各种典型油料中（如燃油、液压油、发动机油）于不同温度下浸泡，其性能改变很少。

4）电气性能。CPE具有极性，只能作为低压绝缘材料使用。然而由于它具有良好的耐臭氧、耐热老化、耐磨耗及阻燃等性能，故也常用作电缆护套材料。

5）阻燃性。CPE不延燃，在火焰的作用下会被一层能阻止火焰扩散的灰烬所覆盖。与其他含氯阻燃剂相比，CPE很容易与许多橡胶和塑料混合，而且耐久性良好，因此被认为是一种经济的工业用阻燃聚合物。

护套材料的机械物理性能应符合表2-3-2的规定。

表 2-3-2　护套材料的机械物理性能要求

序号	试验项目	单位	材料性能要求		
			CPE	TPU	TPV
1	拉伸强度，最小	N/mm^2	10.0	20.0	10.0
2	断裂伸长率，最小	%	250	300	300
3	热空气烘箱老化后的性能				
3.1	—温度	℃	120±2	110±2	135±2
3.2	—处理时间	h	7×24	7×24	7×24
3.3	—拉伸强度，最小	N/mm^2	—	—	10.0
3.4	—拉伸强度变化率，最大	%	-30	±30	±25
3.5	—断裂伸长率，最小	%	—	300	300
3.6	—断裂伸长率变化率，最大	%	-40	±30	±25
4	浸矿物油后机械性能				
4.1	—温度	℃	100±2	100±2	100±2
4.2	—时间	h	24	24	24
4.3	—浸油后抗张强度，最大变化率	%	-40	±40	-40
4.4	—浸油后断裂伸长率，最大变化率	%	-40	±30	-40
5	热延伸试验				
5.1	—温度	℃	200±3	—	—
5.2	—处理时间	min	15	—	—
5.3	—机械应力	N/mm^2	0.20	—	—
5.4	—载荷下的伸长率，最大	%	175	—	—
5.5	—冷却后的伸长率，最大	%	15	—	—
6	高温压力试验				
6.1	—温度	℃	—	100	90
6.2	—压痕中间值/平均厚度，最大	%	—	50	50
7	抗开裂试验				
7.1	—温度	℃	—	150±3	150±3
7.2	—持续时间	h	—	1	1
7.3	—试验结果	—	—	无裂痕	无裂痕
8	低温拉伸试验				
8.1	—试验温度	℃	-40±2	-40±2	-25±2
8.2	—伸长率，最小	%	30	30	30
9	低温冲击试验				
9.1	—试验温度	℃	-40±2	-40±2	-25±2
9.2	—试验结果	—	无裂纹	无裂纹	无裂纹
10	抗撕强度，最小	N/mm	5.0	—	—

3.2 产品制造

3.2.1 工艺流程

低压风电电缆包括动力电缆和控制电缆，其结构包括导体、绝缘、屏蔽（可选）和护套，其生产工艺流程如图2-3-5所示。

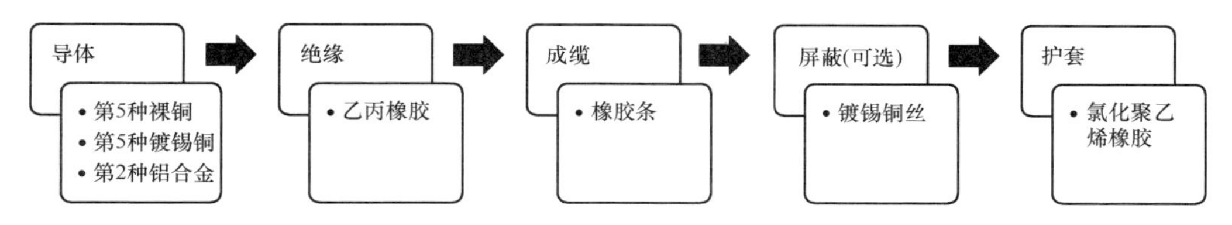

图2-3-5 低压风电电缆生产工艺流程

其中低压单芯风电电缆的绝缘和护套采用双层共挤一次成型的工艺进行生产，如图2-3-6所示。

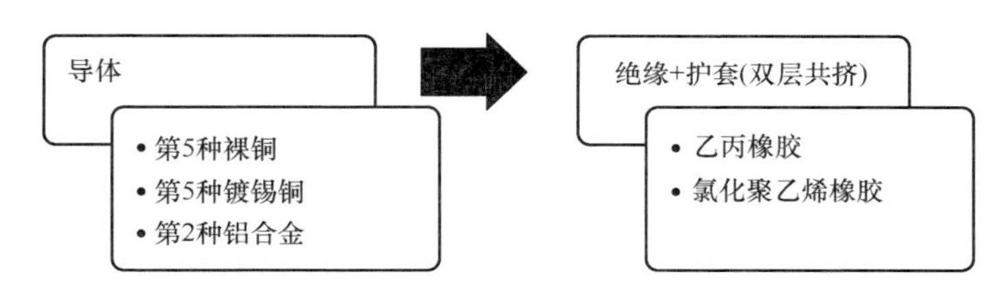

图2-3-6 低压单芯风电电缆的绝缘和护套生产工艺流程

中高压风电电缆结构包括导体、导体屏蔽、绝缘、绝缘屏蔽、金属屏蔽和护套。三芯中高压风电电缆的生产工艺流程如图2-3-7所示。

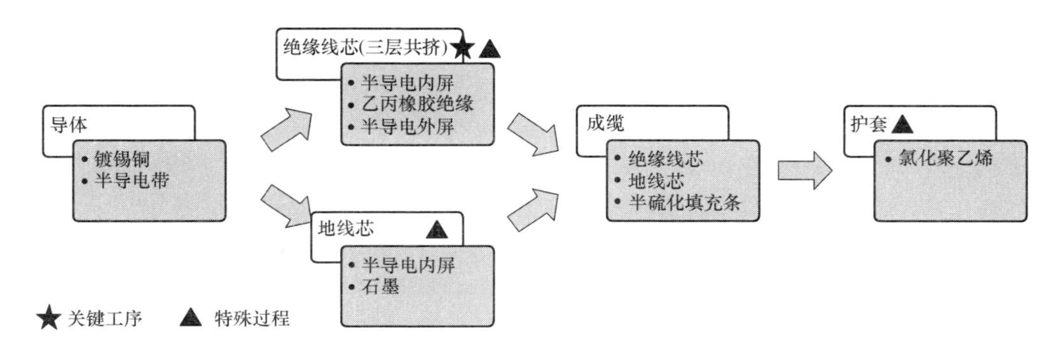

图2-3-7 中高压风电电缆生产工艺流程

3.2.2 导体工艺

1. 铜导体

导体绞制是指将若干根相同直径或不同直径的金属单丝按一定的方向和一定的规则绞合在一起，使其成为一个整体。

绞合导体有以下特点：

1）柔软性好。由于电线电缆在不同场合下使用，载流量不相同，导体截面积也不同。随着导体截面积增大，金属单丝的直径也随之增大，导致弯曲困难。如果采用多根小直径的金属单丝绞合起来，可以提高导体的弯曲性能，便于电线电缆的加工制造和安装敷设。

2）稳定性好。多根金属单丝按一定方向和一定规则绞合起来的绞合导体，其每根金属单丝的位置均轮流处在绞线上部的伸长区和绞线下部的压缩区。当导体两端受力弯曲时，每根金属单丝受到的拉伸力和压缩力均相同。绞合导体不会因金属单丝伸长和压缩不同导致松散或变形。

3）可靠性好。用多根金属单丝绞合的导体，其缺陷不会集中于同一点，故金属单丝本身的缺陷对绞合导体的性能影响极小。

4）强度高。同样截面积的单根实心导体和多根金属单绞制而成的绞合导体，绞合导体的强度比同截面积的单根实心导体要高。

绞合后的导体表面应光洁、无明显机械损伤、不得有氧化变色现象。对于镀锡导体，要求色泽均匀、光滑，镀锡层均匀，不能有漏镀、黑斑等缺陷。导体不能有浮丝、曲丝、断丝、单丝拱起等缺陷。导体节距均匀，外形尺寸符合工艺要求，导体直流电阻符合相应的标准或规范要求。

2. 铝合金导体

铝合金导体制造的关键在于铝合金杆的成分均匀、质量稳定、无铸造与轧制缺陷。导体制备过程包括拉丝工序、绞线工序和退火工序。

拉丝工序：按照生产工艺要求将铝杆拉拔成所需铝单丝的过程，适合于绞合导体或制成实芯导体。

绞线工序：根据生产工艺和产品生产需要，将铝单丝按一定规则排列组合后绞制成导体的过程。

退火工序：将铝合金导体按生产工艺要求进行高温加热退火以改善导体电气性能和机械性能的过程。

铝合金导体具有以下优点：

1）抗蠕变性能：铝合金导体的合金材料与退火处理工艺减轻了导体在受热和压力下的蠕变倾向。相对于纯铝，其抗蠕变性能提高300%，避免了由于冷流或蠕变引起的松弛问题。

2）抗拉强度和延伸率：由于铝合金导体相比于纯铝导体加入了特殊的成分并

采用了特殊的加工工艺，极大地提高了抗拉强度且延伸率提高到30%，所以使用更加安全可靠。

3）铝合金的热膨胀系数与铜相当：多年来，铝连接器一直可靠地用于铜和铝导体，且目前使用的大部分电气连接器都是用铝制造的，所以铝合金导体与连接器的膨胀和收缩完全一致。

4）紧压特性：采用超常规的紧压技术使其紧压系数可达到0.93，通过最大极限的紧压可以弥补铝合金在体积电导率上的不足，使绞合导体线芯如实心导体一般，明显地降低线芯外径，提高导电性能，在同等载流量情况下导体外径只比铜缆大10%。

3.2.3　挤出工艺

风电电缆主要绝缘材料为乙丙橡胶，主要护套材料为氯化聚乙烯。单芯低压动力风电电缆一般先采用绝缘和护套双层共挤生产，再通过高温高压蒸气管道进行硫化，最后通过冷却水冷却制成成品电缆。

多芯低压动力风电电缆，绝缘线芯挤出采用单机挤出，再通过高温高压蒸气管道进行硫化，绝缘线芯须按规定通过火花试验，再将绝缘线芯涂粉，最终将绝缘线芯收线上盘。绝缘表面需要涂滑石粉，避免护套挤出后绝缘线芯出现粘连现象。

中高压风电电缆，绝缘线芯挤出采用导体屏蔽、绝缘、绝缘屏蔽三层共挤方式生产。通过三个挤出机同时挤出，经过机头后同时挤出成型，再通过高温高压蒸气管道进行硫化。通过采用三层共挤的生产方式，导体屏蔽在绝缘挤出前不会暴露在空气中，可以防止在绝缘层与导体屏蔽以及绝缘层与绝缘屏蔽之间引入外界杂质，从而会有非常洁净、均匀的导体屏蔽和绝缘界面，大大改善电场分布，也避免了外屏蔽分开挤出时可能出现的导体屏蔽和绝缘层意外损伤。

挤出工艺有以下控制要点：

（1）挤出模具选择　挤出就是在导电线芯或成缆线芯上包一层整体的、紧密的、厚度均匀的橡胶绝缘或护套的工艺过程，通过挤橡机的螺杆压缩，再由模具成型来完成。橡胶挤出基本为挤压式生产，其中使用的模具包括模芯和模套，它的几何形状对挤包有密切的关系，正确地选择模具是十分重要的。模具结构尺寸和几何形状的选择原则是模芯和模套之间形成的间隙应是逐渐缩小的。胶料通过间隙的速度逐渐加快，同时在这一流程中，胶料应不会遇到任何障碍而呈流线型流动，以保证胶料有足够的压力，使挤包的胶料层紧密、均匀、光滑、圆整、尺寸稳定。

（2）挤出温度控制　挤出温度根据橡胶的加工参数进行选择，将橡胶设备机身温度设定为70～80℃可保证胶料的挤出过程流动顺畅。将螺杆温度设定为50～60℃，使控制螺杆的温度偏低可以有效避免挤出过程胶料粘螺杆和螺杆出胶量不稳定的现象，以及避免挤出偏心或者表面竹节等问题。将机头温度控制在75～85℃，较机身温度偏高，有利于减少机头内部压力，从而使橡胶分子链松弛，挤出后结构尺寸保持稳定。

（3）挤出压力调节　挤出压力主要通过调节模芯和模套之间的距离来控制。模芯和模套之间的距离越大，胶料挤出压力越大。调整合适的对模距离，控制挤出压力，以绝缘层不松包、模芯口无倒胶为准。

3.2.4　橡胶硫化工艺

通过不同的挤出方式（绝缘或护套单层挤出、绝缘护套双层挤出、内屏蔽绝缘外屏蔽三层共挤等）将绝缘护套材料挤出到导体或成缆线芯上，再由上下牵引机控制线速度进入到硫化管道，在高温高压管道内部完成连续硫化过程。硫化是橡胶绝缘和橡胶护套电线电缆制造中的重要工艺过程之一。硫化的目的在于改善橡胶材料的物理机械性能及其他性能，使橡胶材料绝缘层或护套层经过硫化后能获得一系列良好的物理机械性能及化学性能。

硫化过程主要控制硫化温度、硫化压力、硫化时间三个参数。

（1）硫化温度　橡胶材料的热硫化反应过程的首要条件是温度，温度对硫化速度有很大的影响。不同的材料选择不同的硫化温度，根据乙丙橡胶和氯化聚乙烯的材料性能指标，一般选择硫化温度为180～200℃。

（2）硫化压力　硫化前的挤包层内部或多或少地存在着一定的水分或空气，在硫化时由于温度较高（通常都在100℃以上），橡胶材料中水分开始转化为气体，气体受热后膨胀而产生较大的内部压力。如果挤包层的外界小于内部压力时，挤包层将会发生起泡现象，从而产生废品。所以硫化过程中必须保持一定的外界压力才能保证产品质量。另外，保持一定的硫化压力可提高橡胶材料的致密性以改善产品质量。

硫化压力即为管道内部的蒸汽压力，足够的压力能防止橡胶材料产生气泡，提高挤包层的致密性。常规的橡胶硫化采用的蒸气压力为1.0～1.5MPa。蒸气压力越高，硫化速度越快。

（3）硫化时间　橡胶材料硫化所需的时间，主要取决于橡胶材料配方中硫化体系的选择和硫化温度。当硫化体系和温度选定时，正硫化时间也就确定了。因为按确定的硫化时间进行的硫化才能使硫化橡胶材料获得最好的物理机械性能，短于或长于正硫化时间的硫化会产生“欠硫”或“过硫”现象，从而影响产品质量和产品使用寿命。所以严格控制硫化时间是保证橡胶材料硫化质量的关键因素。根据橡胶材料的正硫化时间，计算出挤出线芯在蒸汽管道内部的蒸汽段所需要的时间，蒸气段的管道长度与所需时间的比值即为生产速度。通过控制生产速度来保证足够的硫化时间，保证线芯充分硫化。

3.2.5　成缆工艺

多芯电缆需要通过成缆工序将多个绝缘线芯绞合在一起，形成一个整体。成缆节距的大小直接影响绝缘线芯变形和电缆柔软性。成缆节距越大，电缆绝缘线芯在弯曲时的变形越大，则电缆柔软性越差。风能电缆的成缆节距比设定在10～12。成缆过程注意各个绝缘线芯放线张力应均匀一致，并且成缆线芯无蛇形现象。

3.3 产品附件

3.3.1 附件种类

风力发电机组用电缆附件包括机舱内线束组件和塔筒线束。

线束（图2-3-8）是所有电线、布线器件或其组合，包括端接器件，用于两个或多个端点之间传输电能（包括数据和信号）的组件。

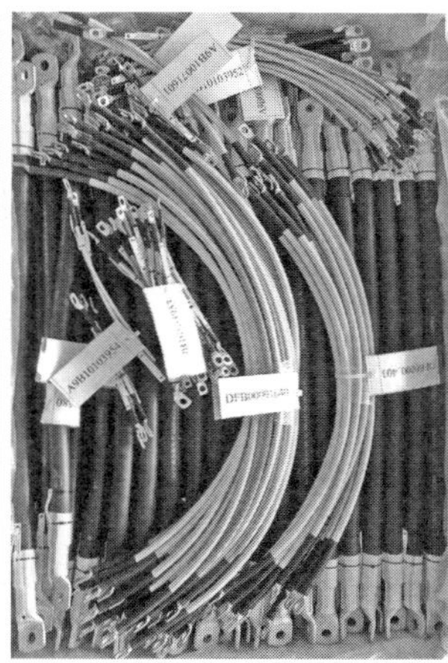

图2-3-8 线束

机舱内线束包括控制电缆线束（以下简称控缆线束）、光纤跳线和接地线束等。塔筒线束主要包括动力电缆线束和中高压动力电缆线束。

控缆线束：组装连接器或压接端子的多芯控制电缆组件。

光纤跳线：又称光纤连接器，指光缆两端都装上连接器插头，用来实现光路活动连接的组件。

接地线束：压接铜管端子的接地电缆组件。

动力电缆线束：压接铜管端子、连接管或铜铝端子的单芯动力电缆组件。

中高压动力电缆线束：安装中高压附件的中高压动力电缆组件。

3.3.2 塔筒线束的生产

塔筒线束的生产流程包括分线、端头剥线、端子压接及端子防护，如图2-3-9所示。

分线和剥线：根据断线长度要求，用卷尺和地标量取并裁断线缆，长度误差在

1%以内，不允许出现负公差。采用全自动切线剥线机进行电缆绝缘层的剥除，剥除绝缘层时不能伤及内部铜芯，铜丝不能松股。

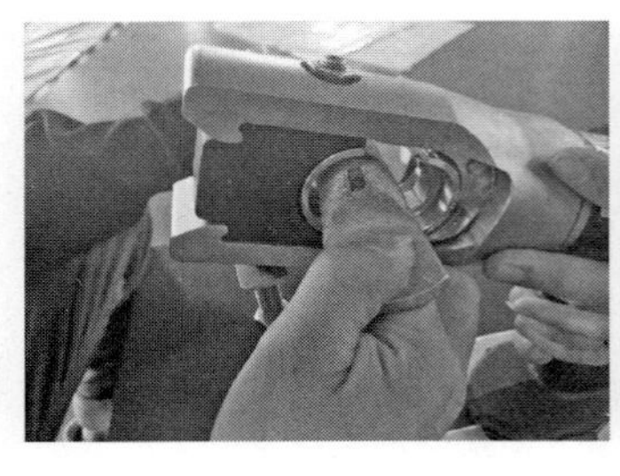

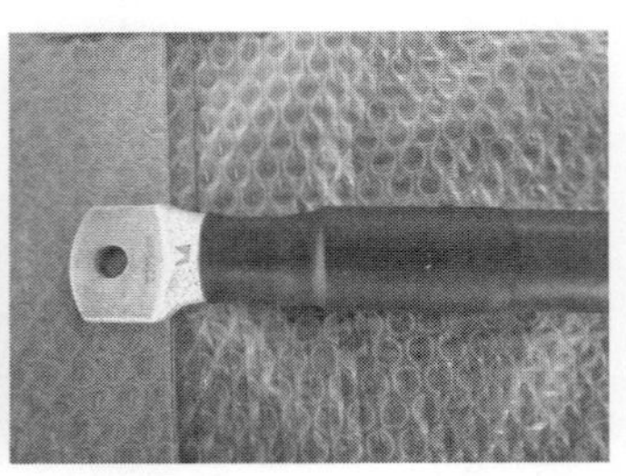

图 2-3-9　塔筒线束生产图示

端子压接：将对应的铜管端子沿电缆导体水平方向套入导体，剥离端面紧贴端子底部。然后，选择对应端子的压接模具装入电动液压钳，再将端子放入压模内，调节位置适中后按下开关。当压接到位后自动停止，端子压接应良好、表面光滑且无毛刺。

端子防护：压接好的端子用热缩管防护。热缩管沿电缆护套端面往内 30mm 处开始，热缩至端子整个圆柱面。另一侧未压接的端头套上热封帽后热缩封好，再根据要求在线缆正确位置扎上标签。不需热缩的套管和捆扎的标签放于自封袋内，再用塑料膜缠绕包裹在线缆上。热缩管应收缩充分且不可滑动，不能烤焦，芯线不能有烫伤的情况。标签信息应准确，捆扎要牢固，同时没有破损。

3.3.3　控制线束的生产

控制线束的生产工艺较为复杂，包括护套处理、屏蔽处理、绝缘处理、连接器装配、焊接、标识等，控制线束生产图示（部分）见图 2-3-10。

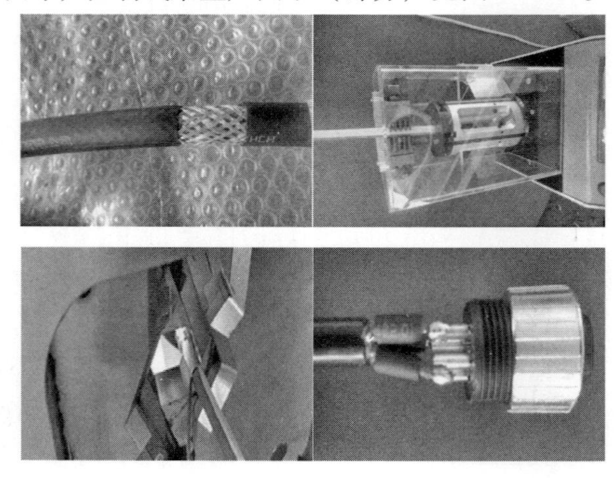

图 2-3-10　控制线束生产图示（部分）

1. 护套处理

根据制作信息，两端用钢尺量取准确长度（L1、L2）后进行外护套剥除（若需要）。

对于传感器线束需先确定传感器接线的B端，方法如下：

接4孔（12-04BFFA-SL8001）：线束沿顺时针方向，颜色依次为棕、蓝、黑、灰的线缆为B端；

接5孔（12-05BFFA-SL8001）：线束沿顺时针方向，颜色依次为棕、白、蓝、黑、灰的线缆为B端；

接8孔（12-08BFFA-SL8001）：线束沿顺时针方向，颜色依次为白、棕、绿、黄、灰、粉、蓝、红的线缆为B端。

注意：线芯颜色也可按照客户要求执行。

根据制作信息从外护边缘处开始量取准确位置（V1、V2）后剥除一定宽度（L3、L4）的外护套（若需要）。

前后端剥线长度以及中剥位置和长度要符合要求，线缆导体切断面应平整且大致垂直于导线纵轴线。同时不得损伤绝缘或编织屏蔽层。

2. 屏蔽处理

① 屏蔽层需保留引出：将要保留的屏蔽层向里捋松，并在屏蔽层与护套相接处的根部打一个小洞。将屏蔽层内的绝缘线芯和填充均从小洞中挑出。将屏蔽层捋直，并将绕包带和填充物从根部剪去。

② 保留一定长度屏蔽层：将屏蔽层向里捋松后量取要保留的长度并将多余的屏蔽丝减掉，然后将屏蔽丝打散，剪去绕包带和填充物。

注意：挑线和剪掉屏蔽丝时不得损伤线芯绝缘。按工艺要求处理屏蔽，切勿将屏蔽层随意剪掉。

3. 绝缘处理

剥缆机剥除绝缘时不能刮伤或切断线芯，剥离处要平整，绝缘切开应无毛刺且剥离长度准确。

将线缆头处的绝缘部分拔出，根据制作信息选择正确型号的端子并套上芯线，然后选择合适的压线钳并调节好档位再进行端子压接，不需压接的将端子按需要数量备好放于包装袋内。

端子压接后应无开裂破损，芯线导体出头位置与针形端子金属柱前端或环（叉）形端子的绝缘层前端要平齐。预防绝缘端子的绝缘层后端的铜丝外露。

4. 连接器装配

不同连接器有不同的装配方式，根据供应商的要求进行连接器接线及装配。

5. 焊接

检查线芯和传感器 PIN 位，焊接后锡点外观应圆滑、光亮、饱满，绝缘不应烫伤，套管不应受热收缩。焊接应牢固可靠。

6. 标识

根据制作表信息选择对应的标签，两端各用扎带穿过后套于线束正确位置。用扎带枪束紧扎扎带并剪去多余的扎带。不需包扎的将标签附带扎带备好放于自封袋内。

扎带裁剪后尾端不应露出。标签不得有损伤。标签不得有信息错误或两端扎反的情况。

第4章　敷设运维

4.1　电缆安装准备

4.1.1　盘具的装卸和摆放

电缆盘具运输及摆放应按照图 2-4-1 所示的方法进行。

图 2-4-1　电缆盘具运输及摆放示意图

装卸过程中，严禁从高处扔下装有电缆的电缆盘，严禁几个电缆盘同时吊装。严禁采用图 2-4-2 所示的方法运输及摆放电缆盘具。

图 2-4-2　电缆盘具错误运输及摆放示意图

4.1.2　电缆的预处理

电缆按使用长度分段后，应垂直悬挂或水平放置至少 30min。

如需在 0℃ 以下的环境施工，施工前电缆应在 10℃ 以上环境放置至少 24h。

4.2　电缆安装

4.2.1　电缆的放线

电缆放线时应选择正确的放线方式，如图 2-4-3 所示。

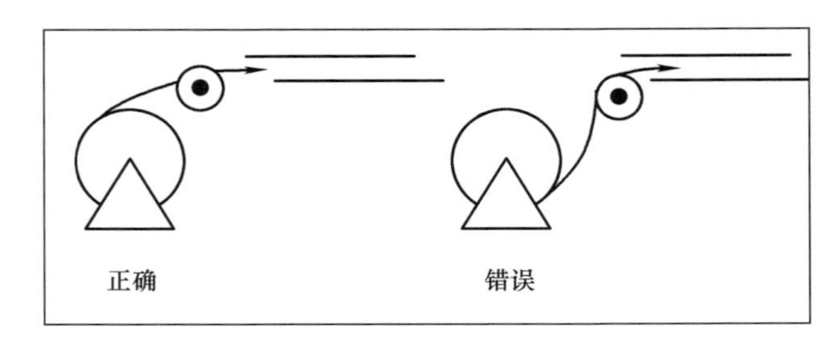

图 2-4-3　放线方式示意图

如果电缆需穿管或进入狭小的空间，在拉拽电缆时应避免电缆出现锐角、过度弯曲或打扭等现象。应安排专人在入口端送电缆或使用导轮。电缆送缆示意图如图 2-4-4所示。

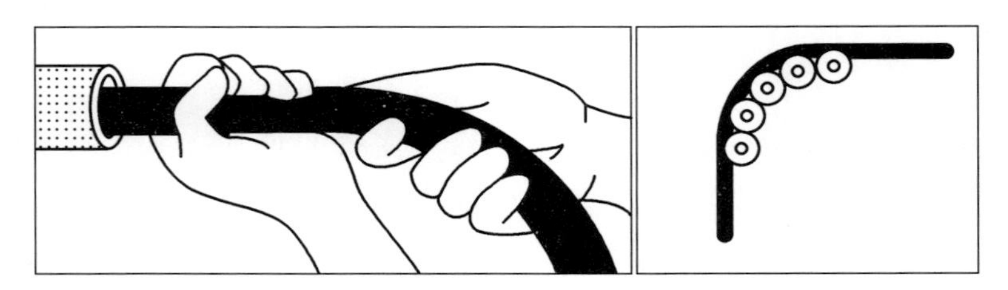

图 2-4-4　电缆送缆示意图

使用夹具等拉拽电缆时应保证拉力由外至内均匀作用在各部分组件并最终作用在内部导体上，严禁拉拽电缆的某一个或部分线芯。

安装过程中对电缆的轴向拉力不应超过电缆所能够承受的最大拉力。电缆最大拉力值参考如下：铜导体不超过 $3kg/mm^2$，铝或铝合金导体不超过 $2kg/mm^2$。

4.2.2　电缆的固定

敷设到位的电缆应用扎带、夹具或夹板给予固定，确保电缆不出现摆动、磕碰或摩擦等现象。捆绑或夹持电缆应以不损伤电缆护层及内部结构为前提。

4.3 注意事项

电缆安装过程中应避免酸、碱等腐蚀性液体，还要避免火源、油污及长时间暴晒等环境。

电缆运行前要检查各连接器件是否牢固、可靠，接地系统是否正常。

安装后应对电缆进行电气性能检测，合格后方可投入运行。

定期检查电缆与接线盒连接情况，如有松动要及时维护。

定期、定人检查电缆运行时电压及电流情况，发现异常要及时处理。

第 5 章　常 见 问 题

5.1　设计选型类常见问题

1. 风电电缆选型要考虑哪些因素?

1）耐扭转：由于风力发电机组在发电过程中，要根据风向的变化进行旋转机舱，所以风力发电机组中使用的电缆必须具备一定的抗扭转功能。特别是在低温环境下，风电电缆的抗扭转性能尤为重要。

2）耐紫外线照射：风电电缆经常要暴晒在强烈的阳光下，紫外线非常强烈。因此，风电电缆必须具备优异的耐紫外线性能。

3）耐油：在风力发电机组内部，因各部件需要保持良好的润滑，故润滑油必不可少。而风电电缆时常暴露在漏油的环境下，所以电缆必须具备良好的耐油性能。

4）耐腐蚀：近年来，随着海上风电场的大量兴建，风力发电机组被大量应用于海洋环境，故配套的风电电缆要具备耐海水腐蚀和耐盐雾腐蚀的性能。

2. 风电电缆导体如何选择?

风电电缆导体可以选铜导体或铝合金导体。风电耐扭曲软电缆的导体应采用 GB/T 3956—2008 规定的第 5 种柔软圆形绞合导体，风电塔筒用铝合金橡套电缆的导体应采用 GB/T 3956—2008 规定的第 2 种铝合金导体。

3. 关于风电电缆的选型有哪些规范?

目前，关于风电电缆选型的规范有《风力发电场设计规范》（GB 51096—2015）。

5.2　产品价格类常见问题

1. 风电电缆招标控制价为何与市场参考价不一致?

招标控制价不等于市场参考价。市场参考价由产品的市场供求关系决定，市场供过于求时，产品价格下降：供不应求时，产品价格上涨。招标控制价则是在产品完全成本的基础上，加上合理利润而形成的。招标控制价不受市场供应关系的影响。

2. 什么是企业的产品生命周期?

产品生命周期是指一个产品从最初开发到最终退出市场的整个过程。这一过程通常分为几个阶段，每个阶段都有不同的市场特点、销售趋势和营销策略。产品生命周期通常包含导入期、成长期、成熟期和衰退期四个阶段。往往在导入期时，新产品刚刚投入市场，用户少，竞争对手也少，为打开市场销售成本高。但随着时间的推移，随着市场的扩大，以及竞争对手的加入，产品价格必然走低。

5.3　供应商遴选类常见问题

供应商遴选时为什么要现场见证？

在供应商遴选过程中，现场见证是一个重要的环节，原因如下：

（1）验证供应商的生产能力

实地考察：通过现场见证，可以直接观察供应商的生产设施、设备和生产流程，验证其生产能力是否符合合同要求。

生产规模：了解供应商的生产规模和产能，确保其能够满足订单需求。

（2）评估产品质量

现场抽样：可以在生产现场抽取样品进行质量检测，以确保所提供的产品符合相关标准和规范。

工艺控制：观察生产过程中的工艺控制措施，确认质量管理体系是否到位。

（3）了解管理水平

管理体系：评估供应商的管理水平，包括生产管理、质量管理和供应链管理等方面。

员工素质：观察员工的培训和工作状态，了解其专业技能和工作态度。

（4）风险控制

潜在风险识别：现场考察可以帮助识别潜在的风险因素，如设备老化、工艺不稳定等，从而提前采取措施降低风险。

应急预案：了解供应商是否具备应对突发事件的能力及应急预案。

（5）增强沟通与合作

建立信任关系：通过现场见证，使采购人与供应商面对面交流，有助于建立信任关系，促进双方合作。

技术交流：与供应商进行技术交流，了解其技术能力及未来的发展方向。

（6）支持决策

综合评估依据：现场见证提供了实际的观察和数据支持，帮助决策者更全面地评估供应商的能力和可靠性。

比较分析：与其他供应商的现场情况进行比较，帮助选择最佳的合作伙伴。

（7）遵循合同要求

合规性检查：确保供应商在生产过程中遵循合同规定的标准和要求，保证产品的合规性。

监督实施情况：现场见证有助于监督供应商的生产过程，确保其按照约定执行。

总之，现场见证不仅是对供应商能力的验证，也是为确保产品质量、控制风险和建立长期合作关系的重要手段。通过这一过程，可以降低采购风险，提高采购的成功率。

5.4 技术类常见问题

1. 风电电缆导体的结构有哪些?

风电电缆导体的结构可以是单根导体或绞合导体，以增强柔性和抗弯曲能力。其材料通常采用铜或铝，铜导体因其优良的导电性和耐腐蚀性更常用。

2. 风电电缆绝缘层的材料有哪些?

风电电缆绝缘层的材料一般使用交联聚乙烯（XLPE）或聚氯乙烯（PVC）作为绝缘材料，这些材料具备良好的电气性能和耐温性。绝缘层的厚度根据电缆的额定电压和应用环境进行设计。

3. 风电电缆屏蔽层的结构有哪些?

风电电缆屏蔽层用于减少电磁干扰（EMI）并提高电缆的抗干扰能力，有整体屏蔽和局部屏蔽两种结构。其材料通常采用铜箔、铝箔或金属编织网。

4. 风电电缆护套层的材料有哪些?

风电电缆护套层用于保护内部结构，防止外界物理损伤和化学腐蚀。外护套一般采用聚氯乙烯（PVC）、聚乙烯（PE）或热塑性聚氨酯（TPU）等材料，具有耐候性、耐油性和耐化学腐蚀性。

5. 风电电缆加强层的材料有哪些?

风电电缆加强层是防止拉伸和挤压对电缆产生损害。其采用钢丝、玻璃纤维等材料，以提高电缆的机械强度。

6. 风电电缆接头和终端有哪些?

风电电缆的接头和终端设计通常为热缩、冷缩或预制件，确保电缆的电气和机械连接可靠。并采用防水和防尘设计，以适应户外复杂环境。

第3篇 储 能 篇

第1章 应 用 选 型

1.1 产品简介

1.1.1 电化学储能系统构成及示意图

传统能源时代，采用煤电和燃气轮机的发电方式能够满足电网稳定调节的需求。新能源时代，可再生能源发电具有间歇性，随着风光新能源项目的日益增多，电力系统对平滑输出、调峰调频等电力辅助服务的需求也快速增长。储能的重要性、紧迫性日益凸显。为了合理利用能源并提高能源使用效率，把一段时期内暂时不用的能源储存起来，而在使用高峰时再提取出来使用，或运往能源紧缺的地方使用，这就是能源的储存。随着光伏、风电、氢能等新能源日趋成熟及规模化，储能是解决可再生清洁能源高渗透率的关键所在。电力系统的“发电、输电、配电、用电”环节均可体现储能的价值。

常见的储能技术包括电池储能、压缩空气储能、超级电容器储能、超级弹性能量储存、抽水蓄能等。这些技术可以将能量转化为化学能、热能、机械能等形式储存起来，并在需要时将其转化为可使用的能量形式。本篇所介绍的储能以电化学储能为对象。

电化学储能是通过电化学反应将电能转化为化学能，并在需要时再将化学能转化为电能的技术。根据材料的不同，电化学储能主要可分为铅酸蓄电池、钠硫电池、液流电池、锂离子电池、钠离子电池等形式。电化学储能系统主要由电池模组、储能变流器（PCS）、电池管理系统（BMS）和能量管理系统（EMS）组成，如图3-1-1所示。

1.1.2 电力储能技术的应用

电力储能系统广泛应用于各种领域，包括但不限于以下几个方面：

（1）可再生能源　电力储能系统在可再生能源领域具有广泛应用。例如，太阳能和风能发电系统都需要将电能存储起来以便在需要时使用。电力储能系统可以

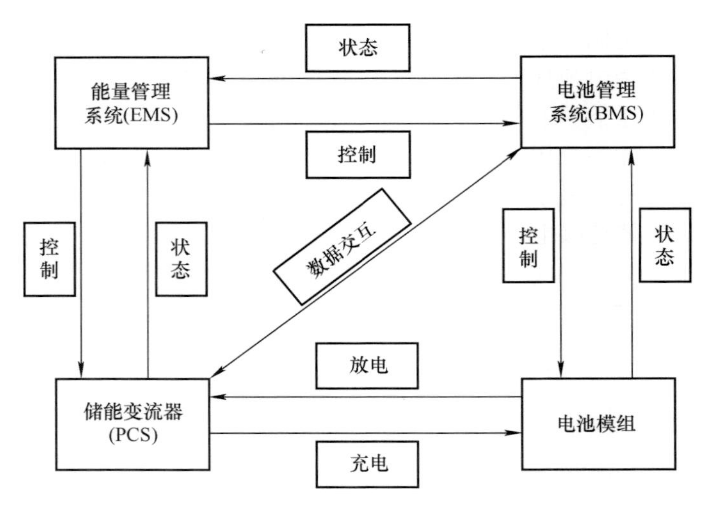

图 3-1-1 电化学储能系统示意图

将多余的电能储存起来，以便在夜间或低风速时供电。这有助于提高可再生能源的利用率，并解决其间歇性供电的问题。

（2）电网平衡 电力储能系统也可用于电网平衡。电网需要动态地平衡供需之间的差异，以确保电力系统的稳定运行。电力储能系统可以将过剩的电能储存起来，并在电力需求高峰期释放。这有助于减轻电力系统的负担，并提高能源利用效率。

（3）电动车充电 电力储能系统也广泛应用于电动车充电领域。电动车充电站需要稳定供电，以满足不断增长的电动车需求。电力储能系统可以将电能储存起来，并在充电需求高峰期释放，以满足充电站的需求。这有助于提高电动车充电设施的灵活性和可靠性。

（4）工业能源管理 电力储能系统在工业能源管理中也具有广泛应用。工业设备和生产线需要稳定供电，以确保生产的连续性和可靠性。电力储能系统可以储存电能并在需求高峰时段释放以满足工业需求。这有助于降低工业能源成本，并提高能源利用效率。

总之，电力储能系统目前在可再生能源、电网平衡、电动车充电和工业能源管理等领域得到广泛应用。随着能源需求的增长和可再生能源的普及，电力储能系统用电池连接电缆的应用前景也将非常广阔。

1.1.3 电力储能系统用电池连接电缆的产品种类、型号和命名方式

储能电站用电缆种类较多，除电力储能系统用电池连接电缆外，还有电力电缆、控制电缆、光缆等，本节重点论述电力储能系统用电池连接电缆。

电力储能系统用电池连接电缆是一种专门用于储能设备的电缆，主要用于储能系统中直流侧的电池模块之间、电池簇之间、电池簇与汇流箱之间、电池簇与储能变流器之间、储能变流器与升压变压器之间、升压变压器与10kV（或35kV）配电

装置之间的连接，是储能系统中不可或缺的一部分。

电力储能系统用电池连接电缆一般具有高电流承载能力、低电阻损耗、较低的热损耗、较高的耐压能力和较高的耐火性能等特点，以确保电能的高效转移和储存。此外，电力储能系统用电池连接电缆还需要具备良好的耐腐蚀性能和抗紫外线性能，以适应在各种环境条件下的使用。

储能系统用电池连接电缆种类见表3-1-1。

表3-1-1　储能系统用电池连接电缆种类

产品型号			
CQC 1143—2023	PPP 58049A	TICW 27—2023	2Pfg 2693/03.23
ES-RV-90	ES-H09V-F/H	ESV ESRV	ESL-10V2-K/H ESL-15V2-K/H
ES-RVV-90	ES-H09VV-F/H	ESVV ESRVV	ESL/P-10V2V2-K/H ESL/P-15V2V2-K/H
ES-RYJ-125	ES-H09Z-F/H ES-H15Z-F/H	ESZ ESRZ	ESL-10Z3-K/H ESL-15Z3-K/H
ES-RYJYJ-125	ES-H09ZZ-F/H ES-H15ZZ-F/H	ESZZ ESRZZ	ESL/P-10Z3Z3-K/H ESL/P-15Z3Z3-K/H
—	—	ESG ESRG	ESL-10S-K/H ESL-15S-K/H

电力储能系统用电池连接电缆一般为单芯，导体截面积一般为4～240mm^2。其产品代号及含义见表3-1-2～表3-1-5。

表3-1-2　产品代号及含义（CQC 1143—2023）

代　号	含　　义
ES	电力储能系统用
R	第5或第6种铜导体
V-90	耐热90℃聚氯乙烯混合物绝缘/护套
YJ-125	低烟无卤阻燃耐热125℃交联聚烯烃绝缘/护套
90	正常运行时，电缆导体最高允许工作温度为90℃
125	正常运行时，电缆导体最高允许工作温度为125℃

表3-1-3　产品代号及含义（PPP 58049A）

代　号	含　　义
ES	电力储能系统用
H09	DC 900V
H15	DC 1500V
V	耐热90℃聚氯乙烯混合物绝缘/护套
Z	低烟无卤阻燃耐热125℃交联聚烯烃绝缘/护套
F	第5种铜导体
H	第6种铜导体

表 3-1-4　产品代号及含义（2Pfg 2693/03.23）

代　号	含　　义
ES	电力储能系统用
10	DC 1000V
15	DC 1500V
P	室外使用
L	室内使用
V2	耐热 90℃聚氯乙烯混合物绝缘/护套
Z3	低烟无卤阻燃耐热 125℃交联聚烯烃绝缘/护套
S	交联硅橡胶材料
K	5 类铜导体
H	6 类铜导体

表 3-1-5　产品代号及含义（TICW 27—2023）

代　号	含　　义
ES	电力储能系统用
（省略）	第 5 种软铜导体
R	第 6 种软铜导体
V	耐热 90℃聚氯乙烯混合物绝缘/护套
Z	耐热 125℃交联聚烯烃绝缘/护套
G	耐热 150℃硅橡胶绝缘
O	室外使用
I	室内使用
D	耐湿热
S	耐盐雾

产品型号组成排列顺序（CQC 1143—2023）如图 3-1-2 所示。

产品采用型号、电压等级、规格及标准号表示。规格包括额定电压、芯数和标称截面积。

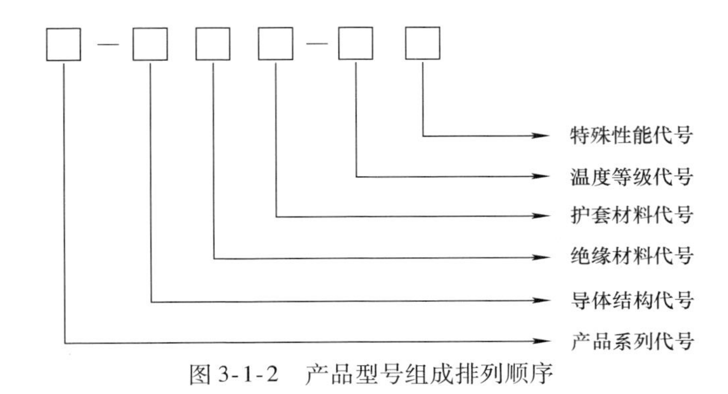

图3-1-2　产品型号组成排列顺序

示例1：耐热90℃聚氯乙烯绝缘电力储能系统电池连接护套电缆，第5种软铜导体，额定电压为DC 900V，4mm²，表示为：

CQC 1143：ES-RV-90　DC 900V 4　或　PPP 58049A：ES-H09V-F　4

示例2：聚氯乙烯绝缘储能系统用直流侧电缆，导体为第5种软铜导体，额定电压为DC 1000V，正常运行时导体最高温度为90℃，室内使用，标称截面积10mm²，表示为：

ESV I DC 1000V　1×10mm²　TICW 27—2023

1.2　应用场景

1.2.1　储能系统需采用电缆的环节

储能系统（锂电）需采用电缆的环节：

1）直流电缆：电池模块之间、电池簇之间、电池簇与汇流箱之间的直流电缆；储能变流器PCS和储能电池之间的直流电缆；储能升压舱、储能电池舱至储能升压变电站的直流电缆；储能升压站内部设备的直流电缆。

2）10kV及以上的交流电力电缆：储能升压变电站110kV或220kV出线电缆；10kV或35kV升压变压器高压侧电缆、站用变压器或站外引接电源电缆。

3）低压动力电缆：储能升压舱辅助变压器至储能电池舱的检修运行用的动力、照明、操作电源等交流电力电缆；储能升压变电站用电系统交流电力电缆。

4）控制电缆：储能升压舱、储能电池舱之间的控制电缆；储能升压舱、储能电池舱至储能升压变电站的控制电缆；储能升压变电站内部设备的控制电缆。

5）光缆：储能站外引入的调度用通信光缆；储能站内设备间的通信光缆。

1.2.2　储能系统电缆选型

储能系统电缆选型见表3-1-6，储能系统用电池连接电缆载流量参考见表3-1-7。

表 3-1-6　储能系统电缆选型

序号	应用区域	产品类别	电压等级	产品名称	代表型号	执行标准
1	电池连接	直流电缆	DC 900V DC 1000V	电力储能系统用电池连接电缆	ESV、ESL/P-10V2-K/H、ESZ、ESL/P-15Z3-K/H、ES-RV-90、ES-RVV-90、ES-RYJ-125、ES-RYJYJ-12	TICW 27—2023，CQC 1143—2023 或 2Pfg 2693/03.23，PPP 58049A
2		直流电缆	DC 1500V	电力储能系统用电池连接电缆	ESZ、ESL/P-15Z3-K/H、ES-RYJ-125、ES-RYJYJ-125	TICW 27—2023，CQC 1143—2023 或 2Pfg 2693/03.23，PPP 58049A
3	升压变电站	中压电力电缆	8.7/15kV	铜芯交联聚乙烯绝缘钢带铠装聚氯乙烯护套电力电缆	YJV22	GB/T 12706.2—2020
4		低压电力电缆	0.6/1kV	铜芯交联聚乙烯绝缘钢带铠装聚氯乙烯护套电力电缆	YJV22	GB/T 12706.1—2020
5		控制电缆	450/750V	塑料绝缘控制电缆	KVV、KVVP、KYJV、KYJVP、KYJYP	GB/T 9330—2020

表3-1-7　储能系统用电池连接电缆载流量参考

导体标称截面积/mm^2	载流量（敷设在空气中）/A
4	43
6	55
10	79
16	105
25	138
35	169
50	211
70	269
95	328
120	391
150	459
185	527
240	639

注：1. 环境温度为45℃。
2. 导体最高工作温度为90℃。
3. 不同环境温度下的载流量修正系数见表3-1-8。
4. 参见TICW 27—2023附录A。

表3-1-8　不同环境温度下的载流量修正系数

环境温度/℃	修正系数
35	1.11
45	1.00
55	0.88
65	0.75
75	0.58
85	0.33

1.3　选型原则与设计规范

1.3.1　选型原则

储能电站（锂电）电缆选型的一般原则：

1）电池系统内部及其与储能变流器之间的连接电缆宜采用单芯直流铜芯电缆。

2）控制电缆、信号线缆采用屏蔽线缆。

3）电缆一般选用铜芯、C类及以上阻燃电缆。

4）由于电缆距离较短，电缆的压降不作为选型的条件。

1.3.2 设计规范

现有规范关于储能电站用直流侧电缆选型的规定不明确，其他涉及储能电站用电缆选型的规范有：

（1）《电化学储能电站设计规范》GB 51048—2014

1）电缆选择与敷设，应符合现行国家标准《电力工程电缆设计标准》（GB 50217—2018）的规定。

2）液流电池下方不宜敷设电缆，电池系统的电缆进、出线宜由上端引出，宜采用电缆桥架敷设。

（2）《电力储能系统用电池连接电缆》T/CNESA 1003—2020

材料铜导体应是退火铜线，导体中的单线应是不镀锡或镀锡的圆铜线。

1.3.3 检测方法标准及主要检验项目

电力储能系统用电池连接电缆检测方法见表 3-1-9。

表 3-1-9 电力储能系统用电池连接电缆检测方法

序号	标准号	标准名称
1	GB/T 2423. 17—2008	电工电子产品环境试验　第 2 部分：试验方法　试验 Ka：盐雾
2	GB/T 2900. 10—2013	电工术语　电缆
3	GB/T 2951. 11—2008	电缆和光缆绝缘和护套材料通用试验方法　第 11 部分：通用试验方法—厚度和外形尺寸测量—机械性能试验
4	GB/T 2951. 12—2008	电缆和光缆绝缘和护套材料通用试验方法　第 12 部分：通用试验方法—热老化试验方法
5	GB/T 2951. 14—2008	电缆和光缆绝缘和护套材料通用试验方法　第 14 部分：通用试验方法—低温试验
6	GB/T 2951. 21—2008	电缆和光缆绝缘和护套材料通用试验方法　第 21 部分：弹性体混合料专用试验方法—耐臭氧试验—热延伸试验—浸矿物油试验
7	GB/T 2951. 31—2008	电缆和光缆绝缘和护套材料通用试验方法　第 31 部分：聚氯乙烯混合料专用试验方法—高温压力试验—抗开裂试验
8	GB/T 2951. 32—2008	电缆和光缆绝缘和护套材料通用试验方法　第 32 部分：聚氯乙烯混合料专用试验方法—失重试验—热稳定性试验
9	GB/T 3048. 4—2007	电线电缆电性能试验方法　第 4 部分：导体直流电阻试验
10	GB/T 3048. 5—2007	电线电缆电性能试验方法　第 5 部分：绝缘电阻试验
11	GB/T 3048. 8—2007	电线电缆电性能试验方法　第 8 部分：交流电压试验
12	GB/T 3048. 9—2007	电线电缆电性能试验方法　第 9 部分：绝缘线芯火花试验
13	GB/T 3956—2008	电缆的导体
14	GB/T 5013. 2—2008	额定电压 450/750V 及以下橡皮绝缘电缆　第 2 部分：试验方法

（续）

序号	标准号	标准名称
15	GB/T 5023.2—2008	额定电压450/750V及以下聚氯乙烯绝缘电缆　第2部分：试验方法
16	GB/T 6995.1—2008	电线电缆识别标志方法　第1部分：一般规定
17	GB/T 18380.12—2022	电缆和光缆在火焰条件下的燃烧试验　第12部分：单根绝缘电线电缆火焰垂直蔓延试验1kW预混合型火焰试验方法
18	GB/T 18380.35—2022	电缆和光缆在火焰条件下的燃烧试验　第35部分：垂直安装的成束电线电缆火焰垂直蔓延试验C类
19	GB/T 17650.1—2021	取自电缆或光缆的材料燃烧时释出气体的试验方法　第1部分：卤酸气体总量的测定
20	GB/T 17650.2—2021	取自电缆或光缆的材料燃烧时释出气体的试验方法　第2部分：用测量pH值和电导率来测定气体的酸度
21	IEC 60684-2：2011	绝缘软套管　第2部分：试验方法
22	JB/T 8137	电线电缆交货盘

电力储能系统用电池连接电缆的全性能检验项目、常规检验项目、关键检验项目分别见表3-1-10、表3-1-11和表3-1-12。

表3-1-10　电力储能系统用电池连接电缆的全性能检验项目

序号	试验项目	试样长度/m
1	结构尺寸检查	
1.1	—结构检查	1.8
1.2	—绝缘厚度	
1.3	—护套厚度	
1.4	—外径或外形尺寸	
1.5	—椭圆度	
2	电气性能试验	
2.1	—导体直流电阻（20℃）	1.5
2.2	—成品电缆电压试验	10
2.3	—绝缘线芯电压试验	
2.4	—绝缘体积电阻率试验	
2.5	—绝缘耐长期直流试验	
2.6	—护套表面电阻	
2.7	—绝缘火花试验	
3	绝缘机械试验	
3.1	—老化前拉力试验	2
3.2	—老化后拉力试验	
3.3	—热延伸试验	
3.4	—失重试验	
3.5	—热稳定试验	

（续）

序号	试验项目	试样长度/m
4	护套机械试验	
4.1	—老化前拉力试验	2
4.2	—老化后拉力试验	
4.3	—热延伸试验	
4.4	—失重试验	
4.5	—热稳定试验	
5	非污染试验	
6	高温压力试验	
6.1	—绝缘	1
6.2	—护套	
7	低温弯曲试验	
7.1	—绝缘	1
7.2	—护套	
8	低温拉伸试验	
8.1	—绝缘	1
8.2	—护套	
9	低温冲击试验	1
10	热冲击试验	
10.1	—绝缘	1
10.2	—护套	
11	热收缩试验	
11.1	—绝缘	1
11.2	—护套	
12	耐酸碱试验	
12.1	—绝缘	2
12.2	—护套	
13	卤素评价试验	
13.1	—绝缘	1
13.2	—护套	
14	耐液体试验（电池酸）	1
15	不延燃试验	1
16	烟密度试验	5
17	标志耐擦试验	2
18	弯曲性能评价	0.2
19	人工气候老化试验（需要时）	1
20	耐盐雾试验（需要时）	1
21	电缆成束阻燃试验（需要时）	符合标准要求

表3-1-11 电力储能系统用电池连接电缆常规检验项目

序号	检验项目	反映的问题	项目不合格的安全隐患
1	电缆外观	颜色有色差	影响视觉美观
2	导体直流电阻	导体材料以及截面积是否符合要求	导体发热加剧，加速包覆在导体外面的绝缘和护套材料的老化，严重时甚至会造成供电线路漏电、短路，引发火灾事故
3	绝缘和护套尺寸	绝缘、护套材料以及生产工艺是否符合要求	绝缘厚度不合格：电缆在使用中容易击穿、短路，进而发生火灾 护套厚度不合格：护套容易开裂，大大降低了对电缆的保护作用 外径偏小或偏大与波纹管、屏蔽环、端子不适配
4	电压试验	电缆绝缘厚度局部不达标、制造过程中吸潮或铝护套缺陷	通电后漏电流过大、电压异常时（如雷击、瞬时高压）击穿或短路

表3-1-12 电力储能系统用电池连接电缆关键检验项目

序号	项目	反映的问题	项目不合格的安全隐患	适用材料
1	老化项目	绝缘、护套开裂	电路瘫痪	PVC、XLPO
2	热延伸试验	绝缘、护套开裂	电路瘫痪	PVC、XLPO
3	低温测试项目	低温环境绝缘、护套开裂	电路瘫痪	PVC、XLPO
4	抗延燃	电缆不阻燃	电路起火后，电路瘫痪	PVC、XLPO

1.4 型号的选择

1.4.1 额定电压

电力储能系统用电池连接电缆的额定电压一般指的是电缆所能承受的最大工作电压，不同类型的电力储能系统用电池连接电缆具有不同的额定电压，常用的额定电压为DC 900V、DC 1000V和DC 1500V。额定电压的确定是基于电缆的设计、制造要求以及使用场景的需要。一方面，电缆的设计要求包括电缆的绝缘材料、导体截面积、厚度等参数，这些都会影响电缆的耐电压能力。另一方面，所使用的场景也会影响电缆的额定电压选取。例如需要传输高电压的场景，就需要选择额定电压较高的电缆。

总的来说，电力储能系统用电池连接电缆的额定电压是根据电缆的设计和使用场景的要求综合考虑确定的。不同的电缆类型和使用场景都有相应的额定电压范围，从而确保电缆的安全和可靠运行。

1.4.2　阻燃级别

电缆的阻燃级别和燃烧性能应符合《阻燃和耐火电线电缆或光缆通则》（GB/T 19666—2019）要求，具体代号见表3-1-13。

表3-1-13　电缆阻燃级别和燃烧性能代号

代号	燃烧性能代号	代号	燃烧性能代号
Z	单根阻燃	ZC	阻燃C类
ZA	阻燃A类	ZD	阻燃D类
ZB	阻燃B类		

电力储能系统用电池连接电缆还需通过《电缆和光缆在火焰条件下的燃烧试验　第12部分：单根绝缘电线电缆火焰垂直蔓延试验　1kW预混合型火焰试验方法》（GB/T 18380.12—2022）规定的单根垂直燃烧试验。

1.4.3　导体的选择

导体选择应是退火铜导体，单线应是不镀锡或镀锡的圆铜线，单线直径应符合GB/T 3956—2008中第5种或第6种导体的规定。

铜导体单线镀锡的主要原因是为了提高其导电性能和抗氧化性能。首先，铜镀锡可以增加导体与接点之间的接触面积，从而降低接触电阻，提高导电性能。铜本身是一种良好的导电体，但在接触表面通常存在微小的空气或氧化物层，这会导致接触电阻增加。镀锡可以有效地清除这些氧化物层，使导体与接点之间能够更好地接触，从而减小接触电阻。其次，铜导体单线镀锡可以提高其抗氧化性能。铜在高温和潮湿环境下容易发生氧化，产生铜氧化物，导致接触电阻增加。通过在铜导体表面镀上一层锡，可以阻挡氧气对铜的直接接触，减少氧化的发生，从而提高导体的抗氧化能力。但镀锡成本高，且同种截面积的导体镀锡后直流电阻会增加，故是否进行镀锡，要根据具体使用环境而定。

1.4.4　绝缘材料的选择

绝缘材料的选择应与电缆的耐温等级相适应。

1.4.5　隔离层的选择

导体外面允许包覆非吸水性隔离层，隔离层应容易从导体上取下。

1.4.6　护套材料的选择

护套材料的选择应与电缆的耐温等级相适应。

1.5 典型设计案例

项目名称：安徽芜湖储能科技项目

项目简介：该项目是上海电气在安徽芜湖重点投资的大型储能项目，项目分多期进行。其中：

电堆-PCS 用 ES-RVV-90 DC 900V　1×240mm^{2}电缆

箱式变压器-PCS 舱配电用 ZC-YJY-0.6/1kV　4×185+1×95 电缆

PCS 舱配电-电池舱变频配电柜用 ZC-YJY-0.6/1kV 4×25+1×16 电缆

一期主要电缆用量见表 3-1-14。

表 3-1-14　一期主要电缆用量

序号	名称	规格型号	单位	数量	产品标准
1	电力储能系统用电池连接电缆	ES-RVV-90 DC 900V 1×240mm^2	m	20000	TICW 27—2023，CQC 1143—2023 或 2Pfg 2693/03.23，PPP 58049A
2	交联聚乙烯绝缘阻燃电力电缆	ZC-YJY-0.6/1kV 4×185+1×95	m	6000	GB/T 12706—2020
3	交联聚乙烯绝缘阻燃电力电缆	ZC-YJY-0.6/1kV 4×25+1×16	m	6000	GB/T 12706—2020

第2章　电缆价格

2.1　材料定额消耗核算方法

2.1.1　导体单元的核算

非紧压绞合圆形导体：

$$W_{导体} = \frac{\pi d^2}{4}\rho n n_1 k k_1$$

紧压绞合圆形导体：

$$W_{导体} = \frac{\pi d^2}{4}\rho n n_1 k k_1 \frac{1}{\mu}$$

式中　$W_{导体}$——导体材料消耗（kg/km）；

d——单线直径（mm）；

n——导线根数；

n_1——电缆芯数；

k——导体平均绞入系数；

k_1——成缆绞入系数；

ρ——导体密度（g/cm^3）；

μ——紧压时单线的延伸系数。

2.1.2　绝缘层（挤包）的核算

$$W_{绝缘} = \pi t(D_{前} + t)\rho n_1 k_1$$

式中　$W_{绝缘}$——绝缘材料消耗（kg/km）；

$D_{前}$——挤包前外径（mm）；

t——绝缘厚度（mm）；

n_1——电缆芯数；

k_1——成缆绞入系数；

ρ——绝缘密度（g/cm^3）。

2.1.3　护套单元的核算

$$W_{护套} = \pi t(D_{前} + t)\rho$$

式中　$W_{护套}$——护套材料消耗（kg/km）；

$D_{前}$——挤包前外径（mm）；

t——护套厚度（mm）；

ρ——护套密度（g/cm^3）。

2.1.4　材料密度的取值

各型号电缆主要材料密度取值参考见表3-2-1。

表3-2-1　主要材料密度取值参考

序号	材料名称	密度/(g/cm^3)
1	软圆铜线	8.89
2	聚氯乙烯绝缘和护套料	1.42
3	低烟无卤交联聚烯烃绝缘和护套料	1.45

2.2　典型产品结构尺寸与材料消耗

DC 900V 聚氯乙烯绝缘无护套电力储能系统用电池连接电缆结构尺寸和材料消耗见表3-2-2和表3-2-3。

表3-2-2　DC 900V 聚氯乙烯绝缘无护套电力储能系统用电池连接电缆结构尺寸

（单位：mm）

型号	规格	导体外径	绝缘厚度	护套厚度	参考外径
ES-RV-90	1×4	2.40	1.0	—	5.2
ES-RV-90	1×6	3.3	1.0	—	5.8
ES-RV-90	1×10	4.5	1.0	—	6.8
ES-RV-90	1×16	5.4	1.0	—	8.1
ES-RV-90	1×25	6.8	1.2	—	10.2
ES-RV-90	1×35	8.1	1.2	—	11.7
ES-RV-90	1×50	10.1	1.4	—	13.9
ES-RV-90	1×70	11.6	1.4	—	16.0
ES-RV-90	1×95	13.8	1.6	—	18.2
ES-RV-90	1×120	15.8	1.6	—	20.2
ES-RV-90	1×150	17.0	1.8	—	22.5
ES-RV-90	1×185	18.2	2.0	—	24.9
ES-RV-90	1×240	21.3	2.2	—	28.4

表 3-2-3 DC 900V 聚氯乙烯绝缘无护套电力储能系统用电池连接电缆材料消耗

（单位：kg/km）

型号	规格	导体	绝缘	护套	参考重量
ES-RV-90	1×4	32.65	17.68	—	50.33
ES-RV-90	1×6	48.98	22.36	—	71.34
ES-RV-90	1×10	90.21	28.59	—	118.81
ES-RV-90	1×16	142.48	33.27	—	175.75
ES-RV-90	1×25	218.03	49.91	—	267.94
ES-RV-90	1×35	306.54	58.02	—	364.56
ES-RV-90	1×50	434.99	83.70	—	518.69
ES-RV-90	1×70	626.88	94.62	—	721.51
ES-RV-90	1×95	850.77	128.10	—	978.87
ES-RV-90	1×120	1074.66	144.74	—	1219.40
ES-RV-90	1×150	1343.32	175.93	—	1519.26
ES-RV-90	1×185	1656.77	210.04	—	1866.80
ES-RV-90	1×240	2149.32	268.79	—	2418.10

注：更多型号、规格电线电缆材料消耗，可关注物资云微信公众号或登录 http：//www.wuzi.cn 进行查询。

DC 900V 无卤低烟交联聚烯烃绝缘无护套电力储能系统用电池连接电缆结构尺寸和材料消耗见表 3-2-4 和表 3-2-5。

表 3-2-4 DC 900V 无卤低烟交联聚烯烃绝缘无护套电力储能系统用电池连接电缆结构尺寸

（单位：mm）

型号	规格	导体外径	绝缘厚度	护套厚度	参考外径
ES-RYJ-125	1×4	2.40	0.7	—	4.5
ES-RYJ-125	1×6	3.3	0.7	—	5.1
ES-RYJ-125	1×10	4.5	0.7	—	6.1
ES-RYJ-125	1×16	5.4	0.7	—	7.4
ES-RYJ-125	1×25	6.8	0.9	—	9.5
ES-RYJ-125	1×35	8.1	0.9	—	11.0
ES-RYJ-125	1×50	10.1	1.0	—	13.0
ES-RYJ-125	1×70	11.6	1.1	—	15.3
ES-RYJ-125	1×95	13.8	1.1	—	17.1
ES-RYJ-125	1×120	15.8	1.2	—	19.3
ES-RYJ-125	1×150	17.0	1.4	—	21.6
ES-RYJ-125	1×185	18.2	1.6	—	24.0
ES-RYJ-125	1×240	21.3	1.7	—	27.3

注：更多型号、规格电线电缆结构尺寸，可关注物资云微信公众号或登录 http：//www.wuzi.cn 进行查询。

表 3-2-5 DC 900V 无卤低烟交联聚烯烃绝缘无护套电力储能系统用电池连接电缆材料消耗

（单位：kg/km）

型号	规格	导体	绝缘	护套	参考重量
ES-RYJ-125	1×4	32.65	11.28	—	43.94
ES-RYJ-125	1×6	48.98	14.56	—	63.54
ES-RYJ-125	1×10	90.21	18.92	—	109.14
ES-RYJ-125	1×16	142.48	22.20	—	164.68
ES-RYJ-125	1×25	218.03	36.03	—	254.06
ES-RYJ-125	1×35	306.54	42.11	—	348.65
ES-RYJ-125	1×50	434.99	57.71	—	492.69
ES-RYJ-125	1×70	626.88	72.63	—	699.51
ES-RYJ-125	1×95	850.77	85.21	—	935.98
ES-RYJ-125	1×120	1074.66	106.06	—	1180.72
ES-RYJ-125	1×150	1343.32	133.93	—	1477.25
ES-RYJ-125	1×185	1656.77	164.70	—	1821.47
ES-RYJ-125	1×240	2149.32	203.28	—	2352.60

注：更多型号、规格电线电缆材料消耗，可关注物资云微信公众号或登录 http：//www.wuzi.cn 进行查询。

DC 1500V 无卤低烟交联聚烯烃绝缘无护套电力储能系统用电池连接电缆结构尺寸和材料消耗见表 3-2-6 和表 3-2-7。

表 3-2-6 DC 1500V 无卤低烟交联聚烯烃绝缘无护套电力储能系统用电池连接电缆结构尺寸

（单位：mm）

型号	规格	导体外径	绝缘厚度	护套厚度	参考外径
ES-RYJ-125	1×4	2.40	0.8	—	4.8
ES-RYJ-125	1×6	3.3	0.8	—	5.3
ES-RYJ-125	1×10	4.5	1.0	—	6.8
ES-RYJ-125	1×16	5.4	1.1	—	8.4
ES-RYJ-125	1×25	6.8	1.3	—	10.4
ES-RYJ-125	1×35	8.1	1.3	—	11.9
ES-RYJ-125	1×50	10.1	1.5	—	14.2
ES-RYJ-125	1×70	11.6	1.5	—	16.2
ES-RYJ-125	1×95	13.8	1.5	—	18.0
ES-RYJ-125	1×120	15.8	1.5	—	20.0
ES-RYJ-125	1×150	17.0	1.7	—	22.3
ES-RYJ-125	1×185	18.2	1.9	—	24.7
ES-RYJ-125	1×240	21.3	2.0	—	28.0

注：更多型号、规格电线电缆结构尺寸，可关注物资云微信公众号或登录 http：//www.wuzi.cn 进行查询。

表 3-2-7 DC 1500V 无卤低烟交联聚烯烃绝缘无护套电力储能系统用电池连接电缆材料消耗

（单位：kg/km）

型号	规格	导体	绝缘	护套	参考重量
ES-RYJ-125	1×4	32.65	13.31	—	45.96
ES-RYJ-125	1×6	48.98	17.05	—	66.03
ES-RYJ-125	1×10	90.21	28.59	—	118.81
ES-RYJ-125	1×16	142.48	37.17	—	179.65
ES-RYJ-125	1×25	218.03	54.75	—	272.78
ES-RYJ-125	1×35	306.54	63.53	—	370.07
ES-RYJ-125	1×50	434.99	90.46	—	525.45
ES-RYJ-125	1×70	626.88	102.16	—	729.04
ES-RYJ-125	1×95	850.77	119.32	—	970.09
ES-RYJ-125	1×120	1074.66	134.91	—	1209.57
ES-RYJ-125	1×150	1343.32	165.27	—	1508.60
ES-RYJ-125	1×185	1656.77	198.55	—	1855.31
ES-RYJ-125	1×240	2149.32	242.27	—	2391.59

注：更多型号、规格电线电缆材料消耗，可关注物资云微信公众号或登录 http：//www.wuzi.cn 进行查询。

DC 900V 聚氯乙烯绝缘聚氯乙烯护套电力储能系统用电池连接电缆结构尺寸和材料消耗见表 3-2-8 和表 3-2-9。

表 3-2-8 DC 900V 聚氯乙烯绝缘聚氯乙烯护套电力储能系统用电池连接电缆结构尺寸

（单位：mm）

型号	规格	导体外径	绝缘厚度	护套厚度	参考外径
ES-RVV-90	1×4	2.40	1.0	0.7	6.8
ES-RVV-90	1×6	3.3	1.0	0.7	7.4
ES-RVV-90	1×10	4.5	1.0	0.7	8.5
ES-RVV-90	1×16	5.4	1.0	0.7	9.8
ES-RVV-90	1×25	6.8	1.2	0.8	12.0
ES-RVV-90	1×35	8.1	1.2	0.8	13.6
ES-RVV-90	1×50	10.1	1.4	0.8	15.9
ES-RVV-90	1×70	11.6	1.4	0.9	18.0
ES-RVV-90	1×95	13.8	1.6	0.9	20.3
ES-RVV-90	1×120	15.8	1.6	0.9	22.4
ES-RVV-90	1×150	17.0	1.8	1.0	24.8
ES-RVV-90	1×185	18.2	2.0	1.0	27.3
ES-RVV-90	1×240	21.3	2.2	1.1	30.9

注：更多型号、规格电线电缆结构尺寸，可关注物资云微信公众号或登录 http：//www.wuzi.cn 进行查询。

表 3-2-9 DC 900V 聚氯乙烯绝缘聚氯乙烯护套电力储能系统用电池连接电缆材料消耗

（单位：kg/km）

型号	规格	导体	绝缘	护套	参考重量
ES-RVV-90	1×4	32.65	17.68	19.26	69.59
ES-RVV-90	1×6	48.98	22.36	22.66	94.00
ES-RVV-90	1×10	90.21	28.59	27.19	146.00
ES-RVV-90	1×16	142.48	33.27	30.59	206.34
ES-RVV-90	1×25	218.03	49.91	43.16	311.10
ES-RVV-90	1×35	306.54	58.02	48.77	413.33
ES-RVV-90	1×50	434.99	83.70	59.13	577.82
ES-RVV-90	1×70	626.88	94.62	74.29	795.80
ES-RVV-90	1×95	850.77	128.10	86.92	1065.79
ES-RVV-90	1×120	1074.66	144.74	96.63	1316.02
ES-RVV-90	1×150	1343.32	175.93	116.54	1635.79
ES-RVV-90	1×185	1656.77	210.04	125.17	1991.97
ES-RVV-90	1×240	2149.32	268.79	159.05	2577.15

注：更多型号、规格电线电缆材料消耗，可关注物资云微信公众号或登录 http：//www.wuzi.cn 进行查询。

DC 900V 无卤低烟交联聚烯烃绝缘和护套电力储能系统用电池连接电缆结构尺寸和材料消耗分别见表 3-2-10 和表 3-2-11。

表 3-2-10 DC 900V 无卤低烟交联聚烯烃绝缘和护套电力储能系统用电池连接电缆结构尺寸

（单位：mm）

型号	规格	导体外径	绝缘厚度	护套厚度	参考外径
ES-RYJYJ-125	1×4	2.40	0.7	0.7	6.1
ES-RYJYJ-125	1×6	3.3	0.7	0.7	6.7
ES-RYJYJ-125	1×10	4.5	0.7	0.7	7.8
ES-RYJYJ-125	1×16	5.4	0.7	0.7	9.1
ES-RYJYJ-125	1×25	6.8	0.9	0.8	11.3
ES-RYJYJ-125	1×35	8.1	0.9	0.8	12.9
ES-RYJYJ-125	1×50	10.1	1.0	0.8	14.9
ES-RYJYJ-125	1×70	11.6	1.1	0.9	17.3
ES-RYJYJ-125	1×95	13.8	1.1	0.9	19.1
ES-RYJYJ-125	1×120	15.8	1.2	0.9	21.4
ES-RYJYJ-125	1×150	17.0	1.4	1.0	23.8
ES-RYJYJ-125	1×185	18.2	1.6	1.0	26.4
ES-RYJYJ-125	1×240	21.3	1.7	1.1	29.7

注：更多型号、规格电线电缆结构尺寸，可关注物资云微信公众号或登录 http：//www.wuzi.cn 进行查询。

表 3-2-11　DC 900V 无卤低烟交联聚烯烃绝缘和护套电力储能系统用电池连接电缆材料消耗

（单位：kg/km）

型号	规格	导体	绝缘	护套	参考重量
ES-RYJYJ-125	1×4	32.65	11.52	17.35	61.53
ES-RYJYJ-125	1×6	48.98	14.86	20.82	84.67
ES-RYJYJ-125	1×10	90.21	19.32	25.45	134.99
ES-RYJYJ-125	1×16	142.48	22.67	28.92	194.07
ES-RYJYJ-125	1×25	218.03	36.79	41.43	296.25
ES-RYJYJ-125	1×35	306.54	43.00	47.16	396.70
ES-RYJYJ-125	1×50	434.99	58.93	56.85	550.77
ES-RYJYJ-125	1×70	626.88	74.16	72.89	773.93
ES-RYJYJ-125	1×95	850.77	87.01	83.79	1021.58
ES-RYJYJ-125	1×120	1074.66	108.30	94.70	1277.66
ES-RYJYJ-125	1×150	1343.32	136.75	114.59	1594.67
ES-RYJYJ-125	1×185	1656.77	168.18	123.40	1948.35
ES-RYJYJ-125	1×240	2149.32	207.57	156.35	2513.24

注：更多型号、规格电线电缆材料消耗，可关注物资云微信公众号或登录 http://www.wuzi.cn 进行查询。

DC 1500V 无卤低烟交联聚烯烃绝缘和护套电力储能系统用电池连接电缆结构尺寸和材料消耗分别见表 3-2-12 和表 3-2-13。

表 3-2-12　DC 1500V 无卤低烟交联聚烯烃绝缘和护套电力储能系统用电池连接电缆结构尺寸

（单位：mm）

型号	规格	导体外径	绝缘厚度	护套厚度	参考外径
ES-RYJYJ-125	1×4	2.40	0.8	0.7	6.3
ES-RYJYJ-125	1×6	3.3	0.8	0.7	6.9
ES-RYJYJ-125	1×10	4.5	1.0	0.7	8.5
ES-RYJYJ-125	1×16	5.4	1.1	0.7	10.1
ES-RYJYJ-125	1×25	6.8	1.3	0.8	12.2
ES-RYJYJ-125	1×35	8.1	1.3	0.8	13.8
ES-RYJYJ-125	1×50	10.1	1.5	0.8	16.1
ES-RYJYJ-125	1×70	11.6	1.5	0.9	18.3
ES-RYJYJ-125	1×95	13.8	1.5	0.9	20.1
ES-RYJYJ-125	1×120	15.8	1.5	0.9	22.1
ES-RYJYJ-125	1×150	17.0	1.7	1.0	24.6
ES-RYJYJ-125	1×185	18.2	1.9	1.0	27.1
ES-RYJYJ-125	1×240	21.3	2.0	1.1	30.5

注：更多型号、规格电线电缆结构尺寸，可关注物资云微信公众号或登录 http://www.wuzi.cn 进行查询。

表 3-2-13 DC 1500V 无卤低烟交联聚烯烃绝缘和护套电力储能系统用电池连接电缆材料消耗

（单位：kg/km）

型号	规格	导体	绝缘	护套	参考重量
ES-RYJYJ-125	1×4	32.65	13.59	18.13	64.37
ES-RYJYJ-125	1×6	48.98	17.41	21.60	87.99
ES-RYJYJ-125	1×10	90.21	29.20	27.77	147.18
ES-RYJYJ-125	1×16	142.48	37.96	32.01	212.44
ES-RYJYJ-125	1×25	218.03	55.90	44.95	318.89
ES-RYJYJ-125	1×35	306.54	64.87	50.68	422.10
ES-RYJYJ-125	1×50	434.99	92.37	61.26	588.62
ES-RYJYJ-125	1×70	626.88	104.32	76.85	808.05
ES-RYJYJ-125	1×95	850.77	121.84	87.76	1060.37
ES-RYJYJ-125	1×120	1074.66	137.76	97.68	1310.10
ES-RYJYJ-125	1×150	1343.32	168.77	117.90	1629.99
ES-RYJYJ-125	1×185	1656.77	202.74	126.71	1986.22
ES-RYJYJ-125	1×240	2149.32	247.39	159.99	2556.69

注：更多型号、规格电线电缆材料消耗，可关注物资云微信公众号或登录 http：//www.wuzi.cn 进行查询。

2.3 典型产品价格参考

储能电缆典型产品价格参考见表3-2-14。

表 3-2-14 储能电缆典型产品价格参考 （单位：元/m）

型号	电压	规格	导体费用	原材料费用	完全成本	招标控制价
ES-RV-90	DC 900V	1×4	2.29	2.71	3.76	4.13
ES-RV-90	DC 900V	1×6	3.43	3.97	5.50	6.05
ES-RV-90	DC 900V	1×10	6.31	7.01	9.70	10.67
ES-RV-90	DC 900V	1×16	9.97	10.78	14.42	15.87
ES-RV-90	DC 900V	1×25	15.26	16.47	22.04	24.24
ES-RV-90	DC 900V	1×35	21.46	22.86	30.59	33.65
ES-RV-90	DC 900V	1×50	30.45	32.47	43.46	47.80
ES-RV-90	DC 900V	1×70	43.88	46.17	60.68	65.54
ES-RV-90	DC 900V	1×95	59.55	62.65	82.35	88.93
ES-RV-90	DC 900V	1×120	75.23	78.73	103.47	111.75
ES-RV-90	DC 900V	1×150	94.03	98.29	123.87	133.78
ES-RV-90	DC 900V	1×185	115.97	121.06	152.56	164.77
ES-RV-90	DC 900V	1×240	150.45	156.96	197.81	213.63

（续）

型号	电压	规格	导体费用	原材料费用	完全成本	招标控制价
ES-RYJ-125	DC 900V	1×4	2.29	2.68	3.71	4.08
ES-RYJ-125	DC 900V	1×6	3.43	3.94	5.45	6.00
ES-RYJ-125	DC 900V	1×10	6.31	6.98	9.66	10.63
ES-RYJ-125	DC 900V	1×16	9.97	10.75	14.39	15.83
ES-RYJ-125	DC 900V	1×25	15.26	16.52	22.11	24.32
ES-RYJ-125	DC 900V	1×35	21.46	22.93	30.69	33.76
ES-RYJ-125	DC 900V	1×50	30.45	32.47	43.45	47.80
ES-RYJ-125	DC 900V	1×70	43.88	46.42	61.01	65.90
ES-RYJ-125	DC 900V	1×95	59.55	62.54	82.19	88.77
ES-RYJ-125	DC 900V	1×120	75.23	78.94	103.75	112.05
ES-RYJ-125	DC 900V	1×150	94.03	98.72	124.41	134.37
ES-RYJ-125	DC 900V	1×185	115.97	121.74	153.42	165.70
ES-RYJ-125	DC 900V	1×240	150.45	157.57	198.58	214.46
ES-RYJ-125	DC 1500V	1×4	2.29	2.75	3.81	4.19
ES-RYJ-125	DC 1500V	1×6	3.43	4.03	5.57	6.13
ES-RYJ-125	DC 1500V	1×10	6.31	7.32	10.13	11.14
ES-RYJ-125	DC 1500V	1×16	9.97	11.27	15.09	16.60
ES-RYJ-125	DC 1500V	1×25	15.26	17.18	22.99	25.29
ES-RYJ-125	DC 1500V	1×35	21.46	23.68	31.69	34.86
ES-RYJ-125	DC 1500V	1×50	30.45	33.62	44.99	49.48
ES-RYJ-125	DC 1500V	1×70	43.88	47.46	62.37	67.36
ES-RYJ-125	DC 1500V	1×95	59.55	63.73	83.76	90.46
ES-RYJ-125	DC 1500V	1×120	75.23	79.95	105.07	113.48
ES-RYJ-125	DC 1500V	1×150	94.03	99.82	125.80	135.86
ES-RYJ-125	DC 1500V	1×185	115.97	122.92	154.92	167.31
ES-RYJ-125	DC 1500V	1×240	150.45	158.93	200.30	216.32
ES-RVV-90	DC 900V	1×4	2.29	3.18	4.40	4.84
ES-RVV-90	DC 900V	1×6	3.43	4.52	6.26	6.88
ES-RVV-90	DC 900V	1×10	6.31	7.66	10.61	11.67
ES-RVV-90	DC 900V	1×16	9.97	11.52	15.42	16.96
ES-RVV-90	DC 900V	1×25	15.26	17.51	23.44	25.78
ES-RVV-90	DC 900V	1×35	21.46	24.04	32.17	35.39
ES-RVV-90	DC 900V	1×50	30.45	33.91	45.37	49.91
ES-RVV-90	DC 900V	1×70	43.88	47.97	63.05	68.09
ES-RVV-90	DC 900V	1×95	59.55	64.76	85.11	91.92
ES-RVV-90	DC 900V	1×120	75.23	81.07	106.55	115.07
ES-RVV-90	DC 900V	1×150	94.03	101.11	127.43	137.62

（续）

型号	电压	规格	导体费用	原材料费用	完全成本	招标控制价
ES-RVV-90	DC 900V	1×185	115.97	124.09	156.38	168.89
ES-RVV-90	DC 900V	1×240	150.45	160.81	202.66	218.87
ES-RYJYJ-125	DC 900V	1×4	2.29	3.30	4.56	5.02
ES-RYJYJ-125	DC 900V	1×6	3.43	4.68	6.48	7.12
ES-RYJYJ-125	DC 900V	1×10	6.31	7.88	10.91	12.00
ES-RYJYJ-125	DC 900V	1×16	9.97	11.78	15.76	17.34
ES-RYJYJ-125	DC 900V	1×25	15.26	18.00	24.09	26.50
ES-RYJYJ-125	DC 900V	1×35	21.46	24.61	32.94	36.23
ES-RYJYJ-125	DC 900V	1×50	30.45	34.50	46.17	50.79
ES-RYJYJ-125	DC 900V	1×70	43.88	49.03	64.44	69.59
ES-RYJYJ-125	DC 900V	1×95	59.55	65.53	86.13	93.02
ES-RYJYJ-125	DC 900V	1×120	75.23	82.33	108.21	116.86
ES-RYJYJ-125	DC 900V	1×150	94.03	102.83	129.59	139.96
ES-RYJYJ-125	DC 900V	1×185	115.97	126.18	159.02	171.74
ES-RYJYJ-125	DC 900V	1×240	150.45	163.19	205.66	222.12
ES-RYJYJ-125	DC 1500V	1×4	2.29	3.40	4.70	5.17
ES-RYJYJ-125	DC 1500V	1×6	3.43	4.79	6.64	7.30
ES-RYJYJ-125	DC 1500V	1×10	6.31	8.31	11.50	12.65
ES-RYJYJ-125	DC 1500V	1×16	9.97	12.42	16.62	18.29
ES-RYJYJ-125	DC 1500V	1×25	15.26	18.79	25.15	27.66
ES-RYJYJ-125	DC 1500V	1×35	21.46	25.50	34.13	37.54
ES-RYJYJ-125	DC 1500V	1×50	30.45	35.83	47.94	52.74
ES-RYJYJ-125	DC 1500V	1×70	43.88	50.22	66.01	71.29
ES-RYJYJ-125	DC 1500V	1×95	59.55	66.89	87.91	94.95
ES-RYJYJ-125	DC 1500V	1×120	75.23	83.47	109.70	118.47
ES-RYJYJ-125	DC 1500V	1×150	94.03	104.07	131.15	141.64
ES-RYJYJ-125	DC 1500V	1×185	115.97	127.50	160.69	173.55
ES-RYJYJ-125	DC 1500V	1×240	150.45	164.71	207.58	224.19

注：1. 本表编制日期为2024年1月25日，该日主材1#铜价格为68.80元/kg（长江现货）。电缆价格随着原材料价格波动需作相应调整。

2. 本价格不包含出厂后的运输费、盘具费、特殊包装费。

3. 更多规格、型号电线电缆最新价格，可关注物资云微信公众号或登录 http：//www.wuzi.cn 进行查询。

2.4 不同种类产品材料消耗定额与经济性对比分析

2.4.1 电缆结构对比分析

不同种类电力储能系统用电池连接电缆结构对比见表3-2-15。

表 3-2-15　不同种类电力储能系统用电池连接电缆结构对比

电缆种类		PVC 绝缘无护套电缆	聚烯烃绝缘无护套电缆	聚烯烃绝缘无护套电缆	PVC 绝缘和护套电缆	聚烯烃绝缘和护套电缆	聚烯烃绝缘和护套电缆
型号		ES-RV-90	ES-RYJ-125	ES-RYJ-125	ES-RVV-90	ES-RYJYJ-125	ES-RYJYJ-125
电压等级		DC 900V	DC 900V	DC 1500V	DC 900V	DC 900V	DC 1500V
导体	材质	铜					
	结构工艺	第 5 种或第 6 种绞合导体（GB/T 3956—2008）					
绝缘	材质	PVC 绝缘料	125℃辐照交联聚烯烃绝缘料	125℃辐照交联聚烯烃绝缘料	PVC 绝缘料	125℃辐照交联聚烯烃绝缘料	125℃辐照交联聚烯烃绝缘料
	结构工艺	挤出					
护套	材质	PVC 护套料	125℃辐照交联聚烯烃护套料	125℃辐照交联聚烯烃护套料	PVC 护套料	125℃辐照交联聚烯烃护套料	125℃辐照交联聚烯烃护套料
	结构工艺	挤出					

2.4.2　电缆材料消耗对比分析

以 DC 900V PVC 绝缘无护套电缆 ES-RV-90　1×4、DC 900V 聚烯烃绝缘无护套电缆 ES-RYJ-125　1×4、DC 1500V 聚烯烃绝缘无护套电缆 ES-RYJ-125　1×4、DC 900V PVC 绝缘和护套电缆 ES-RVV-90　1×4、DC 900V 聚烯烃绝缘和护套电缆 ES-RYJYJ-125　1×4、DC 1500V 聚烯烃绝缘和护套电缆 ES-RYJYJ-125　1×4 为例，对这六种不同型号电压的电力储能系统用电池连接电缆的材料消耗及原材料费用进行比较，见表 3-2-16。

表 3-2-16　电力储能系统用电池连接电缆材料消耗及原材料费用对比

型号	电压	规格	材料名称	材料消耗（kg/km）	材料单价（元/kg）	单价小计（元/m）	原材料费用（元/m）
ES-RV-90	DC 900V	1×4	铜	32.65	73	2.38	2.59
			PVC 绝缘料	17.68	12	0.21	
ES-RYJ-125	DC 900V	1×4	铜	32.65	73	2.38	2.66
			125℃辐照交联聚烯烃绝缘料	11.28	25	0.28	
ES-RYJ-125	DC 1500V	1×4	铜	32.65	73	2.38	2.71
			125℃辐照交联聚烯烃绝缘料	13.31	25	0.33	
ES-RVV-90	DC 900V	1×4	铜	32.65	73	2.38	2.94
			PVC 绝缘料	17.68	12	0.21	
			PVC 护套料	19.26	18	0.35	

（续）

型号	电压	规格	材料名称	材料消耗（kg/km）	材料单价（元/kg）	单价小计（元/m）	原材料费用（元/m）
ES-RYJYJ-125	DC 900V	1×4	铜	32.65	73	2.38	3.15
			125℃辐照交联聚烯烃绝缘料	11.28	25	0.28	
			125℃辐照交联聚烯烃护套料	17.35	28	0.49	
ES-RYJYJ-125	DC 1500V	1×4	铜	32.65	73	2.38	3.22
			125℃辐照交联聚烯烃绝缘料	13.31	25	0.33	
			125℃辐照交联聚烯烃护套料	18.13	28	0.51	

从上述电缆材料消耗及原材料费用对比分析中可以看出，这六种型号规格的电缆所用的导体均为软铜导体，结构也相同，所以导体成本一样。就绝缘和护套材料价格来说，125℃辐照交联聚烯烃绝缘料的单价远远高于PVC绝缘料的单价。就电压等级来说，相同材料的DC 1500V电缆绝缘厚度要比DC 900V电缆的绝缘厚度更厚，有护套的电缆成本要高于无护套电缆的成本。综上所述，电力储能系统用电池连接电缆的原材料费用关系为：DC 1500V聚烯烃绝缘和护套电缆（ES-RYJYJ-125　1×4）>DC 900V聚烯烃绝缘和护套电缆（ES-RYJYJ-125　1×4）>DC 900V PVC绝缘和护套电缆（ES-RVV-90　1×4）>DC 1500V聚烯烃绝缘无护套电缆（ES-RYJ-125　1×4）>DC 900V聚烯烃绝缘无护套电缆（ES-RYJ-125　1×4）>DC 900V PVC绝缘无护套电缆（ES-RV-90　1×4）。

2.5　主要材料市场价格参考

主要原材料市场参考价格见表3-2-17。

表3-2-17　主要原材料市场参考价格

序号	材料名称	市场参考价格/(元/kg)
1	软圆铜线	75.90
2	PVC绝缘和护套料	25.00
3	聚烯烃绝缘和护套料	25.50

注：上表中原材料单价为含税价格，价格来源为物资云价格情报中心。

第3章　技术工艺

3.1　产品材料性能与结构设计

3.1.1　典型产品工艺结构

电力储能系统用电池连接电缆的基本结构有两种：第一种由导体、绝缘两部分组成，代表型号有 ES-RV-90、ES-RYJ-125；第二种由导体、绝缘和护套组成，代表型号 ES-RVV-90、ES-RYJYJ-125。绝缘材料有耐热 90℃聚氯乙烯混合物绝缘和低烟无卤阻燃耐热 125℃交联聚烯烃绝缘。护套材料有耐热 90℃聚氯乙烯混合物护套和低烟无卤阻燃耐热 125℃交联聚烯烃护套。电力储能系统用电池连接无护套电缆和护套电缆的结构分别如图 3-3-1、图 3-3-2 所示。

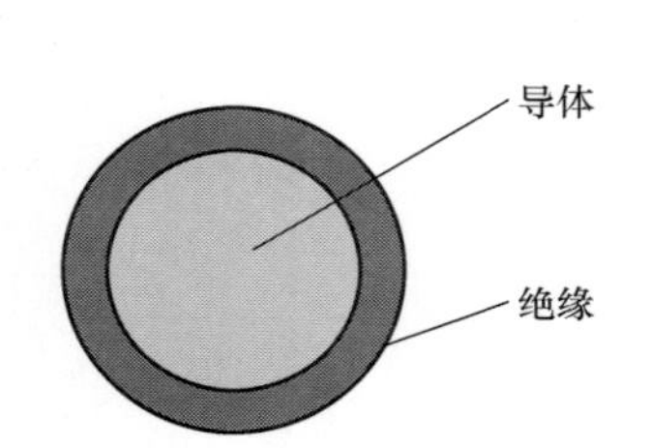

图 3-3-1　电力储能系统用电池连接无护套电缆的结构

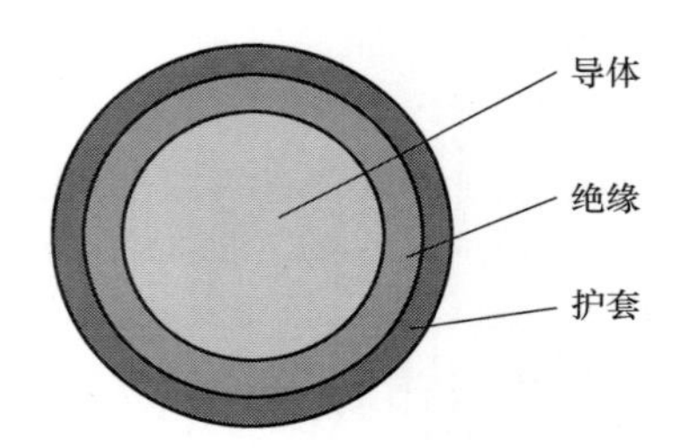

图 3-3-2　电力储能系统用电池连接护套电缆的结构

3.1.2　主要原材料性能

1. 耐热 90℃聚氯乙烯混合物绝缘和护套

耐热 90℃聚氯乙烯混合物绝缘和护套料是由聚氯乙烯高聚物为基础原料，加入增塑剂、抗氧剂、防老剂、填充料等助剂和材料，经混炼、塑化、造粒制得的热塑性电缆料。

（1）产品外观　耐热 90℃聚氯乙烯混合物绝缘和护套料直径为 3 ~4mm、高 3mm 的圆柱形粒状物或具有相当大小的其他形状粒状物。电缆料应塑化性良好、色泽均匀，并且不应有明显的杂质。电缆料颜色一般为黑色或橙色，根据客户需要，也有其他颜色。

（2）性能　耐热 90℃聚氯乙烯混合物绝缘和护套料的机械性能应符合表 3-3-1的规定。除此之外，还应满足相应电缆产品标准要求。

表3-3-1　耐热90℃聚氯乙烯混合物绝缘和护套料的机械性能

序号	检验项目	单位	试验要求	试验方法	
				标准号	条文号
1	密度	g/cm^3	1.38±0.02	GB/T 1033.1—2008	
2	抗张强度　中间值	N/mm^2	≥15	GB/T 2951.11—2008	绝缘9.1 护套9.2
3	断裂伸长率　中间值	%	≥150		
4	空气热老化： 试验温度 试验时间 抗张强度　中间值 抗张强度最大变化率 断裂拉伸长率　中间值 断裂伸长率最大变化率	 ℃ h N/mm^2　≥ % %　≥ %	 135±2 10×24 / ±25 / ±25	GB/T 2951.12—2008	8.1
5	失重试验 老化条件： 温度 时间 失重： 最大值	 ℃ h mg/cm^2	 115 240 2.0	GB/T 2951.32—2008	8.1
6	非污染试验 老化条件： 温度 时间 老化后机械性能： 抗张强度　中间值 抗张强度最大变化率 断裂拉伸长率　中间值 断裂伸长率最大变化率	 ℃ H N/mm^2 % % %	 100±2 10×24 / ±25 / ±25	GB/T 2951.12—2008	8.1.4
7	高温压力试验 试验条件： 刀口上施加的压力 荷载下加热时间 温度 试验结果： 压痕深度，最大中间值	 ℃ %	 见GB/T 2951.32—2008 中8.1.4和8.1.5 90±2 50	GB/T 2951.31—2008	绝缘8.1 护套8.2
8	热冲击试验 老化条件： 温度 时间 试验结果：	 ℃ h	 150 1 不开裂	GB/T 2951.31—2008	绝缘9.1 护套9.2

（续）

序号	检验项目	单位	试验要求	试验方法	
				标准号	条文号
9	热稳定试验 老化条件： 温度 试验结果： 最小平均热稳定时间	 ℃ min	 200 ±0.5 180	GB/T 2951.32—2008	9
10	低温拉伸试验 试验条件： 温度 施加低温时间 试验结果： 最小伸长率	 ℃ h %	 −20 ±3 见 GB/T 2951.14—2008 中 8.3.4 和 8.3.5 20	GB/T 2951.14—2008	绝缘 8.3 护套 8.4
11	低温弯曲试验 对于电缆外径小于 12.5mm 试验条件： 温度 施加低温时间 试验结果：	 ℃ h	 −20 ±2 见 GB/T 2951.14—2008 中 8.1.4 和 8.1.5 不开裂	GB/T 2951.14—2008	绝缘 8.1 护套 8.2
12	低温冲击试验 试验条件： 温度 施加低温时间 落锤质量 试验结果：	 ℃ h	 −20 ±2 见 GB/T 2951.14—2008 中 8.5.5 见 GB/T 2951.14—2008 中 8.5.4 无裂纹	GB/T 2951.14—2008	8.5
13	耐酸碱试验 试验条件： 酸：标准草酸（0.5mol/L） 碱：N-氢氧化钠标准溶液（1mol/L） 温度 处理时间 试验结果： 抗张强度最大变化率 断裂伸长率最小中间值	 ℃ h % %	 23 ±2 7 ×24 ±30 100	GB/T 2951.21—2008	10

注：耐酸碱试验为两项独立的试验，一项使用酸液，一项使用碱液。试验步骤应符合 GB/T 2951.21—2008 的相关规定。

2. 耐热 125℃低烟无卤辐照交联阻燃聚烯烃绝缘和护套料

耐热 125℃低烟无卤辐照交联阻燃聚烯烃绝缘和护套料是由不含卤素的高聚物

为基础原料，加入无卤阻燃剂、抗氧剂、增塑剂等助剂，经混炼、塑化、造粒制得的热固性无卤低烟阻燃电缆料。

（1）产品外观　耐热125℃低烟无卤辐照交联阻燃聚烯烃绝缘和护套料直径为3～4mm、高3mm的圆柱形粒状物或具有相当大小的其他形状粒状物。电缆料应塑化性良好，色泽均匀，并且不应有明显的杂质。电缆料颜色一般为黑色或红色，根据客户需要，也有其他颜色。

（2）性能　耐热125℃低烟无卤辐照交联阻燃聚烯烃绝缘和护套料的性能（交联后）应符合表3-3-2的规定。除此之外，还应满足相应电缆产品标准要求。

表3-3-2　耐热125℃低烟无卤辐照交联阻燃聚烯烃绝缘和护套料的性能（交联后）

序号	检验项目	单位	试验要求	试验方法	
				标准号	条文号
1	密度	g/cm^3	1.43±0.02	GB/T 1033.1—2008	/
2	抗张强度　中间值	N/mm^2	≥8.0	GB/T 2951.11—2008	绝缘9.1 护套9.2
3	断裂伸长率　中间值	%	≥200		
4	空气热老化： 试验温度 试验时间 抗张强度　中间值 抗张强度最大变化率 断裂拉伸长率　中间值 断裂伸长率最大变化率	 ℃ h N/mm^2　≥ % %　≥ %	 158±2 7×24 / ±30 / ±30	GB/T 2951.12—2008	8.1
5	热延伸试验 试验条件： 温度 时间 机械应力 荷载下最大伸长率 冷却后最大永久伸长率	 ℃ min N/cm^2 % %	 250±3 15 20 175 15	GB/T 2951.21—2008	9
6	非污染试验 老化条件： 温度 时间 老化后机械性能： 抗张强度　中间值 抗张强度最大变化率 断裂拉伸长率　中间值 断裂伸长率最大变化率	 ℃ h N/mm^2 % % %	 135±2 7×24 / ±30 / ±30	GB/T 2951.12—2008	8.1.4

（续）

序号	检验项目	单位	试验要求	试验方法	
				标准号	条文号
7	低温拉伸试验 试验条件： 温度 施加低温时间 试验结果： 最小伸长率	 ℃ h %	 -40±3 见 GB/T 2951.14—2008 中 8.3.4 和 8.3.5 20	GB/T 2951.14—2008	绝缘 8.3 护套 8.4
8	低温弯曲试验 对于电缆外径小于 12.5mm 试验条件： 温度 施加低温时间 试验结果：	 ℃ h	 -40±3 见 GB/T 2951.14—2008 中 8.1.4 和 8.1.5 不开裂	GB/T 2951.14—2008	绝缘 8.1 护套 8.2
9	低温冲击试验 试验条件： 温度 施加低温时间 落锤质量 试验结果：	 ℃ h	 -40±3 见 GB/T 2951.14—2008 中 8.5.5 见 GB/T 2951.14—2008 中 8.5.4 无裂纹	GB/T 2951.14—2008	8.5
10	耐酸碱试验 试验条件： 酸：标准草酸（0.5mol/L） 碱：N-氢氧化钠标准溶液（1mol/L） 温度 处理时间 试验结果： 抗张强度最大变化率 断裂伸长率最小中间值	 ℃ h % %	 23±2 7×24 ±30 100	GB/T 2951.21—2008	10
11	热收缩试验 处理条件： 温度 加热持续时间 试验结果： 允许最大收缩率	 ℃ h %	 158±2 1 4	GB/T 2951.13—2008	绝缘 10 护套 11
12	卤素含量评估 试验结果： 卤酸气体含量（以 HCL 表示）最大 pH 值　最小 电导率　最大 氟含量　最大	 % μs/mm %	 0.5 4.3 10 0.1	 GB/T 17650.1—2021 GB/T 17650.2—2021 GB/T 17650.2—2021 IEC 60684-2—2011	

3.2　产品制造

电力储能系统用电池连接电缆是由第5种或第6种软铜导体（GB/T 3956—2008）、耐热90℃聚氯乙烯混合物绝缘或耐热125℃低烟无卤辐照交联阻燃聚烯烃绝缘、耐热90℃聚氯乙烯混合物护套或耐热125℃低烟无卤辐照交联阻燃聚烯烃护套（有护套电缆）组合加工而成。同光伏电缆工艺一样，电力储能系统用电池连接电缆的主要生产工序也包括拉丝（大拉、中拉、细拉）、退火、导体绞制、绝缘挤包、护套挤包（有护套电缆）、辐照交联（采用耐热125℃低烟无卤辐照交联阻燃聚烯烃绝缘或护套料时）、性能测试等。其中，挤包绝缘和挤包护套生产工艺有绝缘和护套分开挤包、绝缘和护套1+1挤包、绝缘和护套双层共挤挤包等三种方式。具体生产工艺参见本书的光伏篇。

第4章 常见问题

4.1 设计选型类常见问题

1. 储能电站系统主要采用哪些电缆?

储能电站(锂电)需采用的电缆主要包括直流电缆、中压电力电缆、低压电力电缆、控制电缆和光缆等。

1)直流电缆主要用于电池模块之间、电池簇之间、电池族与汇流箱之间,储能变流器 PCS、储能电池之间,储能升压舱、储能电池舱至储能升压变电站,储能升压变电站内部设备连接。

2)中压电力电缆主要用于储能升压变电站 110kV 或 220kV 出线电缆,10kV 或 35kV 升压变电站高压侧电缆,站用变压器或站外引接电源电缆。

3)低压动力电缆主要用于储能升压舱辅助变压器至储能电池舱的检修运行用的动力、照明、操作电源等电缆,储能升压变电站用电系统交流电力电缆。

4)控制电缆主要用于储能升压舱、储能电池舱之间,储能升压舱、储能电池舱至储能升压变电站,储能升压变电站内部设备之间的连接。

5)光缆主要用于储能站内设备间的连接。

2. 关于储能电缆选型的规范有哪些?

关于储能电站(锂电)电缆选型的规范有《电化学储能电站设计规范》(GB 51048—2014)。

4.2 价格类常见问题

1. 产品价格包含哪些要素?

(1)成本

1)生产成本:包括原材料、劳动力、制造费用等直接与生产有关的成本。

2)运营成本:包括管理费用、销售费用、市场推广费用等与企业运营有关的间接成本。

3)运输和分销成本:包括产品从生产地到销售点的运输费用,以及销售渠道的管理费用。

(2)市场因素

1)竞争价格:竞争对手的定价策略会影响产品的定价。如果竞争对手的价格较低，企业可能需要调整自己的价格以保持竞争力。

2）市场需求：需求的变化会直接影响价格。当需求增加时，价格可能上升；反之，需求减少时，价格可能下降。

3）市场定位：根据目标市场的不同，产品的定价策略也会有所不同。例如，高端市场产品通常定价较高，以传达品质和价值。

（3）心理因素

1）消费者感知：消费者对品牌、质量和价格的感知会影响他们的购买决策。企业可能会设置特定的价格策略（如“99元”而不是“100元”）来影响消费者的心理。

2）定价策略：如捆绑定价、促销定价、折扣定价等，以吸引客户并提高销售量。

（4）法律与政策

1）税收和法规：政府对产品的税收政策、补贴政策和定价法规会影响产品的最终定价。

2）反垄断法：企业在定价时需要遵循相关法律法规，避免价格垄断或不正当竞争。

（5）品牌价值

1）品牌影响力：知名品牌通常可以通过较高的价格策略获得更高的利润，消费者对品牌的忠诚度也会影响他们对价格的敏感度。

2）附加值：提供额外的服务或产品特色（如售后服务、产品保修等）也会对定价产生影响。

（6）经济环境

1）宏观经济因素：如通货膨胀、汇率波动、经济增长等都会影响企业的成本结构和产品定价。

2）行业趋势：行业内的技术变化、市场趋势等会影响产品的生产成本及定价策略。

在确定产品价格时，企业需要综合考虑以上多种因素，制定合理的定价策略，以最大限度地提高市场竞争力和赢利能力。同时，企业还应不断监测市场变化，灵活调整定价策略以应对外部环境的变化。

2. 如何理解产品生命周期的重要性?

理解产品生命周期有助于企业在市场上更好地定位和运营，提高竞争优势。

1）决策支持：帮助企业制定相应的市场策略和营销计划，合理配置资源。

2）市场预测：了解不同阶段的市场需求和变化，进行有效的市场预测和规划。

3）竞争分析：通过分析竞争对手在不同生命周期阶段的表现，优化自身的竞争策略。

4.3 供应商遴选类常见问题

对电缆品牌的评价，哪些要素最为重要？

在评价电缆品牌时，应重点考察以下几个要素，以确保所选品牌的电缆产品具备高质量、可靠性和安全性：

（1）品牌声誉与历史

1）市场口碑：调查品牌在行业内的声誉，了解用户对该品牌的评价及反馈。

2）历史背景：品牌成立的时间及其发展历程，较长历史的品牌往往在技术积累和市场经验上更具优势。

（2）产品质量

1）认证标准：查看品牌的电缆是否符合国际标准和国家标准认证。

2）材料来源：关注使用的原材料（如铜、铝、绝缘材料等）的质量，优质材料直接影响电缆的性能和耐用性。

3）生产工艺：了解该品牌包缆的生产工艺和技术水平，先进的生产技术能够提高电缆的性能和稳定性。

（3）产品种类与规格

1）产品线丰富性：评估品牌是否提供多种类多规格的电缆，以满足不同应用场景的需求，如低压电缆、高压电缆、光纤电缆等。

2）定制服务：是否提供定制服务，以适应特定需求或特殊环境条件下的使用。

（4）售后服务

1）服务网络：品牌的售后服务网络是否完善，能够快速响应客户的需求。

2）质保政策：了解产品的质保期限及售后服务条款，优质品牌通常提供较长的质保期。

（5）技术支持

1）技术咨询：是否提供专业的技术支持和咨询服务，帮助客户选择合适的产品。

2）创新能力：品牌在新技术和新产品方面的研发能力，创新能力强的品牌通常能推出更符合市场需求的产品。

（6）价格与性价比

1）市场定价：调查同类产品的市场定价，评估该品牌的价格是否合理。

2）性价比：比较该品牌电缆的价格与其质量、性能的比例，选择性价比高的产品。

（7）用户案例与口碑

1）成功案例：考察品牌在特定项目中的成功应用案例，尤其是在大型工程或知名企业中的使用情况。

2）客户反馈：查看用户的真实使用反馈，尤其是对产品性能和售后服务的评价。

（8）环境友好性

1）环保标准：品牌是否遵循环保生产标准，产品是否具备环保认证。

2）可回收性：电缆产品的材料是否可回收，符合可持续发展的要求。

4.4 技术类常见问题

1. 储能电缆的基本结构有哪些?

电力储能系统用电池连接电缆的基本结构有两种：第一种是无护套电缆，只有导体、绝缘，代表型号有 ES-RV-90 和 ES-RYJ-125；第二种是护套电缆，由导体、绝缘和护套三部分组成，代表型号有 ES-RVV-90 和 ES-RYJYJ-125。

2. 储能电缆主要生产工序有哪些?

电力储能系统用电池连接电缆基本制造工序同光伏电缆一样，主要包括导体绞制、绝缘挤包、护套挤包（护套电缆）、辐照交联等工艺。其中，辐照交联工序为关键工序节点，对于电缆的质量有着至关重要的影响。

第4篇　充电桩篇

第1章　应用选型

1.1　产品概述

1.1.1　产品定义

充电桩电缆指用于供电点或充电站与车辆之间的充电连接用电缆，即电动汽车充电用电缆。其电压等级可以分为300/500V、450/750V、0.6/1kV、DC 1000V和DC 1500V，环境温度范围一般为-40～90℃。

1.1.2　产品种类

电动汽车充电用电缆主要有交流电缆和直流电缆两类。交流电缆的额定电压一般为300/500V、450/750V和0.6/1kV，绝缘材料一般为PVC、XLPE、交联聚烯烃、EPR和HEPR，护套材质一般为PVC、TPE、TPU、热固性弹性体和交联聚烯烃。直流电缆的额定电压一般为DC 1000V（国内标准）和DC 1500V（IEC标准），绝缘材料一般为XLPE、交联聚烯烃、EPR和HEPR，护套材质一般为TPE、TPU、热固性弹性体和交联聚烯烃。直流电缆还包括带冷却系统的液冷电缆和非液冷电缆。

电动汽车充电用电缆种类见表4-1-1。

表4-1-1　电动汽车充电用电缆种类

序号	电压等级	型号	执行标准
1	交流：U_0/U为450/750V及以下 直流：U_0为1.0kV及以下	SS、SS、SSPS、SF、SSPF、S90S90、S90S90PS90、S90F、S90S90PF、S90U、S90S90PU、S90UPU、EU、EUPU、EF、EFPF、EYU、EYUPU、EYYJ、EYYJPYJ	GB/T 33594—2017
2	交流：U_0/U为300/500V	62893 IEC 121、62893 IEC 122	IEC 62893-3：2017
3	交流：U_0/U为450/750V	62893 IEC 123、62893 IEC 124、62893 IEC 125	

（续）

序号	电压等级	型号	执行标准
4	交流：U_0/U 为 0.6/1kV 及以下 直流：1.5kV 及以下	62893 IEC 126、62893 IEC 127、62893 IEC 128	IEC 62893-4-1：2020
5	交流：U_0/U 为 0.6/1kV 及以下 直流：1.5kV 及以下	62893 IEC 129、62893 IEC 130、62893 IEC 131	IEC TS 62893-4-2：2021
6	交流：U_0/U 为 300/500V 和 450/750V	H05BZ5-F、H05BZ6-F、H07BZ5-F、H07BZ6-F	EN 50620：2019
7	交流：U_0/U 为 0.6/1kV 直流：1.5kV	EVDC-EYYJ-LCC（X）、EVDC-EYU-LCC（X）、EVDC-EF-LCC（X）、EVDC-EYS90-LCC（X）①	CQC 1147—2024

① 电缆导体为第6种导体时，在型号的左侧标示“R”；“X”表示液冷结构类型代号，见 CQC 1147—2024 中附录 E 的规定。

1.1.3 命名方式

GB/T 33594—2017 标准中电动汽车充电用电缆代号及其含义见表 4-1-2。

表 4-1-2　电动汽车充电用电缆代号及其含义

系列名称/电缆结构	代号	含义
系列代号	EV	电动汽车
	AC（可省略）	交流充电用
	DC	直流充电用
导体结构	（省略）	第5种铜导体
	R	第6种铜导体
绝缘材料代号	S	连续工作温度70℃热塑性弹性体（TPE）
	S90	连续工作温度90℃热塑性弹性体（TPE）
	E	连续工作温度90℃的乙丙橡胶或类似的合成橡胶
	EY	硬乙丙橡胶或类似的无卤合成材料
护套（内护层）材料代号	S	连续工作温度70℃热塑性弹性体（TPE）
	S90	连续工作温度90℃热塑性弹性体（TPE）
	F	热固性弹性体合成材料
	U	聚氨酯弹性体材料
	YJ	无卤交联聚烯烃或类似材料
结构特性代号	P	铜丝编织屏蔽
	（P）	信号或控制线芯铜丝编织屏蔽
	（P2）	信号或控制线芯铝塑复合带绕包+铜丝编织屏蔽

电动汽车充电用电缆产品采用型号、额定电压、规格及标准编号表示，如图 4-1-1所示。

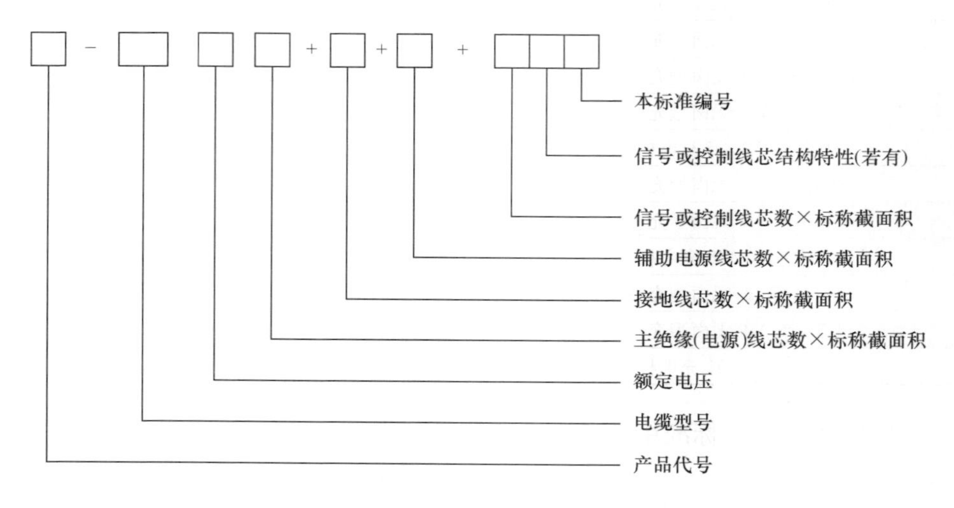

图 4-1-1 电动汽车充电用电缆产品标识方法

示例 1：

热塑性弹性体绝缘铜丝编织屏蔽聚氨酯弹性体内护层和护套电动汽车交流充电用电缆，导体为第 6 种导体，额定电压为 450/750V，主绝缘线芯为 3 芯，标称截面积为 2.5mm^2，一对 0.5mm^2 信号或控制线芯，信号或控制线芯绞对外有铜丝编织屏蔽层，表示为

EV-RS90UPU 450/750V 3×2.5+(2×0.5)(P) GB/T 33594—2017

示例 2：

热塑性弹性体绝缘聚氨酯弹性体护套电动汽车直流充电用电缆，导体为第 6 种导体，额定电压为 1kV，主绝缘线芯为 2 芯，标称截面积为 35mm^2，接地线芯为 1 芯，标称截面积为 25mm^2，辅助电源线芯为 2 芯，标称截面积为 4mm^2，两对 1.5mm^2 信号或控制线芯，其中一对 1.5mm^2 信号或控制线芯绞对外有铝塑复合带绕包和铜丝编织复合屏蔽层，表示为

EVDC-RS90U 1.0kV 2×35+1×25+2×4+2×1.5+(2×1.5)(P2) GB/T 33594—2017

IEC TS 62893：2021 标准中电动汽车充电用电缆代号及对应的绝缘和护套材料见表 4-1-3。

表4-1-3　电动汽车充电用电缆代号及对应的绝缘和护套材料

代号	动力线芯绝缘和护套材料
62893 IEC 121 无卤型充电桩电缆	EVI-2 绝缘 EVM-1 护套
62893 IEC 122 无卤型充电桩电缆	EVI-2 绝缘 EVM-2 护套
62893 IEC 123 无卤型充电桩电缆	EVI-2 绝缘 EVM-1 护套
62893 IEC 124 无卤型充电桩电缆	EVI-2 绝缘 EVM-2 护套
62893 IEC 125 充电桩电缆	EVI-2 绝缘 EVM-3 护套
62893 IEC 126 无卤型充电桩电缆	EVI-2 绝缘 EVM-1 护套
62893 IEC 127 无卤型充电桩电缆	EVI-2 绝缘 EVM-2 护套
62893 IEC 128 充电桩电缆	EVI-2 绝缘 EVM-3 护套
62893 IEC 129 无卤型充电桩电缆	EVI-2 绝缘 EVM-1 护套
62893 IEC 130 无卤型充电桩电缆	EVI-2 绝缘 EVM-2 护套
62893 IEC 131 充电桩电缆	EVI-2 绝缘 EVM-3 护套

EN 50620：2019标准中电动汽车充电用电缆代号及对应的绝缘和护套材料见表4-1-4。

表4-1-4　电动汽车充电用电缆代号及对应的绝缘和护套材料

代号	动力线芯绝缘和护套材料
H05BZ5-F 充电桩电缆	EVI-2 绝缘 EVM-1 护套
H05BZ6-F 充电桩电缆	EVI-2 绝缘 EVM-2 护套
H07BZ5-F 充电桩电缆	EVI-2 绝缘 EVM-1 护套
H07BZ6-F 充电桩电缆	EVI-2 绝缘 EVM-2 护套

1.1.4　常用型号

GB/T 33594—2017中电动汽车充电用电缆常用型号及名称见表4-1-5。

表4-1-5　电动汽车充电用电缆常用型号及名称

<table>
<tr><th>型号</th><th>额定电压</th><th>名称</th></tr>
<tr><td>SS</td><td rowspan="6">交流：U_0/U为450/750V及以下
直流：U_0为1.0kV及以下</td><td>热塑性弹性体绝缘热塑性弹性体护套电动汽车充电用电缆</td></tr>
<tr><td>SSPS</td><td>热塑性弹性体绝缘铜丝编织屏蔽热塑性弹性体内护层和护套电动汽车充电用电缆</td></tr>
<tr><td>SF</td><td>热塑性弹性体绝缘热固性弹性体护套电动汽车充电用电缆</td></tr>
<tr><td>SSPF</td><td>热塑性弹性体绝缘铜丝编织屏蔽热塑性弹性体内护层热固性弹性体护套电动汽车充电用电缆</td></tr>
<tr><td>S90S90</td><td>热塑性弹性体绝缘热塑性弹性体护套电动汽车充电用电缆</td></tr>
<tr><td>S90S90PS90</td><td>热塑性弹性体绝缘铜丝编织屏蔽热塑性弹性体内护层和护套电动汽车充电用电缆</td></tr>
</table>

（续）

型号	额定电压	名称
S90F	交流：U_0/U 为 450/750V 及以下 直流：U_0 为 1.0kV 及以下	热塑性弹性体绝缘热固性弹性体护套电动汽车充电用电缆
S90S90PF		热塑性弹性体绝缘热塑性弹性体内护层热固性弹性体护套电动汽车充电用电缆
S90U		热塑性弹性体绝缘聚氨酯弹性体护套电动汽车充电用电缆
S90S90PU		热塑性弹性体绝缘铜丝编织屏蔽热塑性弹性体内护层聚氨酯弹性体护套电动汽车充电用电缆
S90UPU		热塑性弹性体绝缘铜丝编织屏蔽聚氨酯弹性体内护层和护套电动汽车充电用电缆
EU		乙丙橡胶或类似合成橡胶绝缘聚氨酯弹性体护套电动汽车充电用电缆
EUPU		乙丙橡胶或类似合成橡胶绝缘铜丝编织屏蔽聚氨酯弹性体内护层和护套电动汽车充电用电缆
EF		乙丙橡胶或类似合成橡胶绝缘热固性弹性体护套电动汽车充电用电缆
EFPF		乙丙橡胶或类似合成橡胶绝缘铜丝编织屏蔽热固性弹性体内护层和护套电动汽车充电用电缆
EYU		硬乙丙橡胶或类似合成材料绝缘聚氨酯弹性体电动汽车充电用电缆
EYUPU		硬乙丙橡胶或类似合成材料绝缘铜丝编织屏蔽聚氨酯弹性体内护层和护套电动汽车充电用电缆
EYYJ		硬乙丙橡胶或类似合成材料绝缘交联聚烯烃护套电动汽车充电用电缆
EYYJPYJ		硬乙丙橡胶或类似合成材料绝缘铜丝编织屏蔽交联聚烯烃内护层和护套电动汽车充电用电缆电动汽车充电用电缆

1.1.5 常用规格

GB/T 33594—2017 中电动汽车充电用电缆规格见表 4-1-6。

表 4-1-6　电动汽车充电用电缆规格

电缆类型	线芯类型	导体标称截面积/mm^2
交流充电用电缆	主绝缘线芯	1.0～70
	信号或控制线芯	0.5～1.5
直流充电用电缆	主绝缘线芯	10～240
	接地线芯	6～120
	辅助电源线芯	4，6
	信号或控制线芯	0.75～2.5

IEC TS 62893：2021 中电动汽车充电用电缆规格见表 4-1-7。

表 4-1-7　电动汽车充电用电缆规格

电缆类型	线芯类型	导体标称截面积/mm²
交流充电用电缆	主绝缘线芯	1.5～35
	信号或控制线芯	0.5～1.0
直流充电用电缆	主绝缘线芯	4～150
	接地线芯	4～95
	辅助电源线芯	2.5～6
	信号或控制线芯	0.5～1.5
	温度传感线芯	0.5～1.5
直流充电用电缆（液冷）	主绝缘线芯	16～150
	接地线芯	最小 25
	辅助电源线芯	2.5～6
	信号或控制线芯	0.5～1.5
	温度传感线芯	0.5～1.5

EN 50620：2019 中电动汽车充电用电缆规格见表 4-1-8。

表 4-1-8　电动汽车充电用电缆规格

电缆类型	线芯类型	电压等级	导体标称截面积/mm²	备注
交流充电用电缆	主绝缘线芯	300/500V	1.5、2.5	3 芯
		450/750V	1.5	3 芯
			2.5～35	3、4、5 芯
	信号或控制线芯		0.5～1.0	

CQC 1147—2024 中电动汽车充电用液冷电缆规格见表 4-1-9。

表 4-1-9　电动汽车充电用液冷电缆规格

电缆类型	线芯类型	导体标称截面积/mm²
直流充电用电缆	主绝缘线芯	10～150
	接地线芯	6～120
	辅助电源线芯	1.5～6
	信号或控制线芯	0.5～2.5

1.1.6　常用规格载流量

电动汽车充电用电缆载流量参考见表 4-1-10。

表 4-1-10　电动汽车充电用电缆载流量

序号	规格/mm^2	载流量/A	序号	规格/mm^2	载流量/A
1	3×1.0	15	18	4×16.0	80
2	3×1.5	19	19	4×25.0	104
3	3×2.5	27	20	4×35.0	128
4	3×4.0	36	21	4×50.0	161
5	3×6.0	46	22	4×70.0	205
6	3×10.0	65	23	5×1.0	13
7	3×16.0	84	24	5×1.50	17
8	3×25.0	110	25	5×2.50	24
9	3×35.0	135	26	5×4.0	33
10	3×50.0	170	27	5×6.0	41
11	3×70.0	215	28	5×10.0	57
12	4×1.0	14	29	5×16.0	76
13	4×1.5	18	30	5×25.0	99
14	4×2.5	24	31	5×35.0	122
15	4×4.0	33	32	5×50.0	154
16	4×6.0	43	33	5×70.0	196
17	4×10.0	60			

注：1. 环境温度为 25℃。

2. 参考 IEC 60287：2024 和《电线电缆载流量　第 2 版》（马国栋著，中国电力出版社）。

1.2　检测方法标准

1.2.1　产品相关标准

电动汽车充电用电缆主要制造标准和试验标准见表 4-1-11 ~ 表 4-1-16。

表 4-1-11　电动汽车充电用电缆主要制造标准

序号	标准号	标准名称
1	GB/T 33594—2017	电动汽车充电用电缆
2	IEC TS 62893 系列	额定电压 0.6/1kV 及以下电动汽车充电用电缆
3	EN 50620—2019	电动汽车充电用电缆

表 4-1-12　电动汽车充电用电缆试验标准

序号	试验项目	试验标准
1	结构尺寸	
1.1	导体结构	GB/T 4909.2—2009

（续）

序号	试验项目	试验标准
1.2	绝缘厚度	GB/T 2951.11—2008
1.3	内护层厚度	GB/T 2951.11—2008
1.4	屏蔽层结构	GB/T 33594—2017
1.5	护套厚度	GB/T 2951.11—2008
1.6	电缆外径	GB/T 33594—2017 GB/T 2951.11—2008
2	电气性能试验	
2.1	20℃导体直流电阻	GB/T 3048.4—2007
2.2	成品电缆耐压试验	GB/T 3048.8—2007 或 GB/T 3048.14—2007
2.3	绝缘线芯耐压试验	GB/T 33594—2017
2.4	长期直流耐压试验	GB/T 33594—2017
2.5	绝缘电阻常数	GB/T 33594—2017 GB/T 3048.5—2007
2.6	护套表面电阻	GB/T 33594—2017
2.7	信号或控制线芯屏蔽层转移阻抗	GB/T 17737.1—2013
3	绝缘机械物理性能	
3.1	原始性能	GB/T 2951.11—2008
3.2	空气烘箱老化试验	GB/T 2951.12—2008
3.3	空气弹老化试验	GB/T 2951.12—2008
3.4	热延伸试验	GB/T 2951.21—2008
3.5	高温压力	GB/T 2951.31—2008
3.6	收缩试验	GB/T 2951.13—2008
3.7	低温卷绕试验	GB/T 2951.14—2008
3.8	低温拉伸试验	GB/T 2951.14—2008
3.9	耐臭氧试验	GB/T 2951.21—2008
3.10	硬度测定	GB/T 33594—2017 附录 A
3.11	卤素含量评估	GB/T 17650.1—2021、GB/T 17650.2—2021 和 IEC 60684-2：2011
4	护套机械物理性能	
4.1	原始性能	GB/T 2951.11—2008
4.2	空气烘箱老化后性能	GB/T 2951.12—2008
4.3	耐矿物油试验（IRM902）	GB/T 2951.21—2008
4.4	热延伸试验	GB/T 2951.21—2008
4.5	高温压力试验	GB/T 2951.31—2008
4.6	热冲击试验	GB/T 2951.31—2008
4.7	热收缩试验	GB/T 2951.13—2008
4.8	低温卷绕试验	GB/T 2951.14—2008
4.9	低温拉伸试验	GB/T 2951.14—2008

（续）

序号	试验项目	试验标准
4.10	耐臭氧试验	GB/T 2951.21—2008
4.11	耐酸、碱性（分开测试）	GB/T 2951.21—2008
4.12	耐水解性	GB/T 2951.21—2008
4.13	抗撕试验	GB/T 33594—2017 附录 B
4.14	皂化试验	GB/T 33594—2017 附录 C
4.15	卤素含量评估	GB/T 17650.1—2021、GB/T 17650.2—2021 和 IEC 60684-2：2011
5	成品电缆试验	
5.1	相容性试验	GB/T 2951.12—2008
5.2	耐化学液体试验	GB/T 33594—2017
5.3	人工气候老化试验	GB/T 33594—2017
5.4	低温冲击试验	GB/T 2951.14—2008
5.5	湿热试验（用户要求时）	GB/T 33594—2017 和 GB/T 2423.3—2016
5.6	高低温循环试验（用户要求时）	GB/T 33594—2017
5.7	成品电缆的机械强度试验	
5.7.1	曲挠试验	GB/T 5013.2—2008
5.7.2	抗挤压试验	GB/T 33594—2017
5.7.3	摇摆试验	GB/T 33594—2017
5.7.4	刮磨试验	GB/T 33594—2017 和 JB/T 10696.6—2007
5.8	电缆的单根阻燃试验	GB/T 18380.12—2022
6	电缆标志	
6.1	电缆标志的内容	目测
6.2	标志连续性	目测
6.3	清晰度和耐擦性	GB/T 33594—2017
6.4	绿/黄组合色线芯颜色分布	GB/T 33594—2017
6.5	数字标志检查	GB/T 33594—2017

表 4-1-13　IEC 62893-3：2017 电动汽车充电用电缆试验标准

序号	试验项目[①]	试验类型	试验方法		试验的适用性 IEC 62893 系列		
			标准号	章节	第 121 部分和第 122 部分	第 123 部分和第 124 部分	第 125 部分
1	电气性能测试[②]						
1.1	导体电阻	T、S	IEC 60245-2：1994	2.1	×	×	×
1.2	成品电缆电压试验	T、S	IEC 60245-2：1994	2.2			
	—AC 2000V，或 DC 4000V				×	—	—

（续）

序号	试验项目①	试验类型	试验方法		试验的适用性 IEC 62893 系列		
			标准号	章节	第121部分和第122部分	第123部分和第124部分	第125部分
	—AC 2500V，或 DC 5000V				—	×	×
1.3	线芯电压试验，按规定绝缘厚度	T	IEC 60245-2：1994	2.3			
1.3.1	—绝缘厚度≤0.6mm，1500V				×	—	—
1.3.2	—绝缘厚度>0.6mm，2000V				×	—	—
1.3.3	—绝缘厚度>0.6mm，2500V				—	×	×
1.4	绝缘电阻，90℃	T、S	IEC 60245-2：1994	2.4	×	×	×
1.5	绝缘长期电阻（DC）	T	IEC 62893-2：2017	5.1.1	×	×	×
2	结构和尺寸测试						
2.1	检查结构	T、S	IEC 62893-1：2017		×	×	×
2.2	绝缘厚度测量	T、S	IEC 60245-2：1994	1.9	×	×	×
2.3	护套厚度测量	T、S	IEC 60245-2：1994	1.10	×	×	×
2.4	外形尺寸测量						
2.4.1	平均值	T、S	IEC 60245-2：1994	1.10.2	×	×	×
2.4.2	椭圆度	T、S	IEC 60245-2：1994	1.11	×	×	×
3	绝缘材料测试	T	IEC 62893-1③	8.3.1	×	×	×
4	护套材料测试	T	IEC 62893-1③	8.7.1	×	×	×
5	兼容性测试	T	IEC 60811-401：2012 IEC 62893-1：2017	4.2.3.4 及本标准附录A	×	×	×
6	-35℃低温冲击测试④	T	IEC 62893-2：2017	5.8	×	×	×
7	收缩试验	T	IEC 62893-1：2017	8.8.6	×	×	×
8	成品电缆机械强度	T	IEC 62893-1：2017	8.8.3	×	×	×
9	耐挤压试验	T	IEC 62893-2：2017	5.7	×	×	×
10	耐化学品试验	T	IEC 62893-2：2017	5.3	×	×	×
11	火焰条件下的试验——单根垂直电缆试验	T	IEC 60332-1-2：2004	—	×	×	×
12	所有非金属材料卤素评估	T、S	IEC 62821-1：2015	见本标准附录B	×	×	—

注：T为型式试验（Type tests）；S为抽样试验（Sample tests）；×为适用；—为不适用。

① 所给顺序并不表示试验顺序。

② IEC 62893-1：2017 中表4 给出有关试验条件和要求。

③ 本标准包括材料所有的试验方法和要求。试验材料取自成品电缆。

④ 一些国家因极端低温可能使用其他数据。

表 4-1-14 IEC 62893-4-1：2020 电动汽车充电用电缆试验标准

序号	试验项目[①]	试验类型	试验方法		试验的适用性 IEC 62893 系列	
			标准号	章节	第 126 和 127 部分	第 128 部分
1	电气性能测试[②]					
1.1	导体电阻	T、S	IEC 60245-2：1994	2.1	×	×
1.2	成品电缆电压试验 —AC 3500V 或 DC 7000V	T、S	IEC 60245-2：1994	2.2	×	×
1.3	线芯上的 AC 3500V 电压试验	T	IEC 60245-2：1994	2.3	×	×
1.4	90℃绝缘电阻	T	IEC 60227-2：1997	2.4	×	×
1.5	动力线芯在直流标称电压下的长时间绝缘电阻测试	T	IEC 62893-2：2017	5.1.1	×	×
	—施加的电压，DC 0.9kV					
	—测试时间，(240 ±2) h					
	—温度，85℃					
2	结构和尺寸测试					
2.1	检查结构是否符合	T、S	IEC 62893-1：2017		×	×
2.2	测量绝缘厚度	T、S	IEC 60245-2：1994	1.9	×	×
2.3	测量护套厚度	T、S	IEC 60245-2：1994	1.10	×	×
2.4	测量外径					
2.4.1	平均值	T、S	IEC 60245-2：1994	1.10.2	×	×
2.4.2	椭圆度	T、S	IEC 60245-2：1994	1.11	×	×
3	绝缘材料测试	T	IEC 62893-1：2017[③]	8.3.1	×	×
4	护套材料测试	T	IEC 62893-1：2017[③]	8.7.1	×	×
5	兼容性测试	T	IEC 60811-401：2012 和 IEC 60811-401：2012/AMD/：2017 IEC 62893-1：2017	4.2.3.4 及本标准附录 A	×	×
6	-35℃低温冲击测试[④]	T	IEC 62893-2：2017	5.8	×	×
7	收缩试验	T	IEC 62893-1：2017	8.8.6	×	×
8	成品电缆机械强度					
8.1	弯曲试验后，进入水中并按照本表 1.2 节对线芯进行电压试验	T	IEC 62893-4-1	见本标准附录 C	×	×
9	抗压测试	T	IEC 62893-2：2017	5.7	×	×

（续）

序号	试验项目①	试验类型	试验方法		试验的适用性 IEC 62893 系列	
			标准号	章节	第126和127部分	第128部分
10	抗UV/耐候性试验	T	IEC 62893-2：2017	5.2	×	×
11	耐化学品性能	T	IEC 62893-2：2017	5.3	×	×
12	火焰性能测试					
12.1	单根垂直燃烧测试	T	IEC 60332-1-2：2004	—	×	×
13	所有非金属材料卤素评估⑤	T、S	IEC 62821-1：2015	见本标准附录B	×	—

注：T为型式试验（Type tests）；S为抽样试验（Sample tests）；×为适用；—为不适用。

① 所给顺序并不表示试验顺序。

② IEC 62893-1：2017中表4第6列给出有关试验条件和要求。

③ 本标准包括材料所有的试验方法和要求。试验材料取自成品电缆。

④ 一些国家因极端低温可能使用其他数据。

⑤ IEC 62893系列第126部分（EVM-1）应符合IEC 62893-1：2017中8.8.5的要求。

表4-1-15　IEC TS 62893-4-2：2021电动汽车充电用电缆试验标准

序号	试验项目①	试验类型	试验方法		试验的适用性 IEC 62893 系列	
			标准号	章节	第129和130部分	第131部分
1	电气性能测试②					
1.1	导体电阻	T、S	IEC 60245-2：1994	2.1	×	×
1.2	成品电缆电压试验					
	—AC 3500V，或DC 7000V	T、S	IEC 60245-2：1994	2.2	×	×
1.3	线芯上的AC 3500V电压试验	T	IEC 60245-2：1994	2.3	×	×
1.4	90℃绝缘电阻	T	IEC 60227-2：1994	2.4	×	×
1.5	动力线芯在直流标称电压下的长时间绝缘电阻测试	T	IEC 62893-2：2017	5.1.1	×	×
	—施加的电压（DC 0.9kV）					
	—持续时间（240±2）h					
	—温度（85℃）					
2	结构和尺寸测试					
2.1	检查结构是否符合	T、S	IEC 62893-1：2017		×	×
2.2	测量绝缘厚度	T、S	IEC 60245-2：1994	1.9	×	×

（续）

序号	试验项目①	试验类型	试验方法		试验的适用性 IEC 62893 系列	
			标准号	章节	第 129 和 130 部分	第 131 部分
2.3	测量屏蔽层覆盖率	T、S	IEC TS 62893-4-2	见本标准附录 D	×	×
2.4	测量护套厚度	T、S	IEC 60245-2：1994	1.10	×	×
2.5	外形尺寸测量					
2.5.1	平均值	T、S	IEC 60245-2：1994	1.11	×	×
2.5.2	椭圆度	T、S	IEC 60245-2：1994	1.11	×	×
3	绝缘材料测试	T	IEC 62893-1：2017③	8.3.1	×	×
4	护套材料测试	T	IEC 62893-1：2017③	8.7.1	×	×
5	兼容性测试	T	IEC 62893-1：2017	见本标准附录 A	×	×
6	−35℃低温冲击测试④⑥	T	IEC 62893-2：2017	5.8	×	×
7	收缩试验	T	IEC 62893-1：2017	8.8.6	×	×
8	成品电缆机械强度					
8.1	弯曲试验后，进入水中并按照本表 1.3 节对线芯进行电压试验	T	IEC TS 62893-4-2	见本标准附录 C	×	×
9	抗压测试⑥	T	IEC 62893-2：2017	5.7	×	×
10	抗 UV/耐候性试验	T	IEC 62893-2：2017	5.2	×	×
11	耐化学品性能	T	IEC 62893-2：2017	5.3	×	×
12	火焰性能测试					
12.1	单根垂直燃烧测试⑥	T	IEC 60332-1-2		×	×
13	所有非金属材料卤素评估⑤	T、S	IEC 62821-1：2015	见本标准附录 B	×	—
14	冷却液兼容性测试	T	IEC TS 62893-4-2	见本标准附录 F	×	×
15	爆破压力试验					
15.1	室温下，最小值为 3 倍的最大工作压力	S	ISO 1402		×	×
15.2	最高温度下（90℃），最小值为 1.5 倍的最大工作压力	T	ISO 1402		×	×

注：T 为型式试验（Type tests）；S 为抽样试验（Sample tests）；×为适用；—为不适用。

① 所给顺序并不表示试验顺序。

② IEC 62893-1：2017 中表 4 第 6 列和 IEC 62893-1：2017/AMD1：2020 中表 4 第 6 列给出了有关试验条件和要求。

③ 本标准包括材料所有的试验方法和要求。试验材料取自成品电缆。

④ 一些国家因极端低温可能使用其他数据。

⑤ IEC 62893 系列中第 129 部分应符合 IEC 62893-1：2017 的 8.8.5 部分。

⑥ 电缆应该在没有液体冷体的情况下测试。

表 4-1-16 EN 50620：2019 电动汽车充电用电缆试验标准

序号	试验项目	试验类型	试验标准	试验要求	
				300/500V	450/750V
1	电气性能测试	T、S	EN 50395：2005 第5节		
1.1	导体电阻的测量				
1.1.1	试验结果，max			见 EN 60228：2005	见 EN 60228：2005
1.2	线芯电压试验	T、S	EN 50395：2005 第7节		
1.2.1	测试条件				
	—样品长度（m）			5	5
	—浸水最少时间（h）			1	1
	—水温（℃）			20±5	20±5
1.2.2	根据绝缘厚度施加电压				
	—0.6mm 及以下（V）			1500	2000
	—超过 0.6mm（V）			2000	2500
1.2.3	每次施加电压时持续时间（min）			5	5
1.2.4	测试结果			不击穿	不击穿
1.3	成品电缆电压测试	T、S	EN 50395：2005 第6节		
1.3.1	测试条件				
	—样品最小长度（m）			20	20
	—进入水中的最短时间（h）			1	1
	—水温（℃）			20±5	20±5
1.3.2	施加电压（V）			2500	3500
1.3.3	持续时间（min）			15	15
1.3.4	测试结果			不击穿	不击穿
1.4	绝缘无缺陷测试	R	EN 62230		
1.4.1	测试条件			见 EN 62230：2007	见 EN 62230：2007
1.4.2	测试结果			不击穿	不击穿
1.5	绝缘故障检查（耐压试验）	R	EN 50395：2005 第10.3节		
1.5.1	电压测试				
1.5.2	测试条件				
	根据绝缘厚度施加电压				
	—0.6mm 及以下（V）			1500	2000
	—超过 0.6mm（V）			2000	2500
1.5.3	持续时间（min）			5	5
1.5.4	测试结果			不击穿	不击穿

（续）

序号	试验项目	试验类型	试验标准	试验要求	
				300/500V	450/750V
1.6	绝缘电阻测试	T、S	EN 50395：2005 第8.1节		
1.6.1	20℃时电缆测试				
1.6.1.1	测试条件				
	—样品长度（m）			5	5
	—浸入水中的时间（h）			2	2
	—水温（℃）			20	20
1.6.1.2	测试结果（MΩ·km）			最小值见本标准表4a/b	最小值见本标准表4a/b
1.6.2	90℃绝缘电阻				
1.6.2.1	测试条件				
	—样品长度（m）			5	5
	—进入水中的时间（h）			2	2
	—水温（℃）			90	90
1.6.2.2	测试结果（MΩ·km）			最小值见本标准表4a/b	最小值见本标准表4a/b
1.7	护套表面电阻测试	T、S	EN 50395：2005 第11节		
1.7.1	测试条件				
	—施加电压（V）			100～500	100～500
	—持续时间（min）			1	1
1.7.2	测试结果（Ω）			≥10^9	≥10^9
1.8	CP线芯与所有动力线芯的电容		EN 50289-1-5：2001 第4.3.1节		
1.8.1	测试条件				
	—频率（kHz）			1	1
	—水温（℃）			60±5	60±5
1.8.2	测试结果（pF/m）			≤150	≤150
1.9	动力线芯长期直流耐压试验	T	EN 50395：2005 第9节		
1.9.1	测试条件				
	—样品长度（m）			5	5
	—持续时间（h）			240	240
	—水温（℃）			80±5	80±5
	—施加的直流电压（V）			600	900
1.9.2	测试结果			不击穿	不击穿

（续）

序号	试验项目	试验类型	试验标准	试验要求	
				300/500V	450/750V
2	结构和尺寸测试				
2.1	检查结构是否符合	T、S	人工检查	本标准第6节	本标准第6节
2.2	测量绝缘厚度	T、S	EN 50396：2005 第4.1节	见本标准表4a/b	见本标准表4a/b
2.3	测量护套厚度	T、S	EN 50396：2005 第4.2/4.3节	见本标准表4a/b	见本标准表4a/b
2.4	测量外径	T、S	EN 50396：2005 第4.4.1		
2.4.1	平均值（mm）	T、S	EN 50396：2005 第4.4.1节	见本标准表4a/b	见本标准表4a/b
2.4.2	椭圆度（%）	T、S	EN 50396：2005 第4.4.2节	15%	15%
3	绝缘材料测试	T	EN 50620：2019	见本标准表2	见本标准表2
4	护套材料测试	T	EN 50620：2019	见本标准表3	见本标准表3
5	护套耐N-乙二酸	T	EN 60811-404		
5.1	测试条件				
	—温度（℃）			23±5	23±5
	—持续时间（h）			168	168
5.2	测试结果				
	—抗张强度变化率（%）			最大±40%	最大±40%
	—断裂伸长率（%）			≥100	≥100
6	护套耐N-氢氧化钠	T	EN 60811-404		
6.1	测试条件				
	—温度（℃）			23±5	23±5
	—持续时间（h）			168	168
6.2	测试结果				
	—抗张强度变化率（%）			最大±40%	最大±40%
	—断裂伸长率变化率（%）			≥100	≥100
7	兼容性测试	T	EN 60811-401	见本标准附录A	见本标准附录A

（续）

序号	试验项目	试验类型	试验标准	试验要求	
				300/500V	450/750V
8	低温冲击测试　(-40±2)℃	T	见本标准附录C		
8.1	测试结果			不击穿	不击穿
9	低温弯曲试验，电缆外径≤12.5mm	T	EN 60811-504		
9.1	测试条件				
	—温度（℃）			-40±2	-40±2
	—持续时间（h）			16	16
9.2	测试结果			不击穿	不击穿
10	低温拉伸试验，电缆外径>12.5mm	T	EN 60811-504	见本标准表2/3	见本标准表2/3
11	成品电缆耐臭氧测试	T			
11.1	方法A		EN 60811-403		
11.1.1	测试条件				
	—温度（℃）			25±2	25±2
	—持续时间（h）			24	24
	臭氧浓度（体积）（%）			$(250 \sim 300) \times 10^{-4}$	$(250 \sim 300) \times 10^{-4}$
11.2	方法B		EN 50396：2005 第8.1.3节		
11.2.1	测试条件				
	—温度（℃）			40±2	40±2
	—相对湿度（%）			55±5	55±5
	—持续时间（h）			72	72
	臭氧浓度（体积）（%）			$(200 \pm 50) \times 10^{-6}$	$(200 \pm 50) \times 10^{-6}$
11.3	测试结果			不击穿	不击穿
12	抗UV/耐候性试验	T	见本标准附录F		
12.1	测试结果			不击穿	不击穿
13	成品电缆收缩试验		EN 60811-503		
13.1	测试条件				

（续）

序号	试验项目	试验类型	试验标准	试验要求	
				300/500V	450/750V
	—温度（℃）			120±5	120±5
	—持续时间（h）			1	1
	—样品长度（mm）			500±5	500±5
13.2	测试结果				
	收缩量（%）			最大3	最大3
14	火焰性能测试	T、S	EN 60332-1-2：2004/A1：2015		
14.1	测试结果			EN 60332-1-2：2004/A1：2015 见本标准附录A	EN 60332-1-2：2004/A1：2015 见本标准附录A
15	所有非金属材料卤素评估	T	EN 50525-1：2011 见本标准附录B		
15.1	测试结果①			EN 50525-1：2012 见本标准附录B	EN 50525-1：2012 见本标准附录B
16	成品电缆机械强度测试	T			
16.1	$4mm^2$及以下电缆进行曲挠测试，后浸入水中，对电缆进行2000V耐压测试		EN 50396：2005 第6.2节		
	—循环次数			30000	30000
16.1.1	测试结果			不击穿	不击穿
16.2	$4mm^2$以上电缆进行弯曲试验，后浸入水中，对电缆进行2000V耐压测试		ISO 14572：2011 第7.3节②		
	循环次数			5000	5000
16.2.1	测试结果			不击穿	不击穿
17	耐化学品性能	T	见本标准附录D		

① 要求电导率最大为40μS/mm；

② 其他试验标准需经制造方与买方协商。

1.2.2 产品国内外试验标准主要差异

充电桩电缆工作电压差异见表4-1-17。

表 4-1-17　充电桩电缆工作电压差异

标准	电压
GB/T 33594—2017	450/750V 及以下，DC 1kV 及以下
EN 50620：2019	300/500V，450/750V
IEC 62893-3：2017	300/500V，450/750V
IEC 62893-4-1：2020	0.6/1kV 及以下，DC 1.5kV
IEC TS 62893-4-2：2021	0.6/1kV 及以下，DC 1.5kV

从表 4-1-17 可知，国内交流电桩电缆和非液冷直流充电桩电缆电压比 IEC 标准稍低，欧洲标准目前只有交流充电桩电缆。此外，IEC TS 62893-4-2：2021 又多了液冷型充电桩电缆。

不同充电桩电缆绝缘和护套材料差异见表 4-1-18。

表 4-1-18　不同充电桩电缆绝缘和护套材料差异

标准	绝缘材料	护套材料
GB/T 33594—2017	TPE、EPR、hEPR 或类似合成橡胶	TPE、热固性弹性体、聚氨酯、交联聚烯烃或类似材料
EN 50620：2019	EVI-1、EVI-2	EVM-1、EVM-2
IEC 62893-3：2017	EVI-1、EVI-2	EVM-1、EVM-2、EVM-3
IEC 62893-4-1：2020	EVI-1、EVI-2	EVM-1、EVM-2、EVM-3
IEC TS 62893-4-2：2021	EVI-1、EVI-2	EVM-1、EVM-2、EVM-3

在 EN 50620：2019 和 IEC TS 62893 标准中，根据测试性能可知，EVI-1 绝缘材料为无卤交联材料，EVI-2 为热塑性无卤材料，EVM-1 为热塑性无卤护套材料（聚氨酯或类似材料），EVM-2 为热固性无卤护套材料（EVA、交联聚烯烃或类似材料），EVM-3 为热固性材料。

此外，国标充电桩电缆导体可以采用第 5 种或第 6 种导体，而欧标和 IEC 标准采用 5 类导体。

1.3　型号的选择

1.3.1　额定电压

电动汽车充电用电缆额定电压选择见表 4-1-19。

表 4-1-19　电动汽车充电用电缆额定电压

额定电压	产品种类
交流 0.6/1kV 及以下，直流 1.5kV 及以下	电动汽车充电用电缆

1.3.2　导体的选择

电动汽车充电用电缆导体应选用铜导体，其型号与标准见表4-1-20。

表4-1-20　电动汽车充电用电缆导体型号与标准

材　料	执行标准
第5种（或第6种）镀金属层或不镀金属层退火铜导体	GB/T 3956—2008
5类柔性铜导体	EN 60228：2005
5类导体TXR型镀锡圆铜线	IEC 60228：2023

1.3.3　绝缘和护套材料的选择

电动汽车充电用电缆绝缘和护套材料选择见表4-1-21。

表4-1-21　电动汽车充电用电缆绝缘和护套材料选择

绝缘材料代号	护套材料代号	温度/℃	
		导体最高连续工作温度	使用环境最低温度
S	S、F	+70	−25
S90	S90、U、F	+90	−40
E	U、F	+90	−40
EY	U、YJ	+90	−40
EVI-1、EVI-2	EVM-1、EVM-2	+90	−40
EVI-1、EVI-2	EVM-3	+90	−35

第2章　电缆价格

2.1　材料定额消耗核算方法

1. 导体单元的核算

非紧压绞合圆形导体：

$$W_{导体} = \frac{\pi d^2}{4}\rho n n_1 k k_1$$

紧压绞合圆形导体：

$$W_{导体} = \frac{\pi d^2}{4}\rho n n_1 k k_1 \frac{1}{\mu}$$

式中　$W_{导体}$——导体材料消耗（kg/km）；

d——单线直径（mm）；

n——导线根数；

n_1——电缆芯数；

k——导体平均绞入系数；

k_1——成缆绞入系数；

ρ——导体密度（g/cm^3）；

μ——紧压时单线的延伸系数。

2. 绝缘层（挤包）的核算

$$W_{绝缘} = \pi t(D_{前} + t)\rho n_1 k_1$$

式中　$W_{绝缘}$——绝缘材料消耗（kg/km）；

$D_{前}$——挤包前外径（mm）；

t——绝缘厚度（mm）；

n_1——电缆芯数；

k_1——成缆绞入系数；

ρ——绝缘密度（g/cm^3）。

3. 导体屏蔽层和绝缘屏蔽层的核算

$$W = \pi t(D_{前} + t)\rho n_1 k_1$$

式中　W——屏蔽材料消耗（kg/km）；

$D_{前}$——挤包前外径（mm）；

t——屏蔽层厚度（mm）；

n_1——电缆芯数；
k_1——成缆绞入系数；
ρ——所用材料密度（g/cm^3）。

4. 金属屏蔽层

节圆直径 D

$$D = D_m + 4d$$

式中　D——节圆直径（mm）；
D_m——编织前直径；
d——编织铜线的直径（mm）。

金属丝屏蔽单向覆盖系数 p

$$p = \frac{mnd}{\pi D}\sqrt{1 + \frac{\pi^2 D^2}{L^2}}$$

式中　p——单向覆盖系数；
m——编织机同一方向的锭数；
n——每锭的编织线根数；
d——编织铜线的直径（mm）；
D——编织层的节圆直径（mm）；
L——编织节距（mm）。

编织密度 P

$$P = (2p - p^2) \times 100$$

式中　P——编织层编织密度（%）；
p——单向覆盖系数。

编织目数 N

$$N = \frac{25.4m}{L}$$

式中　N——编织目数 N；
m——编织机同一方向的锭数；
25.4——1in 的公制长度（mm）。

编织用量 W

$$W = \frac{2mnd^2 \pi \rho k}{4\cos\left(\frac{\pi\alpha}{180}\right)}$$

式中　W——编织用量（kg/km）；
m——编织机同一方向的锭数；
n——每锭的编织线根数；
d——编织铜线的直径（mm）；

ρ——金属丝的密度（kg/m^3）；
k——考虑到金属丝交织时增加长度的交叉系数，其值为1.02；
α——编织角度；
180——编织导体缠绕半成品半圈的角度。

5. 成缆绕包单元的核算

绕包角度β

$$\beta = \arctan \frac{L}{\pi(D + t_1)}$$

式中　β——绕包角度；
L——绕包节距；
D——绕包前直径；
t_1——绕包带厚度。

绕包带搭盖率P

$$P = \left[1 - \pi(\sin\beta)\frac{D + t_1}{t_2}\right] \times 100\%$$

式中　P——绕包带搭盖率；
β——绕包角度；
D——绕包前直径；
t_1——绕包带厚度；
t_2——绕包带宽度。

绕包带用量W

$$W = \frac{\pi(D + 2t_1)t_1\rho}{1 - \frac{P}{100}}$$

式中　W——绕包带用量（kg/km）；
D——绕包前直径；
t_1——绕包带厚度；
ρ——绕包带的密度（kg/m^3）；
P——绕包带搭盖率。

6. 内护单元的核算（挤包）

$$W_{内护} = \pi t(D_{前} + t)\rho$$

式中　$W_{内护}$——内护材料消耗（kg/km）；
$D_{前}$——挤包前外径（mm）；
t——内护层厚度（mm）；
ρ——内护层密度（g/cm^3）。

7. 外护单元的核算

$$W_{外护} = \pi t(D_{前} + t)\rho$$

式中　$W_{外护}$——外护材料消耗（kg/km）；

$D_{前}$——挤包前外径（mm）；

t——护套厚度（mm）；

ρ——护套密度（g/cm^3）。

2.2　典型产品结构尺寸与材料消耗

电动汽车充电用电缆结构尺寸、材料消耗分别见表4-2-1和表4-2-2。

表4-2-1　电动汽车充电用电缆结构尺寸　（单位：mm）

型号	电压	规格	主绝缘线芯外径	接地线芯外径	辅助线芯外径	信号线芯外径	外护套厚度	参考外径
EV-RS90S90	450/750V	3×1.0	3.20	3.20	—	2.00	1.70	11.20
EV-RS90S90	450/750V	3×1.5	3.50	3.50	—	2.00	1.80	12.00
EV-RS90S90	450/750V	3×2.5	4.00	4.00	—	2.00	1.90	12.80
EV-RS90S90	450/750V	3×4.0	5.00	5.00	—	2.00	2.00	15.00
EV-RS90S90	450/750V	3×6.0	5.50	5.50	—	2.30	2.20	16.80
EV-RS90S90	450/750V	3×10.0	6.50	6.50	—	2.30	2.30	19.00
EV-RS90S90	450/750V	3×16.0	7.80	7.80	—	2.30	2.60	22.50
EV-RS90S90	450/750V	3×25.0	9.50	9.50	—	2.30	2.90	26.60
EV-RS90S90	450/750V	3×35.0	10.80	10.80	—	2.50	3.30	30.30
EV-RS90S90	450/750V	3×50.0	12.80	12.80	—	2.50	3.70	35.30
EV-RS90S90	450/750V	3×70.0	14.50	14.50	—	2.50	4.20	40.00
EV-RS90S90	450/750V	4×1.0	3.20	3.20	—	2.00	1.80	12.40
EV-RS90S90	450/750V	4×1.5	3.50	3.50	—	2.00	1.90	13.30
EV-RS90S90	450/750V	4×2.5	4.00	4.00	—	2.00	2.00	14.50
EV-RS90S90	450/750V	4×4.0	5.00	5.00	—	2.00	2.20	16.80
EV-RS90S90	450/750V	4×6.0	5.50	5.50	—	2.30	2.30	18.20
EV-RS90S90	450/750V	4×10.0	6.50	6.50	—	2.30	2.50	21.00
EV-RS90S90	450/750V	4×16.0	7.80	7.80	—	2.30	2.80	24.80
EV-RS90S90	450/750V	4×25.0	9.50	9.50	—	2.30	3.20	29.60
EV-RS90S90	450/750V	4×35.0	10.80	10.80	—	2.50	3.60	33.60
EV-RS90S90	450/750V	4×50.0	12.80	12.80	—	2.50	4.10	39.50
EV-RS90S90	450/750V	4×70.0	14.50	14.50	—	2.50	4.60	44.50
EV-RS90S90	450/750V	5×1.0	3.20	3.20	—	2.00	1.90	13.80
EV-RS90S90	450/750V	5×1.50	3.50	3.50	—	2.00	2.00	14.60
EV-RS90S90	450/750V	5×2.50	4.00	4.00	—	2.00	2.10	16.10
EV-RS90S90	450/750V	5×4.0	5.00	5.00	—	2.00	2.30	19.00
EV-RS90S90	450/750V	5×6.0	5.50	5.50	—	2.30	2.50	20.20

（续）

型号	电压	规格	主绝缘线芯外径	接地线芯外径	辅助线芯外径	信号线芯外径	外护套厚度	参考外径
EV-RS90S90	450/750V	5×10.0	6.50	6.50	—	2.30	2.70	23.50
EV-RS90S90	450/750V	5×16.0	7.80	7.80	—	2.30	3.00	27.50
EV-RS90S90	450/750V	5×25.0	9.50	9.50	—	2.30	3.60	33.20
EV-RS90S90	450/750V	5×35.0	10.80	10.80	—	2.50	3.90	37.50
EV-RS90S90	450/750V	5×50.0	12.80	12.80	—	2.50	4.50	44.00
EV-RS90S90	450/750V	5×70.0	14.50	14.50	—	2.50	5.00	49.50
EV-RS90S90	450/750V	3×1.0（P2）	3.20	3.20	—	2.00	1.70	12.50
EV-RS90S90	450/750V	3×1.5（P2）	3.50	3.50	—	2.00	1.80	13.30
EV-RS90S90	450/750V	3×2.5（P2）	4.00	4.00	—	2.00	1.90	14.00
EV-RS90S90	450/750V	3×4.0（P2）	5.00	5.00	—	2.00	2.00	16.10
EV-RS90S90	450/750V	3×6.0（P2）	5.50	5.50	—	2.30	2.20	17.60
EV-RS90S90	450/750V	3×10.0（P2）	6.50	6.50	—	2.30	2.30	19.70
EV-RS90S90	450/750V	3×16.0（P2）	7.80	7.80	—	2.30	2.60	22.80
EV-RS90S90	450/750V	3×25.0（P2）	9.50	9.50	—	2.30	2.90	26.80
EV-RS90S90	450/750V	3×35.0（P2）	10.80	10.80	—	2.50	3.30	30.20
EV-RS90S90	450/750V	3×50.0（P2）	12.80	12.80	—	2.50	3.70	35.30
EV-RS90S90	450/750V	3×70.0（P2）	14.50	14.50	—	2.50	4.20	40.00
EV-RS90S90	450/750V	4×1.0（P2）	3.20	3.20	—	2.00	1.80	13.30
EV-RS90S90	450/750V	4×1.5（P2）	3.50	3.50	—	2.00	1.90	14.10
EV-RS90S90	450/750V	4×2.5（P2）	4.00	4.00	—	2.00	2.00	15.40
EV-RS90S90	450/750V	4×4.0（P2）	5.00	5.00	—	2.00	2.20	18.00
EV-RS90S90	450/750V	4×6.0（P2）	5.50	5.50	—	2.30	2.30	19.40
EV-RS90S90	450/750V	4×10.0（P2）	6.50	6.50	—	2.30	2.50	22.00
EV-RS90S90	450/750V	4×16.0（P2）	7.80	7.80	—	2.30	2.80	25.50
EV-RS90S90	450/750V	4×25.0（P2）	9.50	9.50	—	2.30	3.20	30.00
EV-RS90S90	450/750V	4×35.0（P2）	10.80	10.80	—	2.50	3.60	34.00
EV-RS90S90	450/750V	4×50.0（P2）	12.80	12.80	—	2.50	4.10	39.40
EV-RS90S90	450/750V	4×70.0（P2）	14.50	14.50	—	2.50	4.60	44.50
EV-RS90S90	450/750V	5×1.0（P2）	3.20	3.20	—	2.00	1.90	14.50
EV-RS90S90	450/750V	5×1.50（P2）	3.50	3.50	—	2.00	2.00	15.30
EV-RS90S90	450/750V	5×2.50（P2）	4.00	4.00	—	2.00	2.10	16.80
EV-RS90S90	450/750V	5×4.0（P2）	5.00	5.00	—	2.00	2.30	19.80
EV-RS90S90	450/750V	5×6.0（P2）	5.50	5.50	—	2.30	2.50	21.60
EV-RS90S90	450/750V	5×10.0（P2）	6.50	6.50	—	2.30	2.70	24.50
EV-RS90S90	450/750V	5×16.0（P2）	7.80	7.80	—	2.30	3.00	28.40
EV-RS90S90	450/750V	5×25.0（P2）	9.50	9.50	—	2.30	3.60	33.90

（续）

型号	电压	规格	主绝缘线芯外径	接地线芯外径	辅助线芯外径	信号线芯外径	外护套厚度	参考外径
EV-RS90S90	450/750V	5×35.0（P2）	10.80	10.80	—	2.50	3.90	38.00
EV-RS90S90	450/750V	5×50.0（P2）	12.80	12.80	—	2.50	4.50	44.30
EV-RS90S90	450/750V	5×70.0（P2）	14.50	14.50	—	2.50	5.00	49.50
EV-RS90PS90	450/750V	3×1.0（P2）	3.20	3.20	—	2.00	1.80	13.20
EV-RS90PS90	450/750V	3×1.5（P2）	3.50	3.50	—	2.00	1.90	13.90
EV-RS90PS90	450/750V	3×2.5（P2）	4.00	4.00	—	2.00	2.00	15.00
EV-RS90PS90	450/750V	3×4.0（P2）	5.00	5.00	—	2.00	2.20	17.40
EV-RS90PS90	450/750V	3×6.0（P2）	5.50	5.50	—	2.30	2.30	18.80
EV-RS90PS90	450/750V	3×10.0（P2）	6.50	6.50	—	2.30	2.50	21.10
EV-RS90PS90	450/750V	3×16.0（P2）	7.80	7.80	—	2.30	2.70	24.00
EV-RS90PS90	450/750V	3×25.0（P2）	9.50	9.50	—	2.30	3.10	28.20
EV-RS90PS90	450/750V	3×35.0（P2）	10.80	10.80	—	2.50	3.50	31.70
EV-RS90PS90	450/750V	3×50.0（P2）	12.80	12.80	—	2.50	3.90	36.80
EV-RS90PS90	450/750V	3×70.0（P2）	14.50	14.50	—	2.50	4.40	41.70
EV-RS90PS90	450/750V	4×1.0（P2）	3.20	3.20	—	2.00	1.90	14.40
EV-RS90PS90	450/750V	4×1.5（P2）	3.50	3.50	—	2.00	2.00	15.00
EV-RS90PS90	450/750V	4×2.5（P2）	4.00	4.00	—	2.00	2.10	16.50
EV-RS90PS90	450/750V	4×4.0（P2）	5.00	5.00	—	2.00	2.30	19.00
EV-RS90PS90	450/750V	4×6.0（P2）	5.50	5.50	—	2.30	2.50	20.70
EV-RS90PS90	450/750V	4×10.0（P2）	6.50	6.50	—	2.30	2.70	23.30
EV-RS90PS90	450/750V	4×16.0（P2）	7.80	7.80	—	2.30	3.00	26.80
EV-RS90PS90	450/750V	4×25.0（P2）	9.50	9.50	—	2.30	3.40	31.40
EV-RS90PS90	450/750V	4×35.0（P2）	10.80	10.80	—	2.50	3.80	35.50
EV-RS90PS90	450/750V	4×50.0（P2）	12.80	12.80	—	2.50	4.30	41.10
EV-RS90PS90	450/750V	4×70.0（P2）	14.50	14.50	—	2.50	4.70	46.00
EV-RS90PS90	450/750V	5×1.0（P2）	3.20	3.20	—	2.00	2.00	15.60
EV-RS90PS90	450/750V	5×1.50（P2）	3.50	3.50	—	2.00	2.10	16.50
EV-RS90PS90	450/750V	5×2.50（P2）	4.00	4.00	—	2.00	2.20	17.90
EV-RS90PS90	450/750V	5×4.0（P2）	5.00	5.00	—	2.00	2.50	21.00
EV-RS90PS90	450/750V	5×6.0（P2）	5.50	5.50	—	2.30	2.60	22.70
EV-RS90PS90	450/750V	5×10.0（P2）	6.50	6.50	—	2.30	2.90	25.80
EV-RS90PS90	450/750V	5×16.0（P2）	7.80	7.80	—	2.30	3.20	30.00
EV-RS90PS90	450/750V	5×25.0（P2）	9.50	9.50	—	2.30	3.70	35.20
EV-RS90PS90	450/750V	5×35.0（P2）	10.80	10.80	—	2.50	4.10	39.50
EV-RS90PS90	450/750V	5×50.0（P2）	12.80	12.80	—	2.50	4.60	45.80
EV-RS90PS90	450/750V	5×70.0（P2）	14.50	14.50	—	2.50	5.20	51.20

（续）

型号	电压	规格	主绝缘线芯外径	接地线芯外径	辅助线芯外径	信号线芯外径	外护套厚度	参考外径
EV-RS90U	450/750V	3×1.0	3.20	3.20	—	2.00	1.00	9.80
EV-RS90U	450/750V	3×1.5	3.50	3.50	—	2.00	1.10	10.50
EV-RS90U	450/750V	3×2.5	4.00	4.00	—	2.00	1.10	11.50
EV-RS90U	450/750V	3×4.0	5.00	5.00	—	2.00	1.20	13.50
EV-RS90U	450/750V	3×6.0	5.50	5.50	—	2.30	1.30	14.80
EV-RS90U	450/750V	3×10.0	6.50	6.50	—	2.30	1.40	17.20
EV-RS90U	450/750V	3×16.0	7.80	7.80	—	2.30	1.60	20.50
EV-RS90U	450/750V	3×25.0	9.50	9.50	—	2.30	1.70	24.50
EV-RS90U	450/750V	3×35.0	10.80	10.80	—	2.50	2.00	27.80
EV-RS90U	450/750V	3×50.0	12.80	12.80	—	2.50	2.20	32.50
EV-RS90U	450/750V	3×70.0	14.50	14.50	—	2.50	2.50	36.50
EV-RS90U	450/750V	4×1.0	3.20	3.20	—	2.00	1.10	11.00
EV-RS90U	450/750V	4×1.5	3.50	3.50	—	2.00	1.10	11.60
EV-RS90U	450/750V	4×2.5	4.00	4.00	—	2.00	1.20	13.00
EV-RS90U	450/750V	4×4.0	5.00	5.00	—	2.00	1.30	15.00
EV-RS90U	450/750V	4×6.0	5.50	5.50	—	2.30	1.40	16.50
EV-RS90U	450/750V	4×10.0	6.50	6.50	—	2.30	1.50	19.00
EV-RS90U	450/750V	4×16.0	7.80	7.80	—	2.30	1.70	22.50
EV-RS90U	450/750V	4×25.0	9.50	9.50	—	2.30	1.90	27.00
EV-RS90U	450/750V	4×35.0	10.80	10.80	—	2.50	2.20	30.80
EV-RS90U	450/750V	4×50.0	12.80	12.80	—	2.50	2.50	36.20
EV-RS90U	450/750V	4×70.0	14.50	14.50	—	2.50	2.80	41.00
EV-RS90U	450/750V	5×1.0	3.20	3.20	—	2.00	1.10	12.00
EV-RS90U	450/750V	5×1.50	3.50	3.50	—	2.00	1.20	13.00
EV-RS90U	450/750V	5×2.50	4.00	4.00	—	2.00	1.30	14.50
EV-RS90U	450/750V	5×4.0	5.00	5.00	—	2.00	1.40	17.20
EV-RS90U	450/750V	5×6.0	5.50	5.50	—	2.30	1.50	18.20
EV-RS90U	450/750V	5×10.0	6.50	6.50	—	2.30	1.60	21.00
EV-RS90U	450/750V	5×16.0	7.80	7.80	—	2.30	1.80	25.00
EV-RS90U	450/750V	5×25.0	9.50	9.50	—	2.30	2.20	30.50
EV-RS90U	450/750V	5×35.0	10.80	10.80	—	2.50	2.30	34.20
EV-RS90U	450/750V	5×50.0	12.80	12.80	—	2.50	2.70	40.30
EV-RS90U	450/750V	5×70.0	14.50	14.50	—	2.50	3.00	45.50
EV-RS90U	450/750V	3×1.0（P2）	3.20	3.20	—	2.00	1.00	11.00
EV-RS90U	450/750V	3×1.5（P2）	3.50	3.50	—	2.00	1.10	11.60
EV-RS90U	450/750V	3×2.5（P2）	4.00	4.00	—	2.00	1.10	12.50

（续）

型号	电压	规格	主绝缘线芯外径	接地线芯外径	辅助线芯外径	信号线芯外径	外护套厚度	参考外径
EV-RS90U	450/750V	3×4.0（P2）	5.00	5.00	—	2.00	1.20	14.50
EV-RS90U	450/750V	3×6.0（P2）	5.50	5.50	—	2.30	1.30	15.80
EV-RS90U	450/750V	3×10.0（P2）	6.50	6.50	—	2.30	1.40	18.00
EV-RS90U	450/750V	3×16.0（P2）	7.80	7.80	—	2.30	1.60	20.80
EV-RS90U	450/750V	3×25.0（P2）	9.50	9.50	—	2.30	1.70	24.30
EV-RS90U	450/750V	3×35.0（P2）	10.80	10.80	—	2.50	2.00	27.60
EV-RS90U	450/750V	3×50.0（P2）	12.80	12.80	—	2.50	2.20	32.30
EV-RS90U	450/750V	3×70.0（P2）	14.50	14.50	—	2.50	2.50	36.50
EV-RS90U	450/750V	4×1.0（P2）	3.20	3.20	—	2.00	1.10	12.00
EV-RS90U	450/750V	4×1.5（P2）	3.50	3.50	—	2.00	1.10	12.50
EV-RS90U	450/750V	4×2.5（P2）	4.00	4.00	—	2.00	1.20	13.80
EV-RS90U	450/750V	4×4.0（P2）	5.00	5.00	—	2.00	1.30	16.20
EV-RS90U	450/750V	4×6.0（P2）	5.50	5.50	—	2.30	1.40	17.60
EV-RS90U	450/750V	4×10.0（P2）	6.50	6.50	—	2.30	1.50	20.00
EV-RS90U	450/750V	4×16.0（P2）	7.80	7.80	—	2.30	1.70	23.30
EV-RS90U	450/750V	4×25.0（P2）	9.50	9.50	—	2.30	1.90	27.50
EV-RS90U	450/750V	4×35.0（P2）	10.80	10.80	—	2.50	2.20	31.20
EV-RS90U	450/750V	4×50.0（P2）	12.80	12.80	—	2.50	2.50	36.20
EV-RS90U	450/750V	4×70.0（P2）	14.50	14.50	—	2.50	2.80	41.00
EV-RS90U	450/750V	5×1.0（P2）	3.20	3.20	—	2.00	1.10	13.00
EV-RS90U	450/750V	5×1.50（P2）	3.50	3.50	—	2.00	1.20	13.80
EV-RS90U	450/750V	5×2.50（P2）	4.00	4.00	—	2.00	1.30	15.20
EV-RS90U	450/750V	5×4.0（P2）	5.00	5.00	—	2.00	1.40	18.00
EV-RS90U	450/750V	5×6.0（P2）	5.50	5.50	—	2.30	1.50	19.60
EV-RS90U	450/750V	5×10.0（P2）	6.50	6.50	—	2.30	1.60	22.30
EV-RS90U	450/750V	5×16.0（P2）	7.80	7.80	—	2.30	1.80	26.00
EV-RS90U	450/750V	5×25.0（P2）	9.50	9.50	—	2.30	2.20	31.00
EV-RS90U	450/750V	5×35.0（P2）	10.80	10.80	—	2.50	2.30	34.80
EV-RS90U	450/750V	5×50.0（P2）	12.80	12.80	—	2.50	2.70	40.70
EV-RS90U	450/750V	5×70.0（P2）	14.50	14.50	—	2.50	3.00	45.50
EV-RS90PU	450/750V	3×1.0（P2）	3.20	3.20	—	2.00	1.10	11.80
EV-RS90PU	450/750V	3×1.5（P2）	3.50	3.50	—	2.00	1.10	12.30
EV-RS90PU	450/750V	3×2.5（P2）	4.00	4.00	—	2.00	1.20	13.50
EV-RS90PU	450/750V	3×4.0（P2）	5.00	5.00	—	2.00	1.30	15.60
EV-RS90PU	450/750V	3×6.0（P2）	5.50	5.50	—	2.30	1.40	17.00
EV-RS90PU	450/750V	3×10.0（P2）	6.50	6.50	—	2.30	1.50	19.00

（续）

型号	电压	规格	主绝缘线芯外径	接地线芯外径	辅助线芯外径	信号线芯外径	外护套厚度	参考外径
EV-RS90PU	450/750V	3×16.0（P2）	7.80	7.80	—	2.30	1.60	21.80
EV-RS90PU	450/750V	3×25.0（P2）	9.50	9.50	—	2.30	1.90	25.80
EV-RS90PU	450/750V	3×35.0（P2）	10.80	10.80	—	2.50	2.10	29.00
EV-RS90PU	450/750V	3×50.0（P2）	12.80	12.80	—	2.50	2.30	33.60
EV-RS90PU	450/750V	3×70.0（P2）	14.50	14.50	—	2.50	2.60	38.00
EV-RS90PU	450/750V	4×1.0（P2）	3.20	3.20	—	2.00	1.10	12.60
EV-RS90PU	450/750V	4×1.5（P2）	3.50	3.50	—	2.00	1.20	13.50
EV-RS90PU	450/750V	4×2.5（P2）	4.00	4.00	—	2.00	1.30	15.00
EV-RS90PU	450/750V	4×4.0（P2）	5.00	5.00	—	2.00	1.40	17.20
EV-RS90PU	450/750V	4×6.0（P2）	5.50	5.50	—	2.30	1.50	18.80
EV-RS90PU	450/750V	4×10.0（P2）	6.50	6.50	—	2.30	1.60	21.00
EV-RS90PU	450/750V	4×16.0（P2）	7.80	7.80	—	2.30	1.80	24.50
EV-RS90PU	450/750V	4×25.0（P2）	9.50	9.50	—	2.30	2.00	28.60
EV-RS90PU	450/750V	4×35.0（P2）	10.80	10.80	—	2.50	2.30	32.50
EV-RS90PU	450/750V	4×50.0（P2）	12.80	12.80	—	2.50	2.60	37.70
EV-RS90PU	450/750V	4×70.0（P2）	14.50	14.50	—	2.50	2.80	42.20
EV-RS90PU	450/750V	5×1.0（P2）	3.20	3.20	—	2.00	1.20	14.00
EV-RS90PU	450/750V	5×1.50（P2）	3.50	3.50	—	2.00	1.30	15.00
EV-RS90PU	450/750V	5×2.50（P2）	4.00	4.00	—	2.00	1.30	16.00
EV-RS90PU	450/750V	5×4.0（P2）	5.00	5.00	—	2.00	1.50	19.00
EV-RS90PU	450/750V	5×6.0（P2）	5.50	5.50	—	2.30	1.60	20.70
EV-RS90PU	450/750V	5×10.0（P2）	6.50	6.50	—	2.30	1.70	23.50
EV-RS90PU	450/750V	5×16.0（P2）	7.80	7.80	—	2.30	1.90	27.30
EV-RS90PU	450/750V	5×25.0（P2）	9.50	9.50	—	2.30	2.20	32.20
EV-RS90PU	450/750V	5×35.0（P2）	10.80	10.80	—	2.50	2.50	36.30
EV-RS90PU	450/750V	5×50.0（P2）	12.80	12.80	—	2.50	2.80	42.20
EV-RS90PU	450/750V	5×70.0（P2）	14.50	14.50	—	2.50	3.10	47.00
EV-REYJ	450/750V	3×1.0	3.20	3.20	—	2.00	1.70	11.00
EV-REYJ	450/750V	3×1.5	3.50	3.50	—	2.00	1.80	11.50
EV-REYJ	450/750V	3×2.5	4.00	4.00	—	2.00	1.90	12.60
EV-REYJ	450/750V	3×4.0	5.00	5.00	—	2.00	2.00	15.00
EV-REYJ	450/750V	3×6.0	5.50	5.50	—	2.30	2.20	16.20
EV-REYJ	450/750V	3×10.0	6.50	6.50	—	2.30	2.30	18.80
EV-REYJ	450/750V	3×16.0	7.80	7.80	—	2.30	2.60	22.00
EV-REYJ	450/750V	3×25.0	9.50	9.50	—	2.30	2.90	26.50
EV-REYJ	450/750V	3×35.0	10.80	10.80	—	2.50	3.30	29.80

（续）

型号	电压	规格	主绝缘线芯外径	接地线芯外径	辅助线芯外径	信号线芯外径	外护套厚度	参考外径
EV-REYJ	450/750V	3×50.0	12.80	12.80	—	2.50	3.70	35.00
EV-REYJ	450/750V	3×70.0	14.50	14.50	—	2.50	4.20	39.50
EV-REYJ	450/750V	4×1.0	3.20	3.20	—	2.00	1.80	12.20
EV-REYJ	450/750V	4×1.5	3.50	3.50	—	2.00	1.90	13.00
EV-REYJ	450/750V	4×2.5	4.00	4.00	—	2.00	2.00	14.30
EV-REYJ	450/750V	4×4.0	5.00	5.00	—	2.00	2.20	16.50
EV-REYJ	450/750V	4×6.0	5.50	5.50	—	2.30	2.30	18.00
EV-REYJ	450/750V	4×10.0	6.50	6.50	—	2.30	2.50	20.80
EV-REYJ	450/750V	4×16.0	7.80	7.80	—	2.30	2.80	24.50
EV-REYJ	450/750V	4×25.0	9.50	9.50	—	2.30	3.20	29.50
EV-REYJ	450/750V	4×35.0	10.80	10.80	—	2.50	3.60	33.20
EV-REYJ	450/750V	4×50.0	12.80	12.80	—	2.50	4.10	39.00
EV-REYJ	450/750V	4×70.0	14.50	14.50	—	2.50	4.60	44.00
EV-REYJ	450/750V	5×1.0	3.20	3.20	—	2.00	1.90	13.50
EV-REYJ	450/750V	5×1.50	3.50	3.50	—	2.00	2.00	14.50
EV-REYJ	450/750V	5×2.50	4.00	4.00	—	2.00	2.10	16.00
EV-REYJ	450/750V	5×4.0	5.00	5.00	—	2.00	2.30	18.80
EV-REYJ	450/750V	5×6.0	5.50	5.50	—	2.30	2.50	19.80
EV-REYJ	450/750V	5×10.0	6.50	6.50	—	2.30	2.70	23.20
EV-REYJ	450/750V	5×16.0	7.80	7.80	—	2.30	3.00	27.20
EV-REYJ	450/750V	5×25.0	9.50	9.50	—	2.30	3.60	32.80
EV-REYJ	450/750V	5×35.0	10.80	10.80	—	2.50	3.90	37.00
EV-REYJ	450/750V	5×50.0	12.80	12.80	—	2.50	4.50	43.30
EV-REYJ	450/750V	5×70.0	14.50	14.50	—	2.50	5.00	49.20
EV-REYJ	450/750V	3×1.0（P2）	3.20	3.20	—	2.00	1.70	12.30
EV-REYJ	450/750V	3×1.5（P2）	3.50	3.50	—	2.00	1.80	12.80
EV-REYJ	450/750V	3×2.5（P2）	4.00	4.00	—	2.00	1.90	13.80
EV-REYJ	450/750V	3×4.0（P2）	5.00	5.00	—	2.00	2.00	16.00
EV-REYJ	450/750V	3×6.0（P2）	5.50	5.50	—	2.30	2.20	17.20
EV-REYJ	450/750V	3×10.0（P2）	6.50	6.50	—	2.30	2.30	19.50
EV-REYJ	450/750V	3×16.0（P2）	7.80	7.80	—	2.30	2.60	22.60
EV-REYJ	450/750V	3×25.0（P2）	9.50	9.50	—	2.30	2.90	26.50
EV-REYJ	450/750V	3×35.0（P2）	10.80	10.80	—	2.50	3.30	29.80
EV-REYJ	450/750V	3×50.0（P2）	12.80	12.80	—	2.50	3.70	35.00
EV-REYJ	450/750V	3×70.0（P2）	14.50	14.50	—	2.50	4.20	39.50
EV-REYJ	450/750V	4×1.0（P2）	3.20	3.20	—	2.00	1.80	13.20

（续）

型号	电压	规格	主绝缘线芯外径	接地线芯外径	辅助线芯外径	信号线芯外径	外护套厚度	参考外径
EV-REYJ	450/750V	4×1.5（P2）	3.50	3.50	—	2.00	1.90	14.00
EV-REYJ	450/750V	4×2.5（P2）	4.00	4.00	—	2.00	2.00	15.20
EV-REYJ	450/750V	4×4.0（P2）	5.00	5.00	—	2.00	2.20	17.50
EV-REYJ	450/750V	4×6.0（P2）	5.50	5.50	—	2.30	2.30	19.20
EV-REYJ	450/750V	4×10.0（P2）	6.50	6.50	—	2.30	2.50	21.80
EV-REYJ	450/750V	4×16.0（P2）	7.80	7.80	—	2.30	2.80	25.30
EV-REYJ	450/750V	4×25.0（P2）	9.50	9.50	—	2.30	3.20	30.00
EV-REYJ	450/750V	4×35.0（P2）	10.80	10.80	—	2.50	3.60	33.60
EV-REYJ	450/750V	4×50.0（P2）	12.80	12.80	—	2.50	4.10	39.00
EV-REYJ	450/750V	4×70.0（P2）	14.50	14.50	—	2.50	4.60	44.00
EV-REYJ	450/750V	5×1.0（P2）	3.20	3.20	—	2.00	1.90	14.30
EV-REYJ	450/750V	5×1.50（P2）	3.50	3.50	—	2.00	2.00	15.20
EV-REYJ	450/750V	5×2.50（P2）	4.00	4.00	—	2.00	2.10	16.60
EV-REYJ	450/750V	5×4.0（P2）	5.00	5.00	—	2.00	2.30	19.50
EV-REYJ	450/750V	5×6.0（P2）	5.50	5.50	—	2.30	2.50	21.20
EV-REYJ	450/750V	5×10.0（P2）	6.50	6.50	—	2.30	2.70	24.30
EV-REYJ	450/750V	5×16.0（P2）	7.80	7.80	—	2.30	3.00	28.20
EV-REYJ	450/750V	5×25.0（P2）	9.50	9.50	—	2.30	3.60	33.50
EV-REYJ	450/750V	5×35.0（P2）	10.80	10.80	—	2.50	3.90	37.60
EV-REYJ	450/750V	5×50.0（P2）	12.80	12.80	—	2.50	4.50	43.80
EV-REYJ	450/750V	5×70.0（P2）	14.50	14.50	—	2.50	5.00	49.20
EV-REPYJ	450/750V	3×1.0（P2）	3.20	3.20	—	2.00	1.80	13.20
EV-REPYJ	450/750V	3×1.5（P2）	3.50	3.50	—	2.00	1.90	14.00
EV-REPYJ	450/750V	3×2.5（P2）	4.00	4.00	—	2.00	2.00	14.80
EV-REPYJ	450/750V	3×4.0（P2）	5.00	5.00	—	2.00	2.20	17.20
EV-REPYJ	450/750V	3×6.0（P2）	5.50	5.50	—	2.30	2.30	18.50
EV-REPYJ	450/750V	3×10.0（P2）	6.50	6.50	—	2.30	2.50	21.00
EV-REPYJ	450/750V	3×16.0（P2）	7.80	7.80	—	2.30	2.70	23.70
EV-REPYJ	450/750V	3×25.0（P2）	9.50	9.50	—	2.30	3.10	28.00
EV-REPYJ	450/750V	3×35.0（P2）	10.80	10.80	—	2.50	3.50	32.00
EV-REPYJ	450/750V	3×50.0（P2）	12.80	12.80	—	2.50	3.90	36.50
EV-REPYJ	450/750V	3×70.0（P2）	14.50	14.50	—	2.50	4.40	42.00
EV-REPYJ	450/750V	4×1.0（P2）	3.20	3.20	—	2.00	1.90	14.20
EV-REPYJ	450/750V	4×1.5（P2）	3.50	3.50	—	2.00	2.00	14.80
EV-REPYJ	450/750V	4×2.5（P2）	4.00	4.00	—	2.00	2.10	16.50
EV-REPYJ	450/750V	4×4.0（P2）	5.00	5.00	—	2.00	2.30	18.80

（续）

型号	电压	规格	主绝缘线芯外径	接地线芯外径	辅助线芯外径	信号线芯外径	外护套厚度	参考外径
EV-REPYJ	450/750V	4×6.0（P2）	5.50	5.50	—	2.30	2.50	20.30
EV-REPYJ	450/750V	4×10.0（P2）	6.50	6.50	—	2.30	2.70	23.00
EV-REPYJ	450/750V	4×16.0（P2）	7.80	7.80	—	2.30	3.00	26.40
EV-REPYJ	450/750V	4×25.0（P2）	9.50	9.50	—	2.30	3.40	31.20
EV-REPYJ	450/750V	4×35.0（P2）	10.80	10.80	—	2.50	3.80	35.00
EV-REPYJ	450/750V	4×50.0（P2）	12.80	12.80	—	2.50	4.30	40.70
EV-REPYJ	450/750V	4×70.0（P2）	14.50	14.50	—	2.50	4.70	45.80
EV-REPYJ	450/750V	5×1.0（P2）	3.20	3.20	—	2.00	2.00	15.60
EV-REPYJ	450/750V	5×1.50（P2）	3.50	3.50	—	2.00	2.10	16.50
EV-REPYJ	450/750V	5×2.50（P2）	4.00	4.00	—	2.00	2.20	18.00
EV-REPYJ	450/750V	5×4.0（P2）	5.00	5.00	—	2.00	2.50	20.60
EV-REPYJ	450/750V	5×6.0（P2）	5.50	5.50	—	2.30	2.60	22.50
EV-REPYJ	450/750V	5×10.0（P2）	6.50	6.50	—	2.30	2.90	25.50
EV-REPYJ	450/750V	5×16.0（P2）	7.80	7.80	—	2.30	3.20	29.50
EV-REPYJ	450/750V	5×25.0（P2）	9.50	9.50	—	2.30	3.70	35.00
EV-REPYJ	450/750V	5×35.0（P2）	10.80	10.80	—	2.50	4.10	39.00
EV-REPYJ	450/750V	5×50.0（P2）	12.80	12.80	—	2.50	4.60	45.50
EV-REPYJ	450/750V	5×70.0（P2）	14.50	14.50	—	2.50	5.20	50.80
EV-REU	450/750V	3×1.0（P2）	3.20	3.20	—	2.00	1.00	9.80
EV-REU	450/750V	3×1.5（P2）	3.50	3.50	—	2.00	1.10	10.50
EV-REU	450/750V	3×2.5（P2）	4.00	4.00	—	2.00	1.10	11.50
EV-REU	450/750V	3×4.0（P2）	5.00	5.00	—	2.00	1.20	13.50
EV-REU	450/750V	3×6.0（P2）	5.50	5.50	—	2.30	1.30	14.80
EV-REU	450/750V	3×10.0（P2）	6.50	6.50	—	2.30	1.40	17.20
EV-REU	450/750V	3×16.0（P2）	7.80	7.80	—	2.30	1.60	20.50
EV-REU	450/750V	3×25.0（P2）	9.50	9.50	—	2.30	1.70	24.50
EV-REU	450/750V	3×35.0（P2）	10.80	10.80	—	2.50	2.00	27.80
EV-REU	450/750V	3×50.0（P2）	12.80	12.80	—	2.50	2.20	32.50
EV-REU	450/750V	3×70.0（P2）	14.50	14.50	—	2.50	2.50	36.50
EV-REU	450/750V	4×1.0	3.20	3.20	—	2.00	1.10	11.00
EV-REU	450/750V	4×1.5	3.50	3.50	—	2.00	1.10	11.60
EV-REU	450/750V	4×2.5	4.00	4.00	—	2.00	1.20	13.00
EV-REU	450/750V	4×4.0	5.00	5.00	—	2.00	1.30	15.00
EV-REU	450/750V	4×6.0	5.50	5.50	—	2.30	1.40	16.50
EV-REU	450/750V	4×10.0	6.50	6.50	—	2.30	1.50	19.00
EV-REU	450/750V	4×16.0	7.80	7.80	—	2.30	1.70	22.50

（续）

型号	电压	规格	主绝缘线芯外径	接地线芯外径	辅助线芯外径	信号线芯外径	外护套厚度	参考外径
EV-REU	450/750V	4×25.0	9.50	9.50	—	2.30	1.90	27.00
EV-REU	450/750V	4×35.0	10.80	10.80	—	2.50	2.20	30.80
EV-REU	450/750V	4×50.0	12.80	12.80	—	2.50	2.50	36.20
EV-REU	450/750V	4×70.0	14.50	14.50	—	2.50	2.80	41.00
EV-REU	450/750V	5×1.0	3.20	3.20	—	2.00	1.10	12.00
EV-REU	450/750V	5×1.50	3.50	3.50	—	2.00	1.20	13.00
EV-REU	450/750V	5×2.50	4.00	4.00	—	2.00	1.30	14.50
EV-REU	450/750V	5×4.0	5.00	5.00	—	2.00	1.40	17.20
EV-REU	450/750V	5×6.0	5.50	5.50	—	2.30	1.50	18.20
EV-REU	450/750V	5×10.0	6.50	6.50	—	2.30	1.60	21.00
EV-REU	450/750V	5×16.0	7.80	7.80	—	2.30	1.80	25.00
EV-REU	450/750V	5×25.0	9.50	9.50	—	2.30	2.20	30.50
EV-REU	450/750V	5×35.0	10.80	10.80	—	2.50	2.30	34.20
EV-REU	450/750V	5×50.0	12.80	12.80	—	2.50	2.70	40.30
EV-REU	450/750V	5×70.0	14.50	14.50	—	2.50	3.00	45.50
EV-REU	450/750V	3×1.0（P2）	3.20	3.20	—	2.00	1.00	11.00
EV-REU	450/750V	3×1.5（P2）	3.50	3.50	—	2.00	1.10	11.60
EV-REU	450/750V	3×2.5（P2）	4.00	4.00	—	2.00	1.10	12.50
EV-REU	450/750V	3×4.0（P2）	5.00	5.00	—	2.00	1.20	14.50
EV-REU	450/750V	3×6.0（P2）	5.50	5.50	—	2.30	1.30	15.80
EV-REU	450/750V	3×10.0（P2）	6.50	6.50	—	2.30	1.40	18.00
EV-REU	450/750V	3×16.0（P2）	7.80	7.80	—	2.30	1.60	20.80
EV-REU	450/750V	3×25.0（P2）	9.50	9.50	—	2.30	1.70	24.30
EV-REU	450/750V	3×35.0（P2）	10.80	10.80	—	2.50	2.00	27.60
EV-REU	450/750V	3×50.0（P2）	12.80	12.80	—	2.50	2.20	32.30
EV-REU	450/750V	3×70.0（P2）	14.50	14.50	—	2.50	2.50	36.50
EV-REU	450/750V	4×1.0（P2）	3.20	3.20	—	2.00	1.10	12.00
EV-REU	450/750V	4×1.5（P2）	3.50	3.50	—	2.00	1.10	12.50
EV-REU	450/750V	4×2.5（P2）	4.00	4.00	—	2.00	1.20	13.80
EV-REU	450/750V	4×4.0（P2）	5.00	5.00	—	2.00	1.30	16.20
EV-REU	450/750V	4×6.0（P2）	5.50	5.50	—	2.30	1.40	17.60
EV-REU	450/750V	4×10.0（P2）	6.50	6.50	—	2.30	1.50	20.00
EV-REU	450/750V	4×16.0（P2）	7.80	7.80	—	2.30	1.70	23.30
EV-REU	450/750V	4×25.0（P2）	9.50	9.50	—	2.30	1.90	27.50
EV-REU	450/750V	4×35.0（P2）	10.80	10.80	—	2.50	2.20	31.20
EV-REU	450/750V	4×50.0（P2）	12.80	12.80	—	2.50	2.50	36.20

（续）

型号	电压	规格	主绝缘线芯外径	接地线芯外径	辅助线芯外径	信号线芯外径	外护套厚度	参考外径
EV-REU	450/750V	4×70.0（P2）	14.50	14.50	—	2.50	2.80	41.00
EV-REU	450/750V	5×1.0（P2）	3.20	3.20	—	2.00	1.10	13.00
EV-REU	450/750V	5×1.50（P2）	3.50	3.50	—	2.00	1.20	13.80
EV-REU	450/750V	5×2.50（P2）	4.00	4.00	—	2.00	1.30	15.20
EV-REU	450/750V	5×4.0（P2）	5.00	5.00	—	2.00	1.40	18.00
EV-REU	450/750V	5×6.0（P2）	5.50	5.50	—	2.30	1.50	19.60
EV-REU	450/750V	5×10.0（P2）	6.50	6.50	—	2.30	1.60	22.30
EV-REU	450/750V	5×16.0（P2）	7.80	7.80	—	2.30	1.80	26.00
EV-REU	450/750V	5×25.0（P2）	9.50	9.50	—	2.30	2.20	31.00
EV-REU	450/750V	5×35.0（P2）	10.80	10.80	—	2.50	2.30	34.80
EV-REU	450/750V	5×50.0（P2）	12.80	12.80	—	2.50	2.70	40.70
EV-REU	450/750V	5×70.0（P2）	14.50	14.50	—	2.50	3.00	45.50
EV-REPU	450/750V	3×1.0（P2）	3.20	3.20	—	2.00	1.10	11.80
EV-REPU	450/750V	3×1.5（P2）	3.50	3.50	—	2.00	1.10	12.30
EV-REPU	450/750V	3×2.5（P2）	4.00	4.00	—	2.00	1.20	13.50
EV-REPU	450/750V	3×4.0（P2）	5.00	5.00	—	2.00	1.30	15.60
EV-REPU	450/750V	3×6.0（P2）	5.50	5.50	—	2.30	1.40	17.00
EV-REPU	450/750V	3×10.0（P2）	6.50	6.50	—	2.30	1.50	19.00
EV-REPU	450/750V	3×16.0（P2）	7.80	7.80	—	2.30	1.60	21.80
EV-REPU	450/750V	3×25.0（P2）	9.50	9.50	—	2.30	1.90	25.80
EV-REPU	450/750V	3×35.0（P2）	10.80	10.80	—	2.50	2.10	29.00
EV-REPU	450/750V	3×50.0（P2）	12.80	12.80	—	2.50	2.30	33.60
EV-REPU	450/750V	3×70.0（P2）	14.50	14.50	—	2.50	2.60	38.00
EV-REPU	450/750V	4×1.0（P2）	3.20	3.20	—	2.00	1.10	12.60
EV-REPU	450/750V	4×1.5（P2）	3.50	3.50	—	2.00	1.20	13.50
EV-REPU	450/750V	4×2.5（P2）	4.00	4.00	—	2.00	1.30	15.00
EV-REPU	450/750V	4×4.0（P2）	5.00	5.00	—	2.00	1.40	17.20
EV-REPU	450/750V	4×6.0（P2）	5.50	5.50	—	2.30	1.50	18.80
EV-REPU	450/750V	4×10.0（P2）	6.50	6.50	—	2.30	1.60	21.00
EV-REPU	450/750V	4×16.0（P2）	7.80	7.80	—	2.30	1.80	24.50
EV-REPU	450/750V	4×25.0（P2）	9.50	9.50	—	2.30	2.00	28.60
EV-REPU	450/750V	4×35.0（P2）	10.80	10.80	—	2.50	2.30	32.50
EV-REPU	450/750V	4×50.0（P2）	12.80	12.80	—	2.50	2.60	37.70
EV-REPU	450/750V	4×70.0（P2）	14.50	14.50	—	2.50	2.80	42.20
EV-REPU	450/750V	5×1.0（P2）	3.20	3.20	—	2.00	1.20	14.00
EV-REPU	450/750V	5×1.50（P2）	3.50	3.50	—	2.00	1.30	15.00

（续）

型号	电压	规格	主绝缘线芯外径	接地线芯外径	辅助线芯外径	信号线芯外径	外护套厚度	参考外径
EV-REPU	450/750V	5×2.50（P2）	4.00	4.00	—	2.00	1.30	16.00
EV-REPU	450/750V	5×4.0（P2）	5.00	5.00	—	2.00	1.50	19.00
EV-REPU	450/750V	5×6.0（P2）	5.50	5.50	—	2.30	1.60	20.70
EV-REPU	450/750V	5×10.0（P2）	6.50	6.50	—	2.30	1.70	23.50
EV-REPU	450/750V	5×16.0（P2）	7.80	7.80	—	2.30	1.90	27.30
EV-REPU	450/750V	5×25.0（P2）	9.50	9.50	—	2.30	2.20	32.20
EV-REPU	450/750V	5×35.0（P2）	10.80	10.80	—	2.50	2.50	36.30
EV-REPU	450/750V	5×50.0（P2）	12.80	12.80	—	2.50	2.80	42.20
EV-REPU	450/750V	5×70.0（P2）	14.50	14.50	—	2.50	3.10	47.00
EV-REYYJ	450/750V	3×1.0	3.20	3.20	—	2.00	1.70	11.00
EV-REYYJ	450/750V	3×1.5	3.50	3.50	—	2.00	1.70	11.50
EV-REYYJ	450/750V	3×2.5	4.00	4.00	—	2.00	1.80	12.60
EV-REYYJ	450/750V	3×4.0	5.00	5.00	—	2.00	1.90	15.00
EV-REYYJ	450/750V	3×6.0	5.50	5.50	—	2.30	2.00	16.20
EV-REYYJ	450/750V	3×10.0	6.50	6.50	—	2.30	2.20	18.80
EV-REYYJ	450/750V	3×16.0	7.80	7.80	—	2.30	2.50	22.00
EV-REYYJ	450/750V	3×25.0	9.50	9.50	—	2.30	2.80	26.50
EV-REYYJ	450/750V	3×35.0	10.80	10.80	—	2.50	3.10	29.80
EV-REYYJ	450/750V	3×50.0	12.80	12.80	—	2.50	3.60	35.00
EV-REYYJ	450/750V	3×70.0	14.50	14.50	—	2.50	4.00	39.50
EV-REYYJ	450/750V	4×1.0	3.20	3.20	—	2.00	1.70	12.20
EV-REYYJ	450/750V	4×1.5	3.50	3.50	—	2.00	1.80	13.00
EV-REYYJ	450/750V	4×2.5	4.00	4.00	—	2.00	1.90	14.30
EV-REYYJ	450/750V	4×4.0	5.00	5.00	—	2.00	2.00	16.50
EV-REYYJ	450/750V	4×6.0	5.50	5.50	—	2.30	2.20	18.00
EV-REYYJ	450/750V	4×10.0	6.50	6.50	—	2.30	2.40	20.80
EV-REYYJ	450/750V	4×16.0	7.80	7.80	—	2.30	2.70	24.50
EV-REYYJ	450/750V	4×25.0	9.50	9.50	—	2.30	3.10	29.50
EV-REYYJ	450/750V	4×35.0	10.80	10.80	—	2.50	3.40	33.20
EV-REYYJ	450/750V	4×50.0	12.80	12.80	—	2.50	3.90	39.00
EV-REYYJ	450/750V	4×70.0	14.50	14.50	—	2.50	4.40	44.00
EV-REYYJ	450/750V	5×1.0	3.20	3.20	—	2.00	1.80	13.50
EV-REYYJ	450/750V	5×1.50	3.50	3.50	—	2.00	1.90	14.50
EV-REYYJ	450/750V	5×2.50	4.00	4.00	—	2.00	2.00	16.00
EV-REYYJ	450/750V	5×4.0	5.00	5.00	—	2.00	2.20	18.80
EV-REYYJ	450/750V	5×6.0	5.50	5.50	—	2.30	2.30	19.80

（续）

型号	电压	规格	主绝缘线芯外径	接地线芯外径	辅助线芯外径	信号线芯外径	外护套厚度	参考外径
EV-REYYJ	450/750V	5×10.0	6.50	6.50	—	2.30	2.60	23.20
EV-REYYJ	450/750V	5×16.0	7.80	7.80	—	2.30	2.90	27.20
EV-REYYJ	450/750V	5×25.0	9.50	9.50	—	2.30	3.40	32.80
EV-REYYJ	450/750V	5×35.0	10.80	10.80	—	2.50	3.70	37.00
EV-REYYJ	450/750V	5×50.0	12.80	12.80	—	2.50	4.20	43.30
EV-REYYJ	450/750V	5×70.0	14.50	14.50	—	2.50	4.80	49.20
EV-REYYJ	450/750V	3×1.0	3.20	3.20	—	2.00	1.70	12.30
EV-REYYJ	450/750V	3×1.5	3.50	3.50	—	2.00	1.70	12.80
EV-REYYJ	450/750V	3×2.5	4.00	4.00	—	2.00	1.80	13.80
EV-REYYJ	450/750V	3×4.0	5.00	5.00	—	2.00	1.90	16.00
EV-REYYJ	450/750V	3×6.0	5.50	5.50	—	2.30	2.00	17.20
EV-REYYJ	450/750V	3×10.0	6.50	6.50	—	2.30	2.20	19.50
EV-REYYJ	450/750V	3×16.0	7.80	7.80	—	2.30	2.50	22.60
EV-REYYJ	450/750V	3×25.0	9.50	9.50	—	2.30	2.80	26.50
EV-REYYJ	450/750V	3×35.0	10.80	10.80	—	2.50	3.10	29.80
EV-REYYJ	450/750V	3×50.0	12.80	12.80	—	2.50	3.60	35.00
EV-REYYJ	450/750V	3×70.0	14.50	14.50	—	2.50	4.00	39.50
EV-REYYJ	450/750V	4×1.0	3.20	3.20	—	2.00	1.70	13.20
EV-REYYJ	450/750V	4×1.5	3.50	3.50	—	2.00	1.80	14.00
EV-REYYJ	450/750V	4×2.5	4.00	4.00	—	2.00	1.90	15.20
EV-REYYJ	450/750V	4×4.0	5.00	5.00	—	2.00	2.00	17.50
EV-REYYJ	450/750V	4×6.0	5.50	5.50	—	2.30	2.20	19.20
EV-REYYJ	450/750V	4×10.0	6.50	6.50	—	2.30	2.40	21.80
EV-REYYJ	450/750V	4×16.0	7.80	7.80	—	2.30	2.70	25.30
EV-REYYJ	450/750V	4×25.0	9.50	9.50	—	2.30	3.10	30.00
EV-REYYJ	450/750V	4×35.0	10.80	10.80	—	2.50	3.40	33.60
EV-REYYJ	450/750V	4×50.0	12.80	12.80	—	2.50	3.90	39.00
EV-REYYJ	450/750V	4×70.0	14.50	14.50	—	2.50	4.40	44.00
EV-REYYJ	450/750V	5×1.0	3.20	3.20	—	2.00	1.80	14.30
EV-REYYJ	450/750V	5×1.50	3.50	3.50	—	2.00	1.90	15.20
EV-REYYJ	450/750V	5×2.50	4.00	4.00	—	2.00	2.00	16.60
EV-REYYJ	450/750V	5×4.0	5.00	5.00	—	2.00	2.20	19.50
EV-REYYJ	450/750V	5×6.0	5.50	5.50	—	2.30	2.30	21.20
EV-REYYJ	450/750V	5×10.0	6.50	6.50	—	2.30	2.60	24.30
EV-REYYJ	450/750V	5×16.0	7.80	7.80	—	2.30	2.90	28.20
EV-REYYJ	450/750V	5×25.0	9.50	9.50	—	2.30	3.40	33.50

（续）

型号	电压	规格	主绝缘线芯外径	接地线芯外径	辅助线芯外径	信号线芯外径	外护套厚度	参考外径
EV-REYYJ	450/750V	5×35.0（P2）	10.80	10.80	—	2.50	3.70	37.60
EV-REYYJ	450/750V	5×50.0（P2）	12.80	12.80	—	2.50	4.20	43.80
EV-REYYJ	450/750V	5×70.0（P2）	14.50	14.50	—	2.50	4.80	49.20
EV-REYPYJ	450/750V	3×1.0（P2）	3.20	3.20	—	2.00	1.80	13.20
EV-REYPYJ	450/750V	3×1.5（P2）	3.50	3.50	—	2.00	1.90	14.00
EV-REYPYJ	450/750V	3×2.5（P2）	4.00	4.00	—	2.00	1.90	14.80
EV-REYPYJ	450/750V	3×4.0（P2）	5.00	5.00	—	2.00	2.10	17.20
EV-REYPYJ	450/750V	3×6.0（P2）	5.50	5.50	—	2.30	2.20	18.50
EV-REYPYJ	450/750V	3×10.0（P2）	6.50	6.50	—	2.30	2.40	21.00
EV-REYPYJ	450/750V	3×16.0（P2）	7.80	7.80	—	2.30	2.60	23.70
EV-REYPYJ	450/750V	3×25.0（P2）	9.50	9.50	—	2.30	3.00	28.00
EV-REYPYJ	450/750V	3×35.0（P2）	10.80	10.80	—	2.50	3.30	32.00
EV-REYPYJ	450/750V	3×50.0（P2）	12.80	12.80	—	2.50	3.70	36.50
EV-REYPYJ	450/750V	3×70.0（P2）	14.50	14.50	—	2.50	4.20	42.00
EV-REYPYJ	450/750V	4×1.0（P2）	3.20	3.20	—	2.00	1.90	14.20
EV-REYPYJ	450/750V	4×1.5（P2）	3.50	3.50	—	2.00	1.90	14.80
EV-REYPYJ	450/750V	4×2.5（P2）	4.00	4.00	—	2.00	2.10	16.50
EV-REYPYJ	450/750V	4×4.0（P2）	5.00	5.00	—	2.00	2.20	18.80
EV-REYPYJ	450/750V	4×6.0（P2）	5.50	5.50	—	2.30	2.30	20.30
EV-REYPYJ	450/750V	4×10.0（P2）	6.50	6.50	—	2.30	2.50	23.00
EV-REYPYJ	450/750V	4×16.0（P2）	7.80	7.80	—	2.30	2.80	26.40
EV-REYPYJ	450/750V	4×25.0（P2）	9.50	9.50	—	2.30	3.30	31.20
EV-REYPYJ	450/750V	4×35.0（P2）	10.80	10.80	—	2.50	3.60	35.00
EV-REYPYJ	450/750V	4×50.0（P2）	12.80	12.80	—	2.50	4.10	40.70
EV-REYPYJ	450/750V	4×70.0（P2）	14.50	14.50	—	2.50	4.60	45.80
EV-REYPYJ	450/750V	5×1.0（P2）	3.20	3.20	—	2.00	2.00	15.60
EV-REYPYJ	450/750V	5×1.50（P2）	3.50	3.50	—	2.00	2.10	16.50
EV-REYPYJ	450/750V	5×2.50（P2）	4.00	4.00	—	2.00	2.20	18.00
EV-REYPYJ	450/750V	5×4.0（P2）	5.00	5.00	—	2.00	2.30	20.60
EV-REYPYJ	450/750V	5×6.0（P2）	5.50	5.50	—	2.30	2.50	22.50
EV-REYPYJ	450/750V	5×10.0（P2）	6.50	6.50	—	2.30	2.70	25.50
EV-REYPYJ	450/750V	5×16.0（P2）	7.80	7.80	—	2.30	3.00	29.50
EV-REYPYJ	450/750V	5×25.0（P2）	9.50	9.50	—	2.30	3.60	35.00
EV-REYPYJ	450/750V	5×35.0（P2）	10.80	10.80	—	2.50	3.90	39.00
EV-REYPYJ	450/750V	5×50.0（P2）	12.80	12.80	—	2.50	4.40	45.50
EV-REYPYJ	450/750V	5×70.0（P2）	14.50	14.50	—	2.50	5.00	50.80

（续）

型号	电压	规格	主绝缘线芯外径	接地线芯外径	辅助线芯外径	信号线芯外径	外护套厚度	参考外径
EV-REYU	450/750V	3×1.0	3.20	3.20	—	2.00	1.00	9.80
EV-REYU	450/750V	3×1.5	3.50	3.50	—	2.00	1.00	10.50
EV-REYU	450/750V	3×2.5	4.00	4.00	—	2.00	1.10	11.50
EV-REYU	450/750V	3×4.0	5.00	5.00	—	2.00	1.10	13.50
EV-REYU	450/750V	3×6.0	5.50	5.50	—	2.30	1.20	14.80
EV-REYU	450/750V	3×10.0	6.50	6.50	—	2.30	1.30	17.20
EV-REYU	450/750V	3×16.0	7.80	7.80	—	2.30	1.50	20.50
EV-REYU	450/750V	3×25.0	9.50	9.50	—	2.30	1.70	24.50
EV-REYU	450/750V	3×35.0	10.80	10.80	—	2.50	1.90	27.80
EV-REYU	450/750V	3×50.0	12.80	12.80	—	2.50	2.20	32.50
EV-REYU	450/750V	3×70.0	14.50	14.50	—	2.50	2.40	36.50
EV-REYU	450/750V	4×1.0	3.20	3.20	—	2.00	1.00	11.00
EV-REYU	450/750V	4×1.5	3.50	3.50	—	2.00	1.10	11.60
EV-REYU	450/750V	4×2.5	4.00	4.00	—	2.00	1.10	13.00
EV-REYU	450/750V	4×4.0	5.00	5.00	—	2.00	1.20	15.00
EV-REYU	450/750V	4×6.0	5.50	5.50	—	2.30	1.30	16.50
EV-REYU	450/750V	4×10.0	6.50	6.50	—	2.30	1.40	19.00
EV-REYU	450/750V	4×16.0	7.80	7.80	—	2.30	1.60	22.50
EV-REYU	450/750V	4×25.0	9.50	9.50	—	2.30	1.90	27.00
EV-REYU	450/750V	4×35.0	10.80	10.80	—	2.50	2.00	30.80
EV-REYU	450/750V	4×50.0	12.80	12.80	—	2.50	2.30	36.20
EV-REYU	450/750V	4×70.0	14.50	14.50	—	2.50	2.60	41.00
EV-REYU	450/750V	5×1.0	3.20	3.20	—	2.00	1.10	12.00
EV-REYU	450/750V	5×1.50	3.50	3.50	—	2.00	1.10	13.00
EV-REYU	450/750V	5×2.50	4.00	4.00	—	2.00	1.20	14.50
EV-REYU	450/750V	5×4.0	5.00	5.00	—	2.00	1.30	17.20
EV-REYU	450/750V	5×6.0	5.50	5.50	—	2.30	1.40	18.20
EV-REYU	450/750V	5×10.0	6.50	6.50	—	2.30	1.60	21.00
EV-REYU	450/750V	5×16.0	7.80	7.80	—	2.30	1.70	25.00
EV-REYU	450/750V	5×25.0	9.50	9.50	—	2.30	2.00	30.50
EV-REYU	450/750V	5×35.0	10.80	10.80	—	2.50	2.20	34.20
EV-REYU	450/750V	5×50.0	12.80	12.80	—	2.50	2.50	40.30
EV-REYU	450/750V	5×70.0	14.50	14.50	—	2.50	2.90	45.50
EV-REYU	450/750V	3×1.0（P2）	3.20	3.20	—	2.00	1.00	11.00
EV-REYU	450/750V	3×1.5（P2）	3.50	3.50	—	2.00	1.00	11.60
EV-REYU	450/750V	3×2.5（P2）	4.00	4.00	—	2.00	1.10	12.50

（续）

型号	电压	规格	主绝缘线芯外径	接地线芯外径	辅助线芯外径	信号线芯外径	外护套厚度	参考外径
EV-REYU	450/750V	3×4.0（P2）	5.00	5.00	—	2.00	1.10	14.50
EV-REYU	450/750V	3×6.0（P2）	5.50	5.50	—	2.30	1.20	15.80
EV-REYU	450/750V	3×10.0（P2）	6.50	6.50	—	2.30	1.30	18.00
EV-REYU	450/750V	3×16.0（P2）	7.80	7.80	—	2.30	1.50	20.80
EV-REYU	450/750V	3×25.0（P2）	9.50	9.50	—	2.30	1.70	24.30
EV-REYU	450/750V	3×35.0（P2）	10.80	10.80	—	2.50	1.90	27.60
EV-REYU	450/750V	3×50.0（P2）	12.80	12.80	—	2.50	2.20	32.30
EV-REYU	450/750V	3×70.0（P2）	14.50	14.50	—	2.50	2.40	36.50
EV-REYU	450/750V	4×1.0（P2）	3.20	3.20	—	2.00	1.00	12.00
EV-REYU	450/750V	4×1.5（P2）	3.50	3.50	—	2.00	1.10	12.50
EV-REYU	450/750V	4×2.5（P2）	4.00	4.00	—	2.00	1.10	13.80
EV-REYU	450/750V	4×4.0（P2）	5.00	5.00	—	2.00	1.20	16.20
EV-REYU	450/750V	4×6.0（P2）	5.50	5.50	—	2.30	1.30	17.60
EV-REYU	450/750V	4×10.0（P2）	6.50	6.50	—	2.30	1.40	20.00
EV-REYU	450/750V	4×16.0（P2）	7.80	7.80	—	2.30	1.60	23.30
EV-REYU	450/750V	4×25.0（P2）	9.50	9.50	—	2.30	1.90	27.50
EV-REYU	450/750V	4×35.0（P2）	10.80	10.80	—	2.50	2.00	31.20
EV-REYU	450/750V	4×50.0（P2）	12.80	12.80	—	2.50	2.30	36.20
EV-REYU	450/750V	4×70.0（P2）	14.50	14.50	—	2.50	2.60	41.00
EV-REYU	450/750V	5×1.0（P2）	3.20	3.20	—	2.00	1.10	13.00
EV-REYU	450/750V	5×1.50（P2）	3.50	3.50	—	2.00	1.10	13.80
EV-REYU	450/750V	5×2.50（P2）	4.00	4.00	—	2.00	1.20	15.20
EV-REYU	450/750V	5×4.0（P2）	5.00	5.00	—	2.00	1.30	18.00
EV-REYU	450/750V	5×6.0（P2）	5.50	5.50	—	2.30	1.40	19.60
EV-REYU	450/750V	5×10.0（P2）	6.50	6.50	—	2.30	1.60	22.30
EV-REYU	450/750V	5×16.0（P2）	7.80	7.80	—	2.30	1.70	26.00
EV-REYU	450/750V	5×25.0（P2）	9.50	9.50	—	2.30	2.00	31.00
EV-REYU	450/750V	5×35.0（P2）	10.80	10.80	—	2.50	2.20	34.80
EV-REYU	450/750V	5×50.0（P2）	12.80	12.80	—	2.50	2.50	40.70
EV-REYU	450/750V	5×70.0（P2）	14.50	14.50	—	2.50	2.90	45.50
EV-REYPU	450/750V	3×1.0（P2）	3.20	3.20	—	2.00	1.10	11.80
EV-REYPU	450/750V	3×1.5（P2）	3.50	3.50	—	2.00	1.10	12.30
EV-REYPU	450/750V	3×2.5（P2）	4.00	4.00	—	2.00	1.10	13.50
EV-REYPU	450/750V	3×4.0（P2）	5.00	5.00	—	2.00	1.30	15.60
EV-REYPU	450/750V	3×6.0（P2）	5.50	5.50	—	2.30	1.30	17.00
EV-REYPU	450/750V	3×10.0（P2）	6.50	6.50	—	2.30	1.40	19.00

（续）

型号	电压	规格	主绝缘线芯外径	接地线芯外径	辅助线芯外径	信号线芯外径	外护套厚度	参考外径
EV-REYPU	450/750V	3×16.0（P2）	7.80	7.80	—	2.30	1.60	21.80
EV-REYPU	450/750V	3×25.0（P2）	9.50	9.50	—	2.30	1.80	25.80
EV-REYPU	450/750V	3×35.0（P2）	10.80	10.80	—	2.50	2.00	29.00
EV-REYPU	450/750V	3×50.0（P2）	12.80	12.80	—	2.50	2.20	33.60
EV-REYPU	450/750V	3×70.0（P2）	14.50	14.50	—	2.50	2.50	38.00
EV-REYPU	450/750V	4×1.0（P2）	3.20	3.20	—	2.00	1.10	12.60
EV-REYPU	450/750V	4×1.5（P2）	3.50	3.50	—	2.00	1.10	13.50
EV-REYPU	450/750V	4×2.5（P2）	4.00	4.00	—	2.00	1.30	15.00
EV-REYPU	450/750V	4×4.0（P2）	5.00	5.00	—	2.00	1.30	17.20
EV-REYPU	450/750V	4×6.0（P2）	5.50	5.50	—	2.30	1.40	18.80
EV-REYPU	450/750V	4×10.0（P2）	6.50	6.50	—	2.30	1.50	21.00
EV-REYPU	450/750V	4×16.0（P2）	7.80	7.80	—	2.30	1.70	24.50
EV-REYPU	450/750V	4×25.0（P2）	9.50	9.50	—	2.30	2.00	28.60
EV-REYPU	450/750V	4×35.0（P2）	10.80	10.80	—	2.50	2.20	32.50
EV-REYPU	450/750V	4×50.0（P2）	12.80	12.80	—	2.50	2.50	37.70
EV-REYPU	450/750V	4×70.0（P2）	14.50	14.50	—	2.50	2.80	42.20
EV-REYPU	450/750V	5×1.0（P2）	3.20	3.20	—	2.00	1.20	14.00
EV-REYPU	450/750V	5×1.50（P2）	3.50	3.50	—	2.00	1.30	15.00
EV-REYPU	450/750V	5×2.50（P2）	4.00	4.00	—	2.00	1.30	16.00
EV-REYPU	450/750V	5×4.0（P2）	5.00	5.00	—	2.00	1.40	19.00
EV-REYPU	450/750V	5×6.0（P2）	5.50	5.50	—	2.30	1.50	20.70
EV-REYPU	450/750V	5×10.0（P2）	6.50	6.50	—	2.30	1.60	23.50
EV-REYPU	450/750V	5×16.0（P2）	7.80	7.80	—	2.30	1.80	27.30
EV-REYPU	450/750V	5×25.0（P2）	9.50	9.50	—	2.30	2.20	32.20
EV-REYPU	450/750V	5×35.0（P2）	10.80	10.80	—	2.50	2.30	36.30
EV-REYPU	450/750V	5×50.0（P2）	12.80	12.80	—	2.50	2.60	42.20
EV-REYPU	450/750V	5×70.0（P2）	14.50	14.50	—	2.50	3.00	47.00
EVDC-RS90S90	1.0kV	2×10（P2）	6.50	5.50	5.00	2.70	2.30	22.50
EVDC-RS90S90	1.0kV	2×16（P2）	7.80	6.50	5.00	2.70	2.50	24.50
EVDC-RS90S90	1.0kV	2×25（P2）	9.50	7.80	5.00	2.70	3.00	27.80
EVDC-RS90S90	1.0kV	2×35（P2）	10.80	9.50	5.00	2.70	3.30	30.00
EVDC-RS90S90	1.0kV	2×50（P2）	12.80	10.80	5.00	2.70	3.70	34.20
EVDC-RS90S90	1.0kV	2×70（P2）	14.50	12.80	5.00	2.70	4.20	39.00
EVDC-RS90S90	1.0kV	2×95（P2）	16.80	14.50	5.00	2.70	4.60	44.30
EVDC-RS90S90	1.0kV	2×120（P2）	18.50	16.80	5.00	2.70	5.00	49.00
EVDC-RS90S90	1.0kV	2×150（P2）	20.80	18.50	5.00	2.70	5.50	54.80

（续）

型号	电压	规格	主绝缘线芯外径	接地线芯外径	辅助线芯外径	信号线芯外径	外护套厚度	参考外径
EVDC-RS90S90	1.0kV	2×185 （P2）	23.00	20.80	5.00	2.70	6.00	60.50
EVDC-RS90S90	1.0kV	2×240 （P2）	26.00	23.00	5.00	2.70	6.80	68.00
EVDC-RS90U	1.0kV	2×10 （P2）	6.50	5.50	5.00	2.70	1.40	20.50
EVDC-RS90U	1.0kV	2×16 （P2）	7.80	6.50	5.00	2.70	1.50	22.50
EVDC-RS90U	1.0kV	2×25 （P2）	9.50	7.80	5.00	2.70	1.80	25.20
EVDC-RS90U	1.0kV	2×35 （P2）	10.80	9.50	5.00	2.70	2.00	27.50
EVDC-RS90U	1.0kV	2×50 （P2）	12.80	10.80	5.00	2.70	2.20	31.00
EVDC-RS90U	1.0kV	2×70 （P2）	14.50	12.80	5.00	2.70	2.50	35.50
EVDC-RS90U	1.0kV	2×95 （P2）	16.80	14.50	5.00	2.70	2.80	40.80
EVDC-RS90U	1.0kV	2×120 （P2）	18.50	16.80	5.00	2.70	3.00	45.20
EVDC-RS90U	1.0kV	2×150 （P2）	20.80	18.50	5.00	2.70	3.30	50.50
EVDC-RS90U	1.0kV	2×185 （P2）	23.00	20.80	5.00	2.70	3.60	55.80
EVDC-RS90U	1.0kV	2×240 （P2）	26.00	23.00	5.00	2.70	4.10	62.60
EVDC-REYJ	1.0kV	2×10 （P2）	6.50	5.50	5.00	2.70	2.30	22.50
EVDC-REYJ	1.0kV	2×16 （P2）	7.80	6.50	5.00	2.70	2.50	24.50
EVDC-REYJ	1.0kV	2×25 （P2）	9.50	7.80	5.00	2.70	3.00	27.60
EVDC-REYJ	1.0kV	2×35 （P2）	10.80	9.50	5.00	2.70	3.30	30.00
EVDC-REYJ	1.0kV	2×50 （P2）	12.80	10.80	5.00	2.70	3.70	34.00
EVDC-REYJ	1.0kV	2×70 （P2）	14.50	12.80	5.00	2.70	4.20	39.00
EVDC-REYJ	1.0kV	2×95 （P2）	16.80	14.50	5.00	2.70	4.60	44.50
EVDC-REYJ	1.0kV	2×120 （P2）	18.50	16.80	5.00	2.70	5.00	49.00
EVDC-REYJ	1.0kV	2×150 （P2）	20.80	18.50	5.00	2.70	5.50	54.80
EVDC-REYJ	1.0kV	2×185 （P2）	23.00	20.80	5.00	2.70	6.00	60.50
EVDC-REYJ	1.0kV	2×240 （P2）	26.00	23.00	5.00	2.70	6.80	68.00
EVDC-REU	1.0kV	2×10 （P2）	6.50	5.50	5.00	2.70	1.40	20.50
EVDC-REU	1.0kV	2×16 （P2）	7.80	6.50	5.00	2.70	1.50	22.50
EVDC-REU	1.0kV	2×25 （P2）	9.50	7.80	5.00	2.70	1.80	25.20
EVDC-REU	1.0kV	2×35 （P2）	10.80	9.50	5.00	2.70	2.00	27.50
EVDC-REU	1.0kV	2×50 （P2）	12.80	10.80	5.00	2.70	2.20	31.00
EVDC-REU	1.0kV	2×70 （P2）	14.50	12.80	5.00	2.70	2.50	35.50
EVDC-REU	1.0kV	2×95 （P2）	16.80	14.50	5.00	2.70	2.80	40.80
EVDC-REU	1.0kV	2×120 （P2）	18.50	16.80	5.00	2.70	3.00	45.20
EVDC-REU	1.0kV	2×150 （P2）	20.80	18.50	5.00	2.70	3.30	50.50
EVDC-REU	1.0kV	2×185 （P2）	23.00	20.80	5.00	2.70	3.60	55.80
EVDC-REU	1.0kV	2×240 （P2）	26.00	23.00	5.00	2.70	4.10	62.60

表 4-2-2　电动汽车充电用电缆材料消耗

（单位：kg/km）

型号	电压	规格	主绝缘导体	接地绝缘导体	辅助绝缘导体	信号线导体	主绝缘	接地绝缘	辅助电源绝缘	信号线绝缘	填充材料	外护套	参考重量
EV-RS90S90	450/750V	3×1.0	8.9735	—	—	4.4867	9.02	—	—	3.34	3.04	81.85	157.76
EV-RS90S90	450/750V	3×1.5	13.4602	—	—	4.4867	10.26	—	—	3.34	3.04	87.46	180.82
EV-RS90S90	450/750V	3×2.5	22.4338	—	—	4.4867	12.62	—	—	3.34	3.04	94.52	222.15
EV-RS90S90	450/750V	3×4.0	35.8941	—	—	4.4867	18.34	—	—	3.34	3.04	109.37	294.82
EV-RS90S90	450/750V	3×6.0	53.8412	—	—	6.7301	20.36	—	—	5.30	4.56	145.38	401.73
EV-RS90S90	450/750V	3×10.0	91.7294	—	—	6.7301	24.07	—	—	5.30	4.56	166.39	547.81
EV-RS90S90	450/750V	3×16.0	146.9950	—	—	6.7301	32.17	—	—	5.30	22.80	228.47	818.50
EV-RS90S90	450/750V	3×25.0	225.6202	—	—	6.7301	44.84	—	—	5.30	22.80	293.05	1157.23
EV-RS90S90	450/750V	3×35.0	317.9194	—	—	8.9735	51.95	—	—	9.02	45.60	384.24	1581.65
EV-RS90S90	450/750V	3×50.0	453.8043	—	—	8.9735	71.30	—	—	9.02	68.40	496.52	2182.70
EV-RS90S90	450/750V	3×70.0	638.4026	—	—	8.9735	79.60	—	—	9.02	68.40	640.47	2905.61
EV-RS90S90	450/750V	4×1.0	8.9735	—	—	4.4867	9.02	—	—	3.34	2.28	81.37	175.06
EV-RS90S90	450/750V	4×1.5	13.4602	—	—	4.4867	10.26	—	—	3.34	3.80	92.31	210.69
EV-RS90S90	450/750V	4×2.5	22.4338	—	—	4.4867	12.62	—	—	3.34	3.80	106.49	270.48
EV-RS90S90	450/750V	4×4.0	35.8941	—	—	4.4867	18.34	—	—	3.34	3.80	136.68	377.66
EV-RS90S90	450/750V	4×6.0	53.8412	—	—	6.7301	20.36	—	—	5.30	4.56	156.12	486.41
EV-RS90S90	450/750V	4×10.0	91.7294	—	—	6.7301	24.07	—	—	5.30	6.84	196.91	696.14
EV-RS90S90	450/750V	4×16.0	146.9950	—	—	6.7301	32.17	—	—	5.30	22.80	264.36	1033.55
EV-RS90S90	450/750V	4×25.0	225.6202	—	—	6.7301	44.84	—	—	5.30	38.00	356.35	1506.19
EV-RS90S90	450/750V	4×35.0	317.9194	—	—	8.9735	51.95	—	—	9.02	45.60	459.30	2026.57
EV-RS90S90	450/750V	4×50.0	453.8043	—	—	8.9735	71.30	—	—	9.02	76.00	621.05	2839.93
EV-RS90S90	450/750V	4×70.0	638.4026	—	—	8.9735	79.60	—	—	9.02	91.20	775.79	3781.74
EV-RS90S90	450/750V	5×1.0	8.9735	—	—	4.4867	9.02	—	—	3.34	6.08	98.86	216.32
EV-RS90S90	450/750V	5×1.50	13.4602	—	—	4.4867	10.26	—	—	3.34	6.08	107.78	254.59
EV-RS90S90	450/750V	5×2.50	22.4338	—	—	4.4867	12.62	—	—	3.34	7.60	125.67	331.39
EV-RS90S90	450/750V	5×4.0	35.8941	—	—	4.4867	18.34	—	—	3.34	9.12	163.99	467.85

（续）

型号	电压	规格	主绝缘导体	接地绝缘导体	辅助绝缘导体	信号线导体	主绝缘	接地绝缘	辅助电源绝缘	信号线绝缘	填充材料	外护套	参考重量
EV-RS90S90	450/750V	5×6.0	53.8412	—	—	6.7301	20.36	—	—	5.30	38.00	187.10	628.81
EV-RS90S90	450/750V	5×10.0	91.7294	—	—	6.7301	24.07	—	—	5.30	45.60	244.94	902.60
EV-RS90S90	450/750V	5×16.0	146.9950	—	—	6.7301	32.17	—	—	5.30	60.80	314.60	1304.65
EV-RS90S90	450/750V	5×25.0	225.6202	—	—	6.7301	44.84	—	—	5.30	76.00	449.90	1911.98
EV-RS90S90	450/750V	5×35.0	317.9194	—	—	8.9735	51.95	—	—	9.02	91.20	564.93	2551.54
EV-RS90S90	450/750V	5×50.0	453.8043	—	—	8.9735	71.30	—	—	9.02	106.40	756.54	3534.89
EV-RS90S90	450/750V	5×70.0	638.4026	—	—	8.9735	79.60	—	—	9.02	121.60	938.46	4696.86
EV-RS90S90	450/750V	3×1.0（P2）	8.9735	—	—	4.4867	9.02	—	—	3.34	2.28	82.14	165.36
EV-RS90S90	450/750V	3×1.5（P2）	13.4602	—	—	4.4867	10.26	—	—	3.34	3.04	94.29	196.26
EV-RS90S90	450/750V	3×2.5（P2）	22.4338	—	—	4.4867	12.62	—	—	3.34	4.56	98.84	236.60
EV-RS90S90	450/750V	3×4.0（P2）	35.8941	—	—	4.4867	18.34	—	—	3.34	5.32	121.16	317.50
EV-RS90S90	450/750V	3×6.0（P2）	53.8412	—	—	6.7301	20.36	—	—	5.30	9.12	144.18	414.49
EV-RS90S90	450/750V	3×10.0（P2）	91.7294	—	—	6.7301	24.07	—	—	5.30	9.88	171.51	567.65
EV-RS90S90	450/750V	3×16.0（P2）	146.9950	—	—	6.7301	32.17	—	—	5.30	22.80	223.15	822.58
EV-RS90S90	450/750V	3×25.0（P2）	225.6202	—	—	6.7301	44.84	—	—	5.30	38.00	298.60	1187.38
EV-RS90S90	450/750V	3×35.0（P2）	317.9194	—	—	8.9735	51.95	—	—	9.02	45.60	377.88	1586.14
EV-RS90S90	450/750V	3×50.0（P2）	453.8043	—	—	8.9735	71.30	—	—	9.02	53.20	496.52	2178.35
EV-RS90S90	450/750V	3×70.0（P2）	638.4026	—	—	8.9735	79.60	—	—	9.02	60.80	640.47	2908.86
EV-RS90S90	450/750V	4×1.0（P2）	8.9735	—	—	4.4867	9.02	—	—	3.34	3.04	88.30	190.82
EV-RS90S90	450/750V	4×1.5（P2）	13.4602	—	—	4.4867	10.26	—	—	3.34	3.80	98.81	225.26
EV-RS90S90	450/750V	4×2.5（P2）	22.4338	—	—	4.4867	12.62	—	—	3.34	4.56	114.17	286.99
EV-RS90S90	450/750V	4×4.0（P2）	35.8941	—	—	4.4867	18.34	—	—	3.34	5.32	150.77	401.34
EV-RS90S90	450/750V	4×6.0（P2）	53.8412	—	—	6.7301	20.36	—	—	5.30	6.08	167.31	508.52
EV-RS90S90	450/750V	4×10.0（P2）	91.7294	—	—	6.7301	24.07	—	—	5.30	7.60	207.21	716.60
EV-RS90S90	450/750V	4×16.0（P2）	146.9950	—	—	6.7301	32.17	—	—	5.30	15.20	269.88	1040.87
EV-RS90S90	450/750V	4×25.0（P2）	225.6202	—	—	6.7301	44.84	—	—	5.30	30.40	361.25	1512.89

（续）

型号	电压	规格	主绝缘导体	接地绝缘导体	辅助绝缘导体	信号线导体	主绝缘	接地绝缘	辅助电源绝缘	信号线绝缘	填充材料	外护套	参考重量
EV-RS90S90	450/750V	4×35.0（P2）	317.9194	—	—	8.9735	51.95	—	—	9.02	38.00	463.75	2034.27
EV-RS90S90	450/750V	4×50.0（P2）	453.8043	—	—	8.9735	71.30	—	—	9.02	45.60	612.76	2812.09
EV-RS90S90	450/750V	4×70.0（P2）	638.4026	—	—	8.9735	79.60	—	—	9.02	53.20	776.53	3755.33
EV-RS90S90	450/750V	5×1.0（P2）	8.9735	—	—	4.4867	9.02	—	—	3.34	3.80	104.28	227.53
EV-RS90S90	450/750V	5×1.50（P2）	13.4602	—	—	4.4867	10.26	—	—	3.34	5.32	113.32	267.44
EV-RS90S90	450/750V	5×2.50（P2）	22.4338	—	—	4.4867	12.62	—	—	3.34	6.08	134.07	346.34
EV-RS90S90	450/750V	5×4.0（P2）	35.8941	—	—	4.4867	18.34	—	—	3.34	7.60	173.45	483.86
EV-RS90S90	450/750V	5×6.0（P2）	53.8412	—	—	6.7301	20.36	—	—	5.30	15.20	203.65	631.96
EV-RS90S90	450/750V	5×10.0（P2）	91.7294	—	—	6.7301	24.07	—	—	5.30	22.80	250.81	895.07
EV-RS90S90	450/750V	5×16.0（P2）	146.9950	—	—	6.7301	32.17	—	—	5.30	30.40	324.31	1293.36
EV-RS90S90	450/750V	5×25.0（P2）	225.6202	—	—	6.7301	44.84	—	—	5.30	38.00	463.34	1896.82
EV-RS90S90	450/750V	5×35.0（P2）	317.9194	—	—	8.9735	51.95	—	—	9.02	45.60	564.51	2516.37
EV-RS90S90	450/750V	5×50.0（P2）	453.8043	—	—	8.9735	71.30	—	—	9.02	53.20	759.34	3495.34
EV-RS90S90	450/750V	5×70.0（P2）	638.4026	—	—	8.9735	79.60	—	—	9.02	60.80	938.46	4646.91
EV-RS90PS90	450/750V	3×1.0（P2）	8.9735	—	—	4.4867	9.02	—	—	3.34	2.28	87.53	210.24
EV-RS90PS90	450/750V	3×1.5（P2）	13.4602	—	—	4.4867	10.26	—	—	3.34	3.04	98.02	240.72
EV-RS90PS90	450/750V	3×2.5（P2）	22.4338	—	—	4.4867	12.62	—	—	3.34	4.56	113.05	294.92
EV-RS90PS90	450/750V	3×4.0（P2）	35.8941	—	—	4.4867	18.34	—	—	3.34	5.32	142.31	391.27
EV-RS90PS90	450/750V	3×6.0（P2）	53.8412	—	—	6.7301	20.36	—	—	5.30	9.12	165.57	492.22
EV-RS90PS90	450/750V	3×10.0（P2）	91.7294	—	—	6.7301	24.07	—	—	5.30	9.88	198.98	657.63
EV-RS90PS90	450/750V	3×16.0（P2）	146.9950	—	—	6.7301	32.17	—	—	5.30	22.80	248.15	919.00
EV-RS90PS90	450/750V	3×25.0（P2）	225.6202	—	—	6.7301	44.84	—	—	5.30	38.00	330.09	1356.70
EV-RS90PS90	450/750V	3×35.0（P2）	317.9194	—	—	8.9735	51.95	—	—	9.02	45.60	419.86	1786.58
EV-RS90PS90	450/750V	3×50.0（P2）	453.8043	—	—	8.9735	71.30	—	—	9.02	53.20	544.62	2419.58
EV-RS90PS90	450/750V	3×70.0（P2）	638.4026	—	—	8.9735	79.60	—	—	9.02	60.80	698.68	3213.14
EV-RS90PS90	450/750V	4×1.0（P2）	8.9735	—	—	4.4867	9.02	—	—	3.34	3.04	103.45	247.15

（续）

型号	电压	规格	主绝缘导体	接地绝缘导体	辅助绝缘导体	信号线导体	主绝缘	接地绝缘	辅助电源绝缘	信号线绝缘	填充材料	外护套	参考重量
EV-RS90PS90	450/750V	4×1.5（P2）	13.4602	—	—	4.4867	10.26	—	—	3.34	3.80	110.76	281.01
EV-RS90PS90	450/750V	4×2.5（P2）	22.4338	—	—	4.4867	12.62	—	—	3.34	4.56	128.76	365.02
EV-RS90PS90	450/750V	4×4.0（P2）	35.8941	—	—	4.4867	18.34	—	—	3.34	5.32	163.39	490.50
EV-RS90PS90	450/750V	4×6.0（P2）	53.8412	—	—	6.7301	20.36	—	—	5.30	6.08	193.38	614.29
EV-RS90PS90	450/750V	4×10.0（P2）	91.7294	—	—	6.7301	24.07	—	—	5.30	7.60	236.23	840.91
EV-RS90PS90	450/750V	4×16.0（P2）	146.9950	—	—	6.7301	32.17	—	—	5.30	15.20	302.97	1184.55
EV-RS90PS90	450/750V	4×25.0（P2）	225.6202	—	—	6.7301	44.84	—	—	5.30	30.40	400.99	1711.71
EV-RS90PS90	450/750V	4×35.0（P2）	317.9194	—	—	8.9735	51.95	—	—	9.02	38.00	510.24	2254.34
EV-RS90PS90	450/750V	4×50.0（P2）	453.8043	—	—	8.9735	71.30	—	—	9.02	45.60	669.75	3113.36
EV-RS90PS90	450/750V	4×70.0（P2）	638.4026	—	—	8.9735	79.60	—	—	9.02	53.20	821.16	4084.46
EV-RS90PS90	450/750V	5×1.0（P2）	8.9735	—	—	4.4867	9.02	—	—	3.34	3.80	116.36	302.04
EV-RS90PS90	450/750V	5×1.50（P2）	13.4602	—	—	4.4867	10.26	—	—	3.34	5.32	129.27	346.83
EV-RS90PS90	450/750V	5×2.50（P2）	22.4338	—	—	4.4867	12.62	—	—	3.34	6.08	147.56	431.60
EV-RS90PS90	450/750V	5×4.0（P2）	35.8941	—	—	4.4867	18.34	—	—	3.34	7.60	195.56	585.72
EV-RS90PS90	450/750V	5×6.0（P2）	53.8412	—	—	6.7301	20.36	—	—	5.30	15.20	222.77	738.87
EV-RS90PS90	450/750V	5×10.0（P2）	91.7294	—	—	6.7301	24.07	—	—	5.30	22.80	282.72	1027.34
EV-RS90PS90	450/750V	5×16.0（P2）	146.9950	—	—	6.7301	32.17	—	—	5.30	30.40	369.66	1491.17
EV-RS90PS90	450/750V	5×25.0（P2）	225.6202	—	—	6.7301	44.84	—	—	5.30	38.00	494.95	2100.44
EV-RS90PS90	450/750V	5×35.0（P2）	317.9194	—	—	8.9735	51.95	—	—	9.02	45.60	615.81	2764.64
EV-RS90PS90	450/750V	5×50.0（P2）	453.8043	—	—	8.9735	71.30	—	—	9.02	53.20	803.39	3822.62
EV-RS90PS90	450/750V	5×70.0（P2）	638.4026	—	—	8.9735	79.60	—	—	9.02	60.80	1008.79	5027.70
EV-RS90U	450/750V	3×1.0	8.9735	—	—	4.4867	9.02	—	—	3.34	3.04	44.55	120.46
EV-RS90U	450/750V	3×1.5	13.4602	—	—	4.4867	10.26	—	—	3.34	3.04	53.50	146.86
EV-RS90U	450/750V	3×2.5	22.4338	—	—	4.4867	12.62	—	—	3.34	3.04	61.38	189.01
EV-RS90U	450/750V	3×4.0	35.8941	—	—	4.4867	18.34	—	—	3.34	3.04	71.59	257.04
EV-RS90U	450/750V	3×6.0	53.8412	—	—	6.7301	20.36	—	—	5.30	4.56	85.48	341.83

（续）

型号	电压	规格	主绝缘导体	接地绝缘导体	辅助绝缘导体	信号线导体	主绝缘	接地绝缘	辅助电源绝缘	信号线绝缘	填充材料	外护套	参考重量
EV-RS90U	450/750V	3×10.0	91.7294	—	—	6.7301	24.07	—	—	5.30	4.56	108.83	490.25
EV-RS90U	450/750V	3×16.0	146.9950	—	—	6.7301	32.17	—	—	5.30	22.80	152.36	742.39
EV-RS90U	450/750V	3×25.0	225.6202	—	—	6.7301	44.84	—	—	5.30	22.80	200.99	1065.17
EV-RS90U	450/750V	3×35.0	317.9194	—	—	8.9735	51.95	—	—	9.02	45.60	258.20	1455.61
EV-RS90U	450/750V	3×50.0	453.8043	—	—	8.9735	71.30	—	—	9.02	68.40	331.13	2017.31
EV-RS90U	450/750V	3×70.0	638.4026	—	—	8.9735	79.60	—	—	9.02	68.40	400.30	2665.44
EV-RS90U	450/750V	4×1.0	8.9735	—	—	4.4867	9.02	—	—	3.34	2.28	52.33	146.02
EV-RS90U	450/750V	4×1.5	13.4602	—	—	4.4867	10.26	—	—	3.34	3.80	55.51	173.89
EV-RS90U	450/750V	4×2.5	22.4338	—	—	4.4867	12.62	—	—	3.34	3.80	70.39	234.38
EV-RS90U	450/750V	4×4.0	35.8941	—	—	4.4867	18.34	—	—	3.34	3.80	86.17	327.15
EV-RS90U	450/750V	4×6.0	53.8412	—	—	6.7301	20.36	—	—	5.30	4.56	104.94	435.23
EV-RS90U	450/750V	4×10.0	91.7294	—	—	6.7301	24.07	—	—	5.30	6.84	125.79	625.02
EV-RS90U	450/750V	4×16.0	146.9950	—	—	6.7301	32.17	—	—	5.30	22.80	167.25	936.44
EV-RS90U	450/750V	4×25.0	225.6202	—	—	6.7301	44.84	—	—	5.30	38.00	224.85	1374.69
EV-RS90U	450/750V	4×35.0	317.9194	—	—	8.9735	51.95	—	—	9.02	45.60	300.78	1868.05
EV-RS90U	450/750V	4×50.0	453.8043	—	—	8.9735	71.30	—	—	9.02	76.00	399.69	2618.57
EV-RS90U	450/750V	4×70.0	638.4026	—	—	8.9735	79.60	—	—	9.02	91.20	514.28	3520.23
EV-RS90U	450/750V	5×1.0	8.9735	—	—	4.4867	9.02	—	—	3.34	6.08	57.63	175.09
EV-RS90U	450/750V	5×1.50	13.4602	—	—	4.4867	10.26	—	—	3.34	6.08	70.39	217.20
EV-RS90U	450/750V	5×2.50	22.4338	—	—	4.4867	12.62	—	—	3.34	7.60	84.95	290.67
EV-RS90U	450/750V	5×4.0	35.8941	—	—	4.4867	18.34	—	—	3.34	9.12	109.16	413.02
EV-RS90U	450/750V	5×6.0	53.8412	—	—	6.7301	20.36	—	—	5.30	38.00	121.44	563.15
EV-RS90U	450/750V	5×10.0	91.7294	—	—	6.7301	24.07	—	—	5.30	45.60	145.64	803.30
EV-RS90U	450/750V	5×16.0	146.9950	—	—	6.7301	32.17	—	—	5.30	60.80	196.94	1186.99
EV-RS90U	450/750V	5×25.0	225.6202	—	—	6.7301	44.84	—	—	5.30	76.00	300.06	1762.14
EV-RS90U	450/750V	5×35.0	317.9194	—	—	8.9735	51.95	—	—	9.02	91.20	352.57	2339.18

（续）

型号	电压	规格	主绝缘导体	接地绝缘导体	辅助绝缘导体	信号线导体	主绝缘	接地绝缘	辅助电源绝缘	信号线绝缘	填充材料	外护套	参考重量
EV-RS90U	450/750V	5×50.0	453.8043	—	—	8.9735	71.30	—	—	9.02	106.40	477.97	3256.32
EV-RS90U	450/750V	5×70.0	638.4026	—	—	8.9735	79.60	—	—	9.02	121.60	601.01	4359.41
EV-RS90U	450/750V	3×1.0（P2）	8.9735	—	—	4.4867	9.02	—	—	3.34	3.04	50.27	134.25
EV-RS90U	450/750V	3×1.5（P2）	13.4602	—	—	4.4867	10.26	—	—	3.34	3.04	55.51	156.94
EV-RS90U	450/750V	3×2.5（P2）	22.4338	—	—	4.4867	12.62	—	—	3.34	3.04	62.67	198.37
EV-RS90U	450/750V	3×4.0（P2）	35.8941	—	—	4.4867	18.34	—	—	3.34	3.04	76.58	270.10
EV-RS90U	450/750V	3×6.0（P2）	53.8412	—	—	6.7301	20.36	—	—	5.30	4.56	90.30	356.05
EV-RS90U	450/750V	3×10.0（P2）	91.7294	—	—	6.7301	24.07	—	—	5.30	4.56	114.72	505.54
EV-RS90U	450/750V	3×16.0（P2）	146.9950	—	—	6.7301	32.17	—	—	5.30	22.80	146.61	746.04
EV-RS90U	450/750V	3×25.0（P2）	225.6202	—	—	6.7301	44.84	—	—	5.30	22.80	183.20	1056.78
EV-RS90U	450/750V	3×35.0（P2）	317.9194	—	—	8.9735	51.95	—	—	9.02	45.60	245.20	1453.46
EV-RS90U	450/750V	3×50.0（P2）	453.8043	—	—	8.9735	71.30	—	—	9.02	68.40	315.93	2012.96
EV-RS90U	450/750V	3×70.0（P2）	638.4026	—	—	8.9735	79.60	—	—	9.02	68.40	400.30	2676.29
EV-RS90U	450/750V	4×1.0（P2）	8.9735	—	—	4.4867	9.02	—	—	3.34	2.28	59.91	161.67
EV-RS90U	450/750V	4×1.5（P2）	13.4602	—	—	4.4867	10.26	—	—	3.34	3.80	60.28	186.73
EV-RS90U	450/750V	4×2.5（P2）	22.4338	—	—	4.4867	12.62	—	—	3.34	3.80	72.54	244.60
EV-RS90U	450/750V	4×4.0（P2）	35.8941	—	—	4.4867	18.34	—	—	3.34	3.80	95.96	345.01
EV-RS90U	450/750V	4×6.0（P2）	53.8412	—	—	6.7301	20.36	—	—	5.30	4.56	108.49	448.18
EV-RS90U	450/750V	4×10.0（P2）	91.7294	—	—	6.7301	24.07	—	—	5.30	6.84	132.59	641.22
EV-RS90U	450/750V	4×16.0（P2）	146.9950	—	—	6.7301	32.17	—	—	5.30	22.80	175.09	953.68
EV-RS90U	450/750V	4×25.0（P2）	225.6202	—	—	6.7301	44.84	—	—	5.30	38.00	234.32	1393.56
EV-RS90U	450/750V	4×35.0（P2）	317.9194	—	—	8.9735	51.95	—	—	9.02	45.60	303.12	1881.24
EV-RS90U	450/750V	4×50.0（P2）	453.8043	—	—	8.9735	71.30	—	—	9.02	76.00	399.69	2629.42
EV-RS90U	450/750V	4×70.0（P2）	638.4026	—	—	8.9735	79.60	—	—	9.02	91.20	515.11	3531.91
EV-RS90U	450/750V	5×1.0（P2）	8.9735	—	—	4.4867	9.02	—	—	3.34	6.08	65.94	191.47
EV-RS90U	450/750V	5×1.50（P2）	13.4602	—	—	4.4867	10.26	—	—	3.34	6.08	73.07	227.95

（续）

型号	电压	规格	主绝缘导体	接地绝缘导体	辅助绝缘导体	信号线导体	主绝缘	接地绝缘	辅助电源绝缘	信号线绝缘	填充材料	外护套	参考重量
EV-RS90U	450/750V	5×2.50（P2）	22.4338	—	—	4.4867	12.62	—	—	3.34	7.60	87.14	300.93
EV-RS90U	450/750V	5×4.0（P2）	35.8941	—	—	4.4867	18.34	—	—	3.34	9.12	113.66	425.59
EV-RS90U	450/750V	5×6.0（P2）	53.8412	—	—	6.7301	20.36	—	—	5.30	38.00	130.50	581.61
EV-RS90U	450/750V	5×10.0（P2）	91.7294	—	—	6.7301	24.07	—	—	5.30	45.60	159.87	826.93
EV-RS90U	450/750V	5×16.0（P2）	146.9950	—	—	6.7301	32.17	—	—	5.30	60.80	208.58	1208.03
EV-RS90U	450/750V	5×25.0（P2）	225.6202	—	—	6.7301	44.84	—	—	5.30	76.00	297.28	1768.76
EV-RS90U	450/750V	5×35.0（P2）	317.9194	—	—	8.9735	51.95	—	—	9.02	91.20	357.80	2355.26
EV-RS90U	450/750V	5×50.0（P2）	453.8043	—	—	8.9735	71.30	—	—	9.02	106.40	489.67	3278.87
EV-RS90U	450/750V	5×70.0（P2）	638.4026	—	—	8.9735	79.60	—	—	9.02	121.60	601.01	4370.26
EV-RS90PU	450/750V	3×1.0（P2）	8.9735	—	—	4.4867	9.02	—	—	3.34	2.28	56.57	179.28
EV-RS90PU	450/750V	3×1.5（P2）	13.4602	—	—	4.4867	10.26	—	—	3.34	3.04	60.16	202.86
EV-RS90PU	450/750V	3×2.5（P2）	22.4338	—	—	4.4867	12.62	—	—	3.34	4.56	72.36	254.23
EV-RS90PU	450/750V	3×4.0（P2）	35.8941	—	—	4.4867	18.34	—	—	3.34	5.32	89.05	338.01
EV-RS90PU	450/750V	3×6.0（P2）	53.8412	—	—	6.7301	20.36	—	—	5.30	9.12	109.09	435.74
EV-RS90PU	450/750V	3×10.0（P2）	91.7294	—	—	6.7301	24.07	—	—	5.30	9.88	123.16	581.81
EV-RS90PU	450/750V	3×16.0（P2）	146.9950	—	—	6.7301	32.17	—	—	5.30	22.80	158.60	829.45
EV-RS90PU	450/750V	3×25.0（P2）	225.6202	—	—	6.7301	44.84	—	—	5.30	38.00	216.16	1242.77
EV-RS90PU	450/750V	3×35.0（P2）	317.9194	—	—	8.9735	51.95	—	—	9.02	45.60	276.06	1642.78
EV-RS90PU	450/750V	3×50.0（P2）	453.8043	—	—	8.9735	71.30	—	—	9.02	53.20	343.21	2218.17
EV-RS90PU	450/750V	3×70.0（P2）	638.4026	—	—	8.9735	79.60	—	—	9.02	60.80	433.39	2947.85
EV-RS90PU	450/750V	4×1.0（P2）	8.9735	—	—	4.4867	9.02	—	—	3.34	3.04	60.81	204.51
EV-RS90PU	450/750V	4×1.5（P2）	13.4602	—	—	4.4867	10.26	—	—	3.34	3.80	73.39	243.64
EV-RS90PU	450/750V	4×2.5（P2）	22.4338	—	—	4.4867	12.62	—	—	3.34	4.56	88.19	324.45
EV-RS90PU	450/750V	4×4.0（P2）	35.8941	—	—	4.4867	18.34	—	—	3.34	5.32	105.81	432.92
EV-RS90PU	450/750V	4×6.0（P2）	53.8412	—	—	6.7301	20.36	—	—	5.30	6.08	127.66	548.57
EV-RS90PU	450/750V	4×10.0（P2）	91.7294	—	—	6.7301	24.07	—	—	5.30	7.60	145.64	750.32

（续）

型号	电压	规格	主绝缘导体	接地绝缘导体	辅助绝缘导体	信号线导体	主绝缘	接地绝缘	辅助电源绝缘	信号线绝缘	填充材料	外护套	参考重量
EV-RS90PU	450/750V	4×16.0（P2）	146.9950	—	—	6.7301	32.17	—	—	5.30	15.20	199.53	1081.11
EV-RS90PU	450/750V	4×25.0（P2）	225.6202	—	—	6.7301	44.84	—	—	5.30	30.40	255.37	1566.09
EV-RS90PU	450/750V	4×35.0（P2）	317.9194	—	—	8.9735	51.95	—	—	9.02	38.00	329.83	2073.93
EV-RS90PU	450/750V	4×50.0（P2）	453.8043	—	—	8.9735	71.30	—	—	9.02	45.60	432.76	2876.37
EV-RS90PU	450/750V	4×70.0（P2）	638.4026	—	—	8.9735	79.60	—	—	9.02	53.20	522.77	3786.07
EV-RS90PU	450/750V	5×1.0（P2）	8.9735	—	—	4.4867	9.02	—	—	3.34	3.80	74.24	259.92
EV-RS90PU	450/750V	5×1.50（P2）	13.4602	—	—	4.4867	10.26	—	—	3.34	5.32	88.76	306.32
EV-RS90PU	450/750V	5×2.50（P2）	22.4338	—	—	4.4867	12.62	—	—	3.34	6.08	89.66	373.70
EV-RS90PU	450/750V	5×4.0（P2）	35.8941	—	—	4.4867	18.34	—	—	3.34	7.60	124.29	514.45
EV-RS90PU	450/750V	5×6.0（P2）	53.8412	—	—	6.7301	20.36	—	—	5.30	15.20	146.66	662.76
EV-RS90PU	450/750V	5×10.0（P2）	91.7294	—	—	6.7301	24.07	—	—	5.30	22.80	182.33	926.95
EV-RS90PU	450/750V	5×16.0（P2）	146.9950	—	—	6.7301	32.17	—	—	5.30	30.40	230.84	1352.35
EV-RS90PU	450/750V	5×25.0（P2）	225.6202	—	—	6.7301	44.84	—	—	5.30	38.00	314.88	1920.37
EV-RS90PU	450/750V	5×35.0（P2）	317.9194	—	—	8.9735	51.95	—	—	9.02	45.60	402.34	2551.17
EV-RS90PU	450/750V	5×50.0（P2）	453.8043	—	—	8.9735	71.30	—	—	9.02	53.20	524.48	3543.71
EV-RS90PU	450/750V	5×70.0（P2）	638.4026	—	—	8.9735	79.60	—	—	9.02	60.80	641.40	4660.31
EV-REYJ	450/750V	3×1.0	8.9735	—	—	4.4867	9.92	—	—	3.67	3.04	75.25	154.52
EV-REYJ	450/750V	3×1.5	13.4602	—	—	4.4867	11.28	—	—	3.67	3.04	79.30	176.38
EV-REYJ	450/750V	3×2.5	22.4338	—	—	4.4867	13.88	—	—	3.67	3.04	92.47	224.54
EV-REYJ	450/750V	3×4.0	35.8941	—	—	4.4867	20.17	—	—	3.67	3.04	121.99	313.59
EV-REYJ	450/750V	3×6.0	53.8412	—	—	6.7301	22.40	—	—	5.83	4.56	136.39	399.92
EV-REYJ	450/750V	3×10.0	91.7294	—	—	6.7301	26.48	—	—	5.83	4.56	176.39	566.10
EV-REYJ	450/750V	3×16.0	146.9950	—	—	6.7301	35.39	—	—	5.83	22.80	228.73	829.48
EV-REYJ	450/750V	3×25.0	225.6202	—	—	6.7301	49.32	—	—	5.83	22.80	320.63	1199.31
EV-REYJ	450/750V	3×35.0	317.9194	—	—	8.9735	57.15	—	—	9.92	45.60	393.33	1608.14
EV-REYJ	450/750V	3×50.0	453.8043	—	—	8.9735	78.43	—	—	9.92	68.40	529.08	2238.45

（续）

型号	电压	规格	主绝缘导体	接地绝缘导体	辅助绝缘导体	信号线导体	主绝缘	接地绝缘	辅助电源绝缘	信号线绝缘	填充材料	外护套	参考重量
EV-REYJ	450/750V	3×70.0	638.4026	—	—	8.9735	87.56	—	—	9.92	68.40	667.74	2958.56
EV-REYJ	450/750V	4×1.0	8.9735	—	—	4.4867	9.92	—	—	3.67	2.28	84.99	182.94
EV-REYJ	450/750V	4×1.5	13.4602	—	—	4.4867	11.28	—	—	3.67	3.80	95.91	219.03
EV-REYJ	450/750V	4×2.5	22.4338	—	—	4.4867	13.88	—	—	3.67	3.80	112.02	281.71
EV-REYJ	450/750V	4×4.0	35.8941	—	—	4.4867	20.17	—	—	3.67	3.80	141.60	390.56
EV-REYJ	450/750V	4×6.0	53.8412	—	—	6.7301	22.40	—	—	5.83	4.56	165.64	505.15
EV-REYJ	450/750V	4×10.0	91.7294	—	—	6.7301	26.48	—	—	5.83	6.84	209.82	719.75
EV-REYJ	450/750V	4×16.0	146.9950	—	—	6.7301	35.39	—	—	5.83	22.80	277.51	1060.64
EV-REYJ	450/750V	4×25.0	225.6202	—	—	6.7301	49.32	—	—	5.83	38.00	390.53	1559.35
EV-REYJ	450/750V	4×35.0	317.9194	—	—	8.9735	57.15	—	—	9.92	45.60	480.96	2070.83
EV-REYJ	450/750V	4×50.0	453.8043	—	—	8.9735	78.43	—	—	9.92	76.00	646.67	2895.87
EV-REYJ	450/750V	4×70.0	638.4026	—	—	8.9735	87.56	—	—	9.92	91.20	813.40	3852.99
EV-REYJ	450/750V	5×1.0	8.9735	—	—	4.4867	9.92	—	—	3.67	6.08	100.66	223.28
EV-REYJ	450/750V	5×1.50	13.4602	—	—	4.4867	11.28	—	—	3.67	6.08	116.81	269.38
EV-REYJ	450/750V	5×2.50	22.4338	—	—	4.4867	13.88	—	—	3.67	7.60	136.40	349.08
EV-REYJ	450/750V	5×4.0	35.8941	—	—	4.4867	20.17	—	—	3.67	9.12	174.05	487.72
EV-REYJ	450/750V	5×6.0	53.8412	—	—	6.7301	22.40	—	—	5.83	38.00	189.92	642.89
EV-REYJ	450/750V	5×10.0	91.7294	—	—	6.7301	26.48	—	—	5.83	45.60	256.77	927.54
EV-REYJ	450/750V	5×16.0	146.9950	—	—	6.7301	35.39	—	—	5.83	60.80	331.65	1338.86
EV-REYJ	450/750V	5×25.0	225.6202	—	—	6.7301	49.32	—	—	5.83	76.00	470.84	1956.38
EV-REYJ	450/750V	5×35.0	317.9194	—	—	8.9735	57.15	—	—	9.92	91.20	586.41	2600.82
EV-REYJ	450/750V	5×50.0	453.8043	—	—	8.9735	78.43	—	—	9.92	106.40	772.15	3587.95
EV-REYJ	450/750V	5×70.0	638.4026	—	—	8.9735	87.56	—	—	9.92	121.60	1012.01	4812.01
EV-REYJ	450/750V	3×1.0（P2）	8.9735	—	—	4.4867	9.92	—	—	3.67	2.28	85.80	172.92
EV-REYJ	450/750V	3×1.5（P2）	13.4602	—	—	4.4867	11.28	—	—	3.67	3.04	89.86	195.55
EV-REYJ	450/750V	3×2.5（P2）	22.4338	—	—	4.4867	13.88	—	—	3.67	4.56	102.78	244.98

（续）

型号	电压	规格	主绝缘导体	接地绝缘导体	辅助绝缘导体	信号线导体	主绝缘	接地绝缘	辅助电源绝缘	信号线绝缘	填充材料	外护套	参考重量
EV-REYJ	450/750V	3×4.0（P2）	35.8941	—	—	4.4867	20.17	—	—	3.67	5.32	130.25	332.74
EV-REYJ	450/750V	3×6.0（P2）	53.8412	—	—	6.7301	22.40	—	—	5.83	9.12	144.49	421.98
EV-REYJ	450/750V	3×10.0（P2）	91.7294	—	—	6.7301	26.48	—	—	5.83	9.88	180.70	585.13
EV-REYJ	450/750V	3×16.0（P2）	146.9950	—	—	6.7301	35.39	—	—	5.83	22.80	238.25	848.40
EV-REYJ	450/750V	3×25.0（P2）	225.6202	—	—	6.7301	49.32	—	—	5.83	38.00	314.30	1217.58
EV-REYJ	450/750V	3×35.0（P2）	317.9194	—	—	8.9735	57.15	—	—	9.92	45.60	393.33	1618.99
EV-REYJ	450/750V	3×50.0（P2）	453.8043	—	—	8.9735	78.43	—	—	9.92	53.20	529.08	2234.10
EV-REYJ	450/750V	3×70.0（P2）	638.4026	—	—	8.9735	87.56	—	—	9.92	60.80	667.74	2961.81
EV-REYJ	450/750V	4×1.0（P2）	8.9735	—	—	4.4867	9.92	—	—	3.67	3.04	95.38	202.16
EV-REYJ	450/750V	4×1.5（P2）	13.4602	—	—	4.4867	11.28	—	—	3.67	3.80	106.91	238.10
EV-REYJ	450/750V	4×2.5（P2）	22.4338	—	—	4.4867	13.88	—	—	3.67	4.56	120.17	298.69
EV-REYJ	450/750V	4×4.0（P2）	35.8941	—	—	4.4867	20.17	—	—	3.67	5.32	147.35	405.90
EV-REYJ	450/750V	4×6.0（P2）	53.8412	—	—	6.7301	22.40	—	—	5.83	6.08	177.56	527.99
EV-REYJ	450/750V	4×10.0（P2）	91.7294	—	—	6.7301	26.48	—	—	5.83	7.60	220.85	740.94
EV-REYJ	450/750V	4×16.0（P2）	146.9950	—	—	6.7301	35.39	—	—	5.83	15.20	289.10	1074.03
EV-REYJ	450/750V	4×25.0（P2）	225.6202	—	—	6.7301	49.32	—	—	5.83	30.40	402.94	1573.56
EV-REYJ	450/750V	4×35.0（P2）	317.9194	—	—	8.9735	57.15	—	—	9.92	38.00	485.54	2078.66
EV-REYJ	450/750V	4×50.0（P2）	453.8043	—	—	8.9735	78.43	—	—	9.92	45.60	646.67	2876.32
EV-REYJ	450/750V	4×70.0（P2）	638.4026	—	—	8.9735	87.56	—	—	9.92	53.20	814.23	3826.67
EV-REYJ	450/750V	5×1.0（P2）	8.9735	—	—	4.4867	9.92	—	—	3.67	3.80	107.57	235.98
EV-REYJ	450/750V	5×1.50（P2）	13.4602	—	—	4.4867	11.28	—	—	3.67	5.32	120.70	280.58
EV-REYJ	450/750V	5×2.50（P2）	22.4338	—	—	4.4867	13.88	—	—	3.67	6.08	139.36	358.59
EV-REYJ	450/750V	5×4.0（P2）	35.8941	—	—	4.4867	20.17	—	—	3.67	7.60	179.64	499.86
EV-REYJ	450/750V	5×6.0（P2）	53.8412	—	—	6.7301	22.40	—	—	5.83	15.20	207.07	646.64
EV-REYJ	450/750V	5×10.0（P2）	91.7294	—	—	6.7301	26.48	—	—	5.83	22.80	269.19	926.56
EV-REYJ	450/750V	5×16.0（P2）	146.9950	—	—	6.7301	35.39	—	—	5.83	30.40	348.45	1334.66

（续）

型号	电压	规格	主绝缘导体	接地绝缘导体	辅助绝缘导体	信号线导体	主绝缘	接地绝缘	辅助电源绝缘	信号线绝缘	填充材料	外护套	参考重量
EV-REYJ	450/750V	5×25.0（P2）	225.6202	—	—	6.7301	49.32	—	—	5.83	38.00	485.18	1942.12
EV-REYJ	450/750V	5×35.0（P2）	317.9194	—	—	8.9735	57.15	—	—	9.92	45.60	594.18	2573.84
EV-REYJ	450/750V	5×50.0（P2）	453.8043	—	—	8.9735	78.43	—	—	9.92	53.20	795.28	3568.73
EV-REYJ	450/750V	5×70.0（P2）	638.4026	—	—	8.9735	87.56	—	—	9.92	60.80	1012.01	4762.06
EV-REPYJ	450/750V	3×1.0（P2）	8.9735	—	—	4.4867	9.92	—	—	3.67	2.28	97.63	223.70
EV-REPYJ	450/750V	3×1.5（P2）	13.4602	—	—	4.4867	11.28	—	—	3.67	3.04	111.67	258.09
EV-REPYJ	450/750V	3×2.5（P2）	22.4338	—	—	4.4867	13.88	—	—	3.67	4.56	115.52	301.83
EV-REPYJ	450/750V	3×4.0（P2）	35.8941	—	—	4.4867	20.17	—	—	3.67	5.32	150.61	405.72
EV-REPYJ	450/750V	3×6.0（P2）	53.8412	—	—	6.7301	22.40	—	—	5.83	9.12	170.23	504.06
EV-REPYJ	450/750V	3×10.0（P2）	91.7294	—	—	6.7301	26.48	—	—	5.83	9.88	216.25	683.19
EV-REPYJ	450/750V	3×16.0（P2）	146.9950	—	—	6.7301	35.39	—	—	5.83	22.80	260.00	941.57
EV-REPYJ	450/750V	3×25.0（P2）	225.6202	—	—	6.7301	49.32	—	—	5.83	38.00	354.99	1396.10
EV-REPYJ	450/750V	3×35.0（P2）	317.9194	—	—	8.9735	57.15	—	—	9.92	45.60	490.72	1874.84
EV-REPYJ	450/750V	3×50.0（P2）	453.8043	—	—	8.9735	78.43	—	—	9.92	53.20	581.67	2479.82
EV-REPYJ	450/750V	3×70.0（P2）	638.4026	—	—	8.9735	87.56	—	—	9.92	60.80	808.75	3348.89
EV-REPYJ	450/750V	4×1.0（P2）	8.9735	—	—	4.4867	9.92	—	—	3.67	3.04	111.11	259.07
EV-REPYJ	450/750V	4×1.5（P2）	13.4602	—	—	4.4867	11.28	—	—	3.67	3.80	116.54	291.53
EV-REPYJ	450/750V	4×2.5（P2）	22.4338	—	—	4.4867	13.88	—	—	3.67	4.56	143.61	385.57
EV-REPYJ	450/750V	4×4.0（P2）	35.8941	—	—	4.4867	20.17	—	—	3.67	5.32	173.37	508.46
EV-REPYJ	450/750V	4×6.0（P2）	53.8412	—	—	6.7301	22.40	—	—	5.83	6.08	196.45	626.58
EV-REPYJ	450/750V	4×10.0（P2）	91.7294	—	—	6.7301	26.48	—	—	5.83	7.60	247.19	862.57
EV-REPYJ	450/750V	4×16.0（P2）	146.9950	—	—	6.7301	35.39	—	—	5.83	15.20	312.97	1208.49
EV-REPYJ	450/750V	4×25.0（P2）	225.6202	—	—	6.7301	49.32	—	—	5.83	30.40	432.57	1762.27
EV-REPYJ	450/750V	4×35.0（P2）	317.9194	—	—	8.9735	57.15	—	—	9.92	38.00	527.77	2294.47
EV-REPYJ	450/750V	4×50.0（P2）	453.8043	—	—	8.9735	78.43	—	—	9.92	45.60	708.65	3182.58
EV-REPYJ	450/750V	4×70.0（P2）	638.4026	—	—	8.9735	87.56	—	—	9.92	53.20	894.37	4191.31

（续）

型号	电压	规格	主绝缘导体	接地绝缘导体	辅助绝缘导体	信号线导体	主绝缘	接地绝缘	辅助电源绝缘	信号线绝缘	填充材料	外护套	参考重量
EV-REPYJ	450/750V	5×1.0（P2）	8.9735	—	—	4.4867	9.92	—	—	3.67	3.80	129.79	320.63
EV-REPYJ	450/750V	5×1.50（P2）	13.4602	—	—	4.4867	11.28	—	—	3.67	5.32	144.19	367.51
EV-REPYJ	450/750V	5×2.50（P2）	22.4338	—	—	4.4867	13.88	—	—	3.67	6.08	168.80	459.80
EV-REPYJ	450/750V	5×4.0（P2）	35.8941	—	—	4.4867	20.17	—	—	3.67	7.60	198.61	598.58
EV-REPYJ	450/750V	5×6.0（P2）	53.8412	—	—	6.7301	22.40	—	—	5.83	15.20	237.88	765.24
EV-REPYJ	450/750V	5×10.0（P2）	91.7294	—	—	6.7301	26.48	—	—	5.83	22.80	297.29	1055.02
EV-REPYJ	450/750V	5×16.0（P2）	146.9950	—	—	6.7301	35.39	—	—	5.83	30.40	377.42	1516.09
EV-REPYJ	450/750V	5×25.0（P2）	225.6202	—	—	6.7301	49.32	—	—	5.83	38.00	535.59	2164.54
EV-REPYJ	450/750V	5×35.0（P2）	317.9194	—	—	8.9735	57.15	—	—	9.92	45.60	640.82	2817.45
EV-REPYJ	450/750V	5×50.0（P2）	453.8043	—	—	8.9735	78.43	—	—	9.92	53.20	863.96	3920.64
EV-REPYJ	450/750V	5×70.0（P2）	638.4026	—	—	8.9735	87.56	—	—	9.92	60.80	1077.33	5137.84
EV-REU	450/750V	3×1.0	8.9735	—	—	4.4867	9.02	—	—	3.34	3.04	44.55	120.46
EV-REU	450/750V	3×1.5	13.4602	—	—	4.4867	10.26	—	—	3.34	3.04	53.50	146.86
EV-REU	450/750V	3×2.5	22.4338	—	—	4.4867	12.62	—	—	3.34	3.04	61.38	189.01
EV-REU	450/750V	3×4.0	35.8941	—	—	4.4867	18.34	—	—	3.34	3.04	71.59	257.04
EV-REU	450/750V	3×6.0	53.8412	—	—	6.7301	20.36	—	—	5.30	4.56	85.48	341.83
EV-REU	450/750V	3×10.0	91.7294	—	—	6.7301	24.07	—	—	5.30	4.56	108.83	490.25
EV-REU	450/750V	3×16.0	146.9950	—	—	6.7301	32.17	—	—	5.30	22.80	152.36	742.39
EV-REU	450/750V	3×25.0	225.6202	—	—	6.7301	44.84	—	—	5.30	22.80	200.99	1065.17
EV-REU	450/750V	3×35.0	317.9194	—	—	8.9735	51.95	—	—	9.02	45.60	258.20	1455.61
EV-REU	450/750V	3×50.0	453.8043	—	—	8.9735	71.30	—	—	9.02	68.40	331.13	2017.31
EV-REU	450/750V	3×70.0	638.4026	—	—	8.9735	79.60	—	—	9.02	68.40	400.30	2665.44
EV-REU	450/750V	4×1.0	8.9735	—	—	4.4867	9.02	—	—	3.34	2.28	52.33	146.02
EV-REU	450/750V	4×1.5	13.4602	—	—	4.4867	10.26	—	—	3.34	3.80	55.51	173.89
EV-REU	450/750V	4×2.5	22.4338	—	—	4.4867	12.62	—	—	3.34	3.80	70.39	234.38
EV-REU	450/750V	4×4.0	35.8941	—	—	4.4867	18.34	—	—	3.34	3.80	86.17	327.15

（续）

型号	电压	规格	主绝缘导体	接地绝缘导体	辅助绝缘导体	信号线导体	主绝缘	接地绝缘	辅助电源绝缘	信号线绝缘	填充材料	外护套	参考重量
EV-REU	450/750V	4×6.0	53.8412	—	—	6.7301	20.36	—	—	5.30	4.56	104.94	435.23
EV-REU	450/750V	4×10.0	91.7294	—	—	6.7301	24.07	—	—	5.30	6.84	125.79	625.02
EV-REU	450/750V	4×16.0	146.9950	—	—	6.7301	32.17	—	—	5.30	22.80	167.25	936.44
EV-REU	450/750V	4×25.0	225.6202	—	—	6.7301	44.84	—	—	5.30	38.00	224.85	1374.69
EV-REU	450/750V	4×35.0	317.9194	—	—	8.9735	51.95	—	—	9.02	45.60	300.78	1868.05
EV-REU	450/750V	4×50.0	453.8043	—	—	8.9735	71.30	—	—	9.02	76.00	399.69	2618.57
EV-REU	450/750V	4×70.0	638.4026	—	—	8.9735	79.60	—	—	9.02	91.20	514.28	3520.23
EV-REU	450/750V	5×1.0	8.9735	—	—	4.4867	9.02	—	—	3.34	6.08	57.63	175.09
EV-REU	450/750V	5×1.50	13.4602	—	—	4.4867	10.26	—	—	3.34	6.08	70.39	217.20
EV-REU	450/750V	5×2.50	22.4338	—	—	4.4867	12.62	—	—	3.34	7.60	84.95	290.67
EV-REU	450/750V	5×4.0	35.8941	—	—	4.4867	18.34	—	—	3.34	9.12	109.16	413.02
EV-REU	450/750V	5×6.0	53.8412	—	—	6.7301	20.36	—	—	5.30	38.00	121.44	563.15
EV-REU	450/750V	5×10.0	91.7294	—	—	6.7301	24.07	—	—	5.30	45.60	145.64	803.30
EV-REU	450/750V	5×16.0	146.9950	—	—	6.7301	32.17	—	—	5.30	60.80	196.94	1186.99
EV-REU	450/750V	5×25.0	225.6202	—	—	6.7301	44.84	—	—	5.30	76.00	300.06	1762.14
EV-REU	450/750V	5×35.0	317.9194	—	—	8.9735	51.95	—	—	9.02	91.20	352.57	2339.18
EV-REU	450/750V	5×50.0	453.8043	—	—	8.9735	71.30	—	—	9.02	106.40	477.97	3256.32
EV-REU	450/750V	5×70.0	638.4026	—	—	8.9735	79.60	—	—	9.02	121.60	601.01	4359.41
EV-REU	450/750V	3×1.0（P2）	8.9735	—	—	4.4867	9.02	—	—	3.34	3.04	50.27	134.25
EV-REU	450/750V	3×1.5（P2）	13.4602	—	—	4.4867	10.26	—	—	3.34	3.04	55.51	156.94
EV-REU	450/750V	3×2.5（P2）	22.4338	—	—	4.4867	12.62	—	—	3.34	3.04	62.67	198.37
EV-REU	450/750V	3×4.0（P2）	35.8941	—	—	4.4867	18.34	—	—	3.34	3.04	76.58	270.10
EV-REU	450/750V	3×6.0（P2）	53.8412	—	—	6.7301	20.36	—	—	5.30	4.56	90.30	356.05
EV-REU	450/750V	3×10.0（P2）	91.7294	—	—	6.7301	24.07	—	—	5.30	4.56	114.72	505.54
EV-REU	450/750V	3×16.0（P2）	146.9950	—	—	6.7301	32.17	—	—	5.30	22.80	146.61	746.04
EV-REU	450/750V	3×25.0（P2）	225.6202	—	—	6.7301	44.84	—	—	5.30	22.80	183.20	1056.78

（续）

型号	电压	规格	主绝缘导体	接地绝缘导体	辅助绝缘导体	信号线导体	主绝缘	接地绝缘	辅助电源绝缘	信号线绝缘	填充材料	外护套	参考重量
EV-REU	450/750V	3×35.0（P2）	317.9194	—	—	8.9735	51.95	—	—	9.02	45.60	245.20	1453.46
EV-REU	450/750V	3×50.0（P2）	453.8043	—	—	8.9735	71.30	—	—	9.02	68.40	315.93	2012.96
EV-REU	450/750V	3×70.0（P2）	638.4026	—	—	8.9735	79.60	—	—	9.02	68.40	400.30	2676.29
EV-REU	450/750V	4×1.0（P2）	8.9735	—	—	4.4867	9.02	—	—	3.34	2.28	59.91	161.67
EV-REU	450/750V	4×1.5（P2）	13.4602	—	—	4.4867	10.26	—	—	3.34	3.80	60.28	186.73
EV-REU	450/750V	4×2.5（P2）	22.4338	—	—	4.4867	12.62	—	—	3.34	3.80	72.54	244.60
EV-REU	450/750V	4×4.0（P2）	35.8941	—	—	4.4867	18.34	—	—	3.34	3.80	95.96	345.01
EV-REU	450/750V	4×6.0（P2）	53.8412	—	—	6.7301	20.36	—	—	5.30	4.56	108.49	448.18
EV-REU	450/750V	4×10.0（P2）	91.7294	—	—	6.7301	24.07	—	—	5.30	6.84	132.59	641.22
EV-REU	450/750V	4×16.0（P2）	146.9950	—	—	6.7301	32.17	—	—	5.30	22.80	175.09	953.68
EV-REU	450/750V	4×25.0（P2）	225.6202	—	—	6.7301	44.84	—	—	5.30	38.00	234.32	1393.56
EV-REU	450/750V	4×35.0（P2）	317.9194	—	—	8.9735	51.95	—	—	9.02	45.60	303.12	1881.24
EV-REU	450/750V	4×50.0（P2）	453.8043	—	—	8.9735	71.30	—	—	9.02	76.00	399.69	2629.42
EV-REU	450/750V	4×70.0（P2）	638.4026	—	—	8.9735	79.60	—	—	9.02	91.20	515.11	3531.91
EV-REU	450/750V	5×1.0（P2）	8.9735	—	—	4.4867	9.02	—	—	3.34	6.08	65.94	191.47
EV-REU	450/750V	5×1.50（P2）	13.4602	—	—	4.4867	10.26	—	—	3.34	6.08	73.07	227.95
EV-REU	450/750V	5×2.50（P2）	22.4338	—	—	4.4867	12.62	—	—	3.34	7.60	87.14	300.93
EV-REU	450/750V	5×4.0（P2）	35.8941	—	—	4.4867	18.34	—	—	3.34	9.12	113.66	425.59
EV-REU	450/750V	5×6.0（P2）	53.8412	—	—	6.7301	20.36	—	—	5.30	38.00	130.50	581.61
EV-REU	450/750V	5×10.0（P2）	91.7294	—	—	6.7301	24.07	—	—	5.30	45.60	159.87	826.93
EV-REU	450/750V	5×16.0（P2）	146.9950	—	—	6.7301	32.17	—	—	5.30	60.80	208.58	1208.03
EV-REU	450/750V	5×25.0（P2）	225.6202	—	—	6.7301	44.84	—	—	5.30	76.00	297.28	1768.76
EV-REU	450/750V	5×35.0（P2）	317.9194	—	—	8.9735	51.95	—	—	9.02	91.20	357.80	2355.26
EV-REU	450/750V	5×50.0（P2）	453.8043	—	—	8.9735	71.30	—	—	9.02	106.40	489.67	3278.87
EV-REU	450/750V	5×70.0（P2）	638.4026	—	—	8.9735	79.60	—	—	9.02	121.60	601.01	4370.26
EV-REPU	450/750V	3×1.0（P2）	8.9735	—	—	4.4867	9.02	—	—	3.34	2.28	56.57	179.28

（续）

型号	电压	规格	主绝缘导体	接地绝缘导体	辅助绝缘导体	信号线导体	主绝缘	接地绝缘	辅助电源绝缘	信号线绝缘	填充材料	外护套	参考重量
EV-REPU	450/750V	3×1.5（P2）	13.4602	—	—	4.4867	10.26	—	—	3.34	3.04	60.16	202.86
EV-REPU	450/750V	3×2.5（P2）	22.4338	—	—	4.4867	12.62	—	—	3.34	4.56	72.36	254.23
EV-REPU	450/750V	3×4.0（P2）	35.8941	—	—	4.4867	18.34	—	—	3.34	5.32	89.05	338.01
EV-REPU	450/750V	3×6.0（P2）	53.8412	—	—	6.7301	20.36	—	—	5.30	9.12	109.09	435.74
EV-REPU	450/750V	3×10.0（P2）	91.7294	—	—	6.7301	24.07	—	—	5.30	9.88	123.16	581.81
EV-REPU	450/750V	3×16.0（P2）	146.9950	—	—	6.7301	32.17	—	—	5.30	22.80	158.60	829.45
EV-REPU	450/750V	3×25.0（P2）	225.6202	—	—	6.7301	44.84	—	—	5.30	38.00	216.16	1242.77
EV-REPU	450/750V	3×35.0（P2）	317.9194	—	—	8.9735	51.95	—	—	9.02	45.60	276.06	1642.78
EV-REPU	450/750V	3×50.0（P2）	453.8043	—	—	8.9735	71.30	—	—	9.02	53.20	343.21	2218.17
EV-REPU	450/750V	3×70.0（P2）	638.4026	—	—	8.9735	79.60	—	—	9.02	60.80	433.39	2947.85
EV-REPU	450/750V	4×1.0（P2）	8.9735	—	—	4.4867	9.02	—	—	3.34	3.04	60.81	204.51
EV-REPU	450/750V	4×1.5（P2）	13.4602	—	—	4.4867	10.26	—	—	3.34	3.80	73.39	243.64
EV-REPU	450/750V	4×2.5（P2）	22.4338	—	—	4.4867	12.62	—	—	3.34	4.56	88.19	324.45
EV-REPU	450/750V	4×4.0（P2）	35.8941	—	—	4.4867	18.34	—	—	3.34	5.32	105.81	432.92
EV-REPU	450/750V	4×6.0（P2）	53.8412	—	—	6.7301	20.36	—	—	5.30	6.08	127.66	548.57
EV-REPU	450/750V	4×10.0（P2）	91.7294	—	—	6.7301	24.07	—	—	5.30	7.60	145.64	750.32
EV-REPU	450/750V	4×16.0（P2）	146.9950	—	—	6.7301	32.17	—	—	5.30	15.20	199.53	1081.11
EV-REPU	450/750V	4×25.0（P2）	225.6202	—	—	6.7301	44.84	—	—	5.30	30.40	255.37	1566.09
EV-REPU	450/750V	4×35.0（P2）	317.9194	—	—	8.9735	51.95	—	—	9.02	38.00	329.83	2073.93
EV-REPU	450/750V	4×50.0（P2）	453.8043	—	—	8.9735	71.30	—	—	9.02	45.60	432.76	2876.37
EV-REPU	450/750V	4×70.0（P2）	638.4026	—	—	8.9735	79.60	—	—	9.02	53.20	522.77	3786.07
EV-REPU	450/750V	5×1.0（P2）	8.9735	—	—	4.4867	9.02	—	—	3.34	3.80	74.24	259.92
EV-REPU	450/750V	5×1.50（P2）	13.4602	—	—	4.4867	10.26	—	—	3.34	5.32	88.76	306.32
EV-REPU	450/750V	5×2.50（P2）	22.4338	—	—	4.4867	12.62	—	—	3.34	6.08	89.66	373.70
EV-REPU	450/750V	5×4.0（P2）	35.8941	—	—	4.4867	18.34	—	—	3.34	7.60	124.29	514.45
EV-REPU	450/750V	5×6.0（P2）	53.8412	—	—	6.7301	20.36	—	—	5.30	15.20	146.66	662.76

（续）

型号	电压	规格	主绝缘导体	接地绝缘导体	辅助绝缘导体	信号线导体	主绝缘	接地绝缘	辅助电源绝缘	信号线绝缘	填充材料	外护套	参考重量
EV-REPU	450/750V	5×10.0（P2）	91. 7294	—	—	6. 7301	24. 07	—	—	5. 30	22. 80	182. 33	926. 95
EV-REPU	450/750V	5×16.0（P2）	146. 9950	—	—	6. 7301	32. 17	—	—	5. 30	30. 40	230. 84	1352. 35
EV-REPU	450/750V	5×25.0（P2）	225. 6202	—	—	6. 7301	44. 84	—	—	5. 30	38. 00	314. 88	1920. 37
EV-REPU	450/750V	5×35.0（P2）	317. 9194	—	—	8. 9735	51. 95	—	—	9. 02	45. 60	402. 34	2551. 17
EV-REPU	450/750V	5×50.0（P2）	453. 8043	—	—	8. 9735	71. 30	—	—	9. 02	53. 20	524. 48	3543. 71
EV-REPU	450/750V	5×70.0（P2）	638. 4026	—	—	8. 9735	79. 60	—	—	9. 02	60. 80	641. 40	4660. 31
EV-REYYJ	450/750V	3×1.0	8. 9735	—	—	4. 4867	9. 92	—	—	3. 67	3. 04	75. 25	154. 52
EV-REYYJ	450/750V	3×1.5	13. 4602	—	—	4. 4867	11. 28	—	—	3. 67	3. 04	79. 30	176. 38
EV-REYYJ	450/750V	3×2.5	22. 4338	—	—	4. 4867	13. 88	—	—	3. 67	3. 04	92. 47	224. 54
EV-REYYJ	450/750V	3×4.0	35. 8941	—	—	4. 4867	20. 17	—	—	3. 67	3. 04	121. 99	313. 59
EV-REYYJ	450/750V	3×6.0	53. 8412	—	—	6. 7301	22. 40	—	—	5. 83	4. 56	136. 39	399. 92
EV-REYYJ	450/750V	3×10.0	91. 7294	—	—	6. 7301	26. 48	—	—	5. 83	4. 56	176. 39	566. 10
EV-REYYJ	450/750V	3×16.0	146. 9950	—	—	6. 7301	35. 39	—	—	5. 83	22. 80	228. 73	829. 48
EV-REYYJ	450/750V	3×25.0	225. 6202	—	—	6. 7301	49. 32	—	—	5. 83	22. 80	320. 63	1199. 31
EV-REYYJ	450/750V	3×35.0	317. 9194	—	—	8. 9735	57. 15	—	—	9. 92	45. 60	393. 33	1608. 14
EV-REYYJ	450/750V	3×50.0	453. 8043	—	—	8. 9735	78. 43	—	—	9. 92	68. 40	529. 08	2238. 45
EV-REYYJ	450/750V	3×70.0	638. 4026	—	—	8. 9735	87. 56	—	—	9. 92	68. 40	667. 74	2958. 56
EV-REYYJ	450/750V	4×1.0	8. 9735	—	—	4. 4867	9. 92	—	—	3. 67	2. 28	84. 99	182. 94
EV-REYYJ	450/750V	4×1.5	13. 4602	—	—	4. 4867	11. 28	—	—	3. 67	3. 80	95. 91	219. 03
EV-REYYJ	450/750V	4×2.5	22. 4338	—	—	4. 4867	13. 88	—	—	3. 67	3. 80	112. 02	281. 71
EV-REYYJ	450/750V	4×4.0	35. 8941	—	—	4. 4867	20. 17	—	—	3. 67	3. 80	141. 60	390. 56
EV-REYYJ	450/750V	4×6.0	53. 8412	—	—	6. 7301	22. 40	—	—	5. 83	4. 56	165. 64	505. 15
EV-REYYJ	450/750V	4×10.0	91. 7294	—	—	6. 7301	26. 48	—	—	5. 83	6. 84	209. 82	719. 75
EV-REYYJ	450/750V	4×16.0	146. 9950	—	—	6. 7301	35. 39	—	—	5. 83	22. 80	277. 51	1060. 64
EV-REYYJ	450/750V	4×25.0	225. 6202	—	—	6. 7301	49. 32	—	—	5. 83	38. 00	390. 53	1559. 35
EV-REYYJ	450/750V	4×35.0	317. 9194	—	—	8. 9735	57. 15	—	—	9. 92	45. 60	480. 96	2070. 83

（续）

型号	电压	规格	主绝缘导体	接地绝缘导体	辅助绝缘导体	信号线导体	主绝缘	接地绝缘	辅助电源绝缘	信号线绝缘	填充材料	外护套	参考重量
EV-REYYJ	450/750V	4×50.0	453.8043	—	—	8.9735	78.43	—	—	9.92	76.00	646.67	2895.87
EV-REYYJ	450/750V	4×70.0	638.4026	—	—	8.9735	87.56	—	—	9.92	91.20	813.40	3852.99
EV-REYYJ	450/750V	5×1.0	8.9735	—	—	4.4867	9.92	—	—	3.67	6.08	100.66	223.28
EV-REYYJ	450/750V	5×1.50	13.4602	—	—	4.4867	11.28	—	—	3.67	6.08	116.81	269.38
EV-REYYJ	450/750V	5×2.50	22.4338	—	—	4.4867	13.88	—	—	3.67	7.60	136.40	349.08
EV-REYYJ	450/750V	5×4.0	35.8941	—	—	4.4867	20.17	—	—	3.67	9.12	174.05	487.72
EV-REYYJ	450/750V	5×6.0	53.8412	—	—	6.7301	22.40	—	—	5.83	38.00	189.92	642.89
EV-REYYJ	450/750V	5×10.0	91.7294	—	—	6.7301	26.48	—	—	5.83	45.60	256.77	927.54
EV-REYYJ	450/750V	5×16.0	146.9950	—	—	6.7301	35.39	—	—	5.83	60.80	331.65	1338.86
EV-REYYJ	450/750V	5×25.0	225.6202	—	—	6.7301	49.32	—	—	5.83	76.00	470.84	1956.38
EV-REYYJ	450/750V	5×35.0	317.9194	—	—	8.9735	57.15	—	—	9.92	91.20	586.41	2600.82
EV-REYYJ	450/750V	5×50.0	453.8043	—	—	8.9735	78.43	—	—	9.92	106.40	772.15	3587.95
EV-REYYJ	450/750V	5×70.0	638.4026	—	—	8.9735	87.56	—	—	9.92	121.60	1012.01	4812.01
EV-REYYJ	450/750V	3×1.0（P2）	8.9735	—	—	4.4867	9.92	—	—	3.67	2.28	85.80	172.92
EV-REYYJ	450/750V	3×1.5（P2）	13.4602	—	—	4.4867	11.28	—	—	3.67	3.04	89.86	195.55
EV-REYYJ	450/750V	3×2.5（P2）	22.4338	—	—	4.4867	13.88	—	—	3.67	4.56	102.78	244.98
EV-REYYJ	450/750V	3×4.0（P2）	35.8941	—	—	4.4867	20.17	—	—	3.67	5.32	130.25	332.74
EV-REYYJ	450/750V	3×6.0（P2）	53.8412	—	—	6.7301	22.40	—	—	5.83	9.12	144.49	421.98
EV-REYYJ	450/750V	3×10.0（P2）	91.7294	—	—	6.7301	26.48	—	—	5.83	9.88	180.70	585.13
EV-REYYJ	450/750V	3×16.0（P2）	146.9950	—	—	6.7301	35.39	—	—	5.83	22.80	238.25	848.40
EV-REYYJ	450/750V	3×25.0（P2）	225.6202	—	—	6.7301	49.32	—	—	5.83	38.00	314.30	1217.58
EV-REYYJ	450/750V	3×35.0（P2）	317.9194	—	—	8.9735	57.15	—	—	9.92	45.60	393.33	1618.99
EV-REYYJ	450/750V	3×50.0（P2）	453.8043	—	—	8.9735	78.43	—	—	9.92	53.20	529.08	2234.10
EV-REYYJ	450/750V	3×70.0（P2）	638.4026	—	—	8.9735	87.56	—	—	9.92	60.80	667.74	2961.81
EV-REYYJ	450/750V	4×1.0（P2）	8.9735	—	—	4.4867	9.92	—	—	3.67	3.04	95.38	202.16
EV-REYYJ	450/750V	4×1.5（P2）	13.4602	—	—	4.4867	11.28	—	—	3.67	3.80	106.91	238.10

（续）

型号	电压	规格	主绝缘导体	接地绝缘导体	辅助绝缘导体	信号线导体	主绝缘	接地绝缘	辅助电源绝缘	信号线绝缘	填充材料	外护套	参考重量
EV-REYYJ	450/750V	4×2.5（P2）	22.4338	—	—	4.4867	13.88	—	—	3.67	4.56	120.17	298.69
EV-REYYJ	450/750V	4×4.0（P2）	35.8941	—	—	4.4867	20.17	—	—	3.67	5.32	147.35	405.90
EV-REYYJ	450/750V	4×6.0（P2）	53.8412	—	—	6.7301	22.40	—	—	5.83	6.08	177.56	527.99
EV-REYYJ	450/750V	4×10.0（P2）	91.7294	—	—	6.7301	26.48	—	—	5.83	7.60	220.85	740.94
EV-REYYJ	450/750V	4×16.0（P2）	146.9950	—	—	6.7301	35.39	—	—	5.83	15.20	289.10	1074.03
EV-REYYJ	450/750V	4×25.0（P2）	225.6202	—	—	6.7301	49.32	—	—	5.83	30.40	402.94	1573.56
EV-REYYJ	450/750V	4×35.0（P2）	317.9194	—	—	8.9735	57.15	—	—	9.92	38.00	485.54	2078.66
EV-REYYJ	450/750V	4×50.0（P2）	453.8043	—	—	8.9735	78.43	—	—	9.92	45.60	646.67	2876.32
EV-REYYJ	450/750V	4×70.0（P2）	638.4026	—	—	8.9735	87.56	—	—	9.92	53.20	814.23	3826.67
EV-REYYJ	450/750V	5×1.0（P2）	8.9735	—	—	4.4867	9.92	—	—	3.67	3.80	107.57	235.98
EV-REYYJ	450/750V	5×1.50（P2）	13.4602	—	—	4.4867	11.28	—	—	3.67	5.32	120.70	280.58
EV-REYYJ	450/750V	5×2.50（P2）	22.4338	—	—	4.4867	13.88	—	—	3.67	6.08	139.36	358.59
EV-REYYJ	450/750V	5×4.0（P2）	35.8941	—	—	4.4867	20.17	—	—	3.67	7.60	179.64	499.86
EV-REYYJ	450/750V	5×6.0（P2）	53.8412	—	—	6.7301	22.40	—	—	5.83	15.20	207.07	646.64
EV-REYYJ	450/750V	5×10.0（P2）	91.7294	—	—	6.7301	26.48	—	—	5.83	22.80	269.19	926.56
EV-REYYJ	450/750V	5×16.0（P2）	146.9950	—	—	6.7301	35.39	—	—	5.83	30.40	348.45	1334.66
EV-REYYJ	450/750V	5×25.0（P2）	225.6202	—	—	6.7301	49.32	—	—	5.83	38.00	485.18	1942.12
EV-REYYJ	450/750V	5×35.0（P2）	317.9194	—	—	8.9735	57.15	—	—	9.92	45.60	594.18	2573.84
EV-REYYJ	450/750V	5×50.0（P2）	453.8043	—	—	8.9735	78.43	—	—	9.92	53.20	795.28	3568.73
EV-REYYJ	450/750V	5×70.0（P2）	638.4026	—	—	8.9735	87.56	—	—	9.92	60.80	1012.01	4762.06
EV-REYPYJ	450/750V	3×1.0（P2）	8.9735	—	—	4.4867	9.92	—	—	3.67	2.28	97.63	223.70
EV-REYPYJ	450/750V	3×1.5（P2）	13.4602	—	—	4.4867	11.28	—	—	3.67	3.04	111.67	258.09
EV-REYPYJ	450/750V	3×2.5（P2）	22.4338	—	—	4.4867	13.88	—	—	3.67	4.56	115.52	301.83
EV-REYPYJ	450/750V	3×4.0（P2）	35.8941	—	—	4.4867	20.17	—	—	3.67	5.32	150.61	405.72
EV-REYPYJ	450/750V	3×6.0（P2）	53.8412	—	—	6.7301	22.40	—	—	5.83	9.12	170.23	504.06
EV-REYPYJ	450/750V	3×10.0（P2）	91.7294	—	—	6.7301	26.48	—	—	5.83	9.88	216.25	683.19

（续）

型号	电压	规格	主绝缘导体	接地绝缘导体	辅助绝缘导体	信号线导体	主绝缘	接地绝缘	辅助电源绝缘	信号线绝缘	填充材料	外护套	参考重量
EV-REYPYJ	450/750V	3×16.0（P2）	146.9950	—	—	6.7301	35.39	—	—	5.83	22.80	260.00	941.57
EV-REYPYJ	450/750V	3×25.0（P2）	225.6202	—	—	6.7301	49.32	—	—	5.83	38.00	354.99	1396.10
EV-REYPYJ	450/750V	3×35.0（P2）	317.9194	—	—	8.9735	57.15	—	—	9.92	45.60	490.72	1874.84
EV-REYPYJ	450/750V	3×50.0（P2）	453.8043	—	—	8.9735	78.43	—	—	9.92	53.20	581.67	2479.82
EV-REYPYJ	450/750V	3×70.0（P2）	638.4026	—	—	8.9735	87.56	—	—	9.92	60.80	808.75	3348.89
EV-REYPYJ	450/750V	4×1.0（P2）	8.9735	—	—	4.4867	9.92	—	—	3.67	3.04	111.11	259.07
EV-REYPYJ	450/750V	4×1.5（P2）	13.4602	—	—	4.4867	11.28	—	—	3.67	3.80	116.54	291.53
EV-REYPYJ	450/750V	4×2.5（P2）	22.4338	—	—	4.4867	13.88	—	—	3.67	4.56	143.61	385.57
EV-REYPYJ	450/750V	4×4.0（P2）	35.8941	—	—	4.4867	20.17	—	—	3.67	5.32	173.37	508.46
EV-REYPYJ	450/750V	4×6.0（P2）	53.8412	—	—	6.7301	22.40	—	—	5.83	6.08	196.45	626.58
EV-REYPYJ	450/750V	4×10.0（P2）	91.7294	—	—	6.7301	26.48	—	—	5.83	7.60	247.19	862.57
EV-REYPYJ	450/750V	4×16.0（P2）	146.9950	—	—	6.7301	35.39	—	—	5.83	15.20	312.97	1208.49
EV-REYPYJ	450/750V	4×25.0（P2）	225.6202	—	—	6.7301	49.32	—	—	5.83	30.40	432.57	1762.27
EV-REYPYJ	450/750V	4×35.0（P2）	317.9194	—	—	8.9735	57.15	—	—	9.92	38.00	527.77	2294.47
EV-REYPYJ	450/750V	4×50.0（P2）	453.8043	—	—	8.9735	78.43	—	—	9.92	45.60	708.65	3182.58
EV-REYPYJ	450/750V	4×70.0（P2）	638.4026	—	—	8.9735	87.56	—	—	9.92	53.20	894.37	4191.31
EV-REYPYJ	450/750V	5×1.0（P2）	8.9735	—	—	4.4867	9.92	—	—	3.67	3.80	129.79	320.63
EV-REYPYJ	450/750V	5×1.50（P2）	13.4602	—	—	4.4867	11.28	—	—	3.67	5.32	144.19	367.51
EV-REYPYJ	450/750V	5×2.50（P2）	22.4338	—	—	4.4867	13.88	—	—	3.67	6.08	168.80	459.80
EV-REYPYJ	450/750V	5×4.0（P2）	35.8941	—	—	4.4867	20.17	—	—	3.67	7.60	198.61	598.58
EV-REYPYJ	450/750V	5×6.0（P2）	53.8412	—	—	6.7301	22.40	—	—	5.83	15.20	237.88	765.24
EV-REYPYJ	450/750V	5×10.0（P2）	91.7294	—	—	6.7301	26.48	—	—	5.83	22.80	297.29	1055.02
EV-REYPYJ	450/750V	5×16.0（P2）	146.9950	—	—	6.7301	35.39	—	—	5.83	30.40	377.42	1516.09
EV-REYPYJ	450/750V	5×25.0（P2）	225.6202	—	—	6.7301	49.32	—	—	5.83	38.00	535.59	2164.54
EV-REYPYJ	450/750V	5×35.0（P2）	317.9194	—	—	8.9735	57.15	—	—	9.92	45.60	640.82	2817.45
EV-REYPYJ	450/750V	5×50.0（P2）	453.8043	—	—	8.9735	78.43	—	—	9.92	53.20	863.96	3920.64

（续）

型号	电压	规格	主绝缘导体	接地绝缘导体	辅助绝缘导体	信号线导体	主绝缘	接地绝缘	辅助电源绝缘	信号线绝缘	填充材料	外护套	参考重量
EV-REYPYJ	450/750V	5×70.0（P2）	638.4026	—	—	8.9735	87.56	—	—	9.92	60.80	1077.33	5137.84
EV-REYU	450/750V	3×1.0	8.9735	—	—	4.4867	9.02	—	—	3.34	3.04	44.55	120.46
EV-REYU	450/750V	3×1.5	13.4602	—	—	4.4867	10.26	—	—	3.34	3.04	53.50	146.86
EV-REYU	450/750V	3×2.5	22.4338	—	—	4.4867	12.62	—	—	3.34	3.04	61.38	189.01
EV-REYU	450/750V	3×4.0	35.8941	—	—	4.4867	18.34	—	—	3.34	3.04	71.59	257.04
EV-REYU	450/750V	3×6.0	53.8412	—	—	6.7301	20.36	—	—	5.30	4.56	85.48	341.83
EV-REYU	450/750V	3×10.0	91.7294	—	—	6.7301	24.07	—	—	5.30	4.56	108.83	490.25
EV-REYU	450/750V	3×16.0	146.9950	—	—	6.7301	32.17	—	—	5.30	22.80	152.36	742.39
EV-REYU	450/750V	3×25.0	225.6202	—	—	6.7301	44.84	—	—	5.30	22.80	200.99	1065.17
EV-REYU	450/750V	3×35.0	317.9194	—	—	8.9735	51.95	—	—	9.02	45.60	258.20	1455.61
EV-REYU	450/750V	3×50.0	453.8043	—	—	8.9735	71.30	—	—	9.02	68.40	331.13	2017.31
EV-REYU	450/750V	3×70.0	638.4026	—	—	8.9735	79.60	—	—	9.02	68.40	400.30	2665.44
EV-REYU	450/750V	4×1.0	8.9735	—	—	4.4867	9.02	—	—	3.34	2.28	52.33	146.02
EV-REYU	450/750V	4×1.5	13.4602	—	—	4.4867	10.26	—	—	3.34	3.80	55.51	173.89
EV-REYU	450/750V	4×2.5	22.4338	—	—	4.4867	12.62	—	—	3.34	3.80	70.39	234.38
EV-REYU	450/750V	4×4.0	35.8941	—	—	4.4867	18.34	—	—	3.34	3.80	86.17	327.15
EV-REYU	450/750V	4×6.0	53.8412	—	—	6.7301	20.36	—	—	5.30	4.56	104.94	435.23
EV-REYU	450/750V	4×10.0	91.7294	—	—	6.7301	24.07	—	—	5.30	6.84	125.79	625.02
EV-REYU	450/750V	4×16.0	146.9950	—	—	6.7301	32.17	—	—	5.30	22.80	167.25	936.44
EV-REYU	450/750V	4×25.0	225.6202	—	—	6.7301	44.84	—	—	5.30	38.00	224.85	1374.69
EV-REYU	450/750V	4×35.0	317.9194	—	—	8.9735	51.95	—	—	9.02	45.60	300.78	1868.05
EV-REYU	450/750V	4×50.0	453.8043	—	—	8.9735	71.30	—	—	9.02	76.00	399.69	2618.57
EV-REYU	450/750V	4×70.0	638.4026	—	—	8.9735	79.60	—	—	9.02	91.20	514.28	3520.23
EV-REYU	450/750V	5×1.0	8.9735	—	—	4.4867	9.02	—	—	3.34	6.08	57.63	175.09
EV-REYU	450/750V	5×1.50	13.4602	—	—	4.4867	10.26	—	—	3.34	6.08	70.39	217.20
EV-REYU	450/750V	5×2.50	22.4338	—	—	4.4867	12.62	—	—	3.34	7.60	84.95	290.67

（续）

型号	电压	规格	主绝缘导体	接地绝缘导体	辅助绝缘导体	信号线导体	主绝缘	接地绝缘	辅助电源绝缘	信号线绝缘	填充材料	外护套	参考重量
EV-REYU	450/750V	5×4.0	35.8941	—	—	4.4867	18.34	—	—	3.34	9.12	109.16	413.02
EV-REYU	450/750V	5×6.0	53.8412	—	—	6.7301	20.36	—	—	5.30	38.00	121.44	563.15
EV-REYU	450/750V	5×10.0	91.7294	—	—	6.7301	24.07	—	—	5.30	45.60	145.64	803.30
EV-REYU	450/750V	5×16.0	146.9950	—	—	6.7301	32.17	—	—	5.30	60.80	196.94	1186.99
EV-REYU	450/750V	5×25.0	225.6202	—	—	6.7301	44.84	—	—	5.30	76.00	300.06	1762.14
EV-REYU	450/750V	5×35.0	317.9194	—	—	8.9735	51.95	—	—	9.02	91.20	352.57	2339.18
EV-REYU	450/750V	5×50.0	453.8043	—	—	8.9735	71.30	—	—	9.02	106.40	477.97	3256.32
EV-REYU	450/750V	5×70.0	638.4026	—	—	8.9735	79.60	—	—	9.02	121.60	601.01	4359.41
EV-REYU	450/750V	3×1.0（P2）	8.9735	—	—	4.4867	9.02	—	—	3.34	3.04	50.27	134.25
EV-REYU	450/750V	3×1.5（P2）	13.4602	—	—	4.4867	10.26	—	—	3.34	3.04	55.51	156.94
EV-REYU	450/750V	3×2.5（P2）	22.4338	—	—	4.4867	12.62	—	—	3.34	3.04	62.67	198.37
EV-REYU	450/750V	3×4.0（P2）	35.8941	—	—	4.4867	18.34	—	—	3.34	3.04	76.58	270.10
EV-REYU	450/750V	3×6.0（P2）	53.8412	—	—	6.7301	20.36	—	—	5.30	4.56	90.30	356.05
EV-REYU	450/750V	3×10.0（P2）	91.7294	—	—	6.7301	24.07	—	—	5.30	4.56	114.72	505.54
EV-REYU	450/750V	3×16.0（P2）	146.9950	—	—	6.7301	32.17	—	—	5.30	22.80	146.61	746.04
EV-REYU	450/750V	3×25.0（P2）	225.6202	—	—	6.7301	44.84	—	—	5.30	22.80	183.20	1056.78
EV-REYU	450/750V	3×35.0（P2）	317.9194	—	—	8.9735	51.95	—	—	9.02	45.60	245.20	1453.46
EV-REYU	450/750V	3×50.0（P2）	453.8043	—	—	8.9735	71.30	—	—	9.02	68.40	315.93	2012.96
EV-REYU	450/750V	3×70.0（P2）	638.4026	—	—	8.9735	79.60	—	—	9.02	68.40	400.30	2676.29
EV-REYU	450/750V	4×1.0（P2）	8.9735	—	—	4.4867	9.02	—	—	3.34	2.28	59.91	161.67
EV-REYU	450/750V	4×1.5（P2）	13.4602	—	—	4.4867	10.26	—	—	3.34	3.80	60.28	186.73
EV-REYU	450/750V	4×2.5（P2）	22.4338	—	—	4.4867	12.62	—	—	3.34	3.80	72.54	244.60
EV-REYU	450/750V	4×4.0（P2）	35.8941	—	—	4.4867	18.34	—	—	3.34	3.80	95.96	345.01
EV-REYU	450/750V	4×6.0（P2）	53.8412	—	—	6.7301	20.36	—	—	5.30	4.56	108.49	448.18
EV-REYU	450/750V	4×10.0（P2）	91.7294	—	—	6.7301	24.07	—	—	5.30	6.84	132.59	641.22
EV-REYU	450/750V	4×16.0（P2）	146.9950	—	—	6.7301	32.17	—	—	5.30	22.80	175.09	953.68

（续）

型号	电压	规格	主绝缘导体	接地绝缘导体	辅助绝缘导体	信号线导体	主绝缘	接地绝缘	辅助电源绝缘	信号线绝缘	填充材料	外护套	参考重量
EV-REYU	450/750V	4×25.0（P2）	225.6202	—	—	6.7301	44.84	—	—	5.30	38.00	234.32	1393.56
EV-REYU	450/750V	4×35.0（P2）	317.9194	—	—	8.9735	51.95	—	—	9.02	45.60	303.12	1881.24
EV-REYU	450/750V	4×50.0（P2）	453.8043	—	—	8.9735	71.30	—	—	9.02	76.00	399.69	2629.42
EV-REYU	450/750V	4×70.0（P2）	638.4026	—	—	8.9735	79.60	—	—	9.02	91.20	515.11	3531.91
EV-REYU	450/750V	5×1.0（P2）	8.9735	—	—	4.4867	9.02	—	—	3.34	6.08	65.94	191.47
EV-REYU	450/750V	5×1.50（P2）	13.4602	—	—	4.4867	10.26	—	—	3.34	6.08	73.07	227.95
EV-REYU	450/750V	5×2.50（P2）	22.4338	—	—	4.4867	12.62	—	—	3.34	7.60	87.14	300.93
EV-REYU	450/750V	5×4.0（P2）	35.8941	—	—	4.4867	18.34	—	—	3.34	9.12	113.66	425.59
EV-REYU	450/750V	5×6.0（P2）	53.8412	—	—	6.7301	20.36	—	—	5.30	38.00	130.50	581.61
EV-REYU	450/750V	5×10.0（P2）	91.7294	—	—	6.7301	24.07	—	—	5.30	45.60	159.87	826.93
EV-REYU	450/750V	5×16.0（P2）	146.9950	—	—	6.7301	32.17	—	—	5.30	60.80	208.58	1208.03
EV-REYU	450/750V	5×25.0（P2）	225.6202	—	—	6.7301	44.84	—	—	5.30	76.00	297.28	1768.76
EV-REYU	450/750V	5×35.0（P2）	317.9194	—	—	8.9735	51.95	—	—	9.02	91.20	357.80	2355.26
EV-REYU	450/750V	5×50.0（P2）	453.8043	—	—	8.9735	71.30	—	—	9.02	106.40	489.67	3278.87
EV-REYU	450/750V	5×70.0（P2）	638.4026	—	—	8.9735	79.60	—	—	9.02	121.60	601.01	4370.26
EV-REYPU	450/750V	3×1.0（P2）	8.9735	—	—	4.4867	9.02	—	—	3.34	2.28	56.57	179.28
EV-REYPU	450/750V	3×1.5（P2）	13.4602	—	—	4.4867	10.26	—	—	3.34	3.04	60.16	202.86
EV-REYPU	450/750V	3×2.5（P2）	22.4338	—	—	4.4867	12.62	—	—	3.34	4.56	72.36	254.23
EV-REYPU	450/750V	3×4.0（P2）	35.8941	—	—	4.4867	18.34	—	—	3.34	5.32	89.05	338.01
EV-REYPU	450/750V	3×6.0（P2）	53.8412	—	—	6.7301	20.36	—	—	5.30	9.12	109.09	435.74
EV-REYPU	450/750V	3×10.0（P2）	91.7294	—	—	6.7301	24.07	—	—	5.30	9.88	123.16	581.81
EV-REYPU	450/750V	3×16.0（P2）	146.9950	—	—	6.7301	32.17	—	—	5.30	22.80	158.60	829.45
EV-REYPU	450/750V	3×25.0（P2）	225.6202	—	—	6.7301	44.84	—	—	5.30	38.00	216.16	1242.77
EV-REYPU	450/750V	3×35.0（P2）	317.9194	—	—	8.9735	51.95	—	—	9.02	45.60	276.06	1642.78
EV-REYPU	450/750V	3×50.0（P2）	453.8043	—	—	8.9735	71.30	—	—	9.02	53.20	343.21	2218.17
EV-REYPU	450/750V	3×70.0（P2）	638.4026	—	—	8.9735	79.60	—	—	9.02	60.80	433.39	2947.85

（续）

型号	电压	规格	主绝缘导体	接地绝缘导体	辅助绝缘导体	信号线导体	主绝缘	接地绝缘	辅助电源绝缘	信号线绝缘	填充材料	外护套	参考重量
EV-REYPU	450/750V	4×1.0（P2）	8.9735	—	—	4.4867	9.02	—	—	3.34	3.04	60.81	204.51
EV-REYPU	450/750V	4×1.5（P2）	13.4602	—	—	4.4867	10.26	—	—	3.34	3.80	73.39	243.64
EV-REYPU	450/750V	4×2.5（P2）	22.4338	—	—	4.4867	12.62	—	—	3.34	4.56	88.19	324.45
EV-REYPU	450/750V	4×4.0（P2）	35.8941	—	—	4.4867	18.34	—	—	3.34	5.32	105.81	432.92
EV-REYPU	450/750V	4×6.0（P2）	53.8412	—	—	6.7301	20.36	—	—	5.30	6.08	127.66	548.57
EV-REYPU	450/750V	4×10.0（P2）	91.7294	—	—	6.7301	24.07	—	—	5.30	7.60	145.64	750.32
EV-REYPU	450/750V	4×16.0（P2）	146.9950	—	—	6.7301	32.17	—	—	5.30	15.20	199.53	1081.11
EV-REYPU	450/750V	4×25.0（P2）	225.6202	—	—	6.7301	44.84	—	—	5.30	30.40	255.37	1566.09
EV-REYPU	450/750V	4×35.0（P2）	317.9194	—	—	8.9735	51.95	—	—	9.02	38.00	329.83	2073.93
EV-REYPU	450/750V	4×50.0（P2）	453.8043	—	—	8.9735	71.30	—	—	9.02	45.60	432.76	2876.37
EV-REYPU	450/750V	4×70.0（P2）	638.4026	—	—	8.9735	79.60	—	—	9.02	53.20	522.77	3786.07
EV-REYPU	450/750V	5×1.0（P2）	8.9735	—	—	4.4867	9.02	—	—	3.34	3.80	74.24	259.92
EV-REYPU	450/750V	5×1.50（P2）	13.4602	—	—	4.4867	10.26	—	—	3.34	5.32	88.76	306.32
EV-REYPU	450/750V	5×2.50（P2）	22.4338	—	—	4.4867	12.62	—	—	3.34	6.08	89.66	373.70
EV-REYPU	450/750V	5×4.0（P2）	35.8941	—	—	4.4867	18.34	—	—	3.34	7.60	124.29	514.45
EV-REYPU	450/750V	5×6.0（P2）	53.8412	—	—	6.7301	20.36	—	—	5.30	15.20	146.66	662.76
EV-REYPU	450/750V	5×10.0（P2）	91.7294	—	—	6.7301	24.07	—	—	5.30	22.80	182.33	926.95
EV-REYPU	450/750V	5×16.0（P2）	146.9950	—	—	6.7301	32.17	—	—	5.30	30.40	230.84	1352.35
EV-REYPU	450/750V	5×25.0（P2）	225.6202	—	—	6.7301	44.84	—	—	5.30	38.00	314.88	1920.37
EV-REYPU	450/750V	5×35.0（P2）	317.9194	—	—	8.9735	51.95	—	—	9.02	45.60	402.34	2551.17
EV-REYPU	450/750V	5×50.0（P2）	453.8043	—	—	8.9735	71.30	—	—	9.02	53.20	524.48	3543.71
EV-REYPU	450/750V	5×70.0（P2）	638.4026	—	—	8.9735	79.60	—	—	9.02	60.80	641.40	4660.31
EVDC-RS90S90	1.0kV	2×10（P2）	91.7294	53.8412	35.8941	13.4602	24.07	20.36	18.34	5.04	22.80	206.64	739.92
EVDC-RS90S90	1.0kV	2×16（P2）	146.9950	91.7294	35.8941	13.4602	32.17	24.07	18.34	5.04	30.40	238.71	947.92
EVDC-RS90S90	1.0kV	2×25（P2）	225.6202	146.9950	35.8941	13.4602	44.84	32.17	18.34	5.04	38.00	325.73	1288.49
EVDC-RS90S90	1.0kV	2×35（P2）	317.9194	225.6202	35.8941	13.4602	51.95	44.84	18.34	5.04	45.60	374.57	1635.05

（续）

型号	电压	规格	主绝缘导体	接地绝缘导体	辅助绝缘导体	信号线导体	主绝缘	接地绝缘	辅助电源绝缘	信号线绝缘	填充材料	外护套	参考重量
EVDC-RS90S90	1.0kV	2×50（P2）	453.8043	317.9194	35.8941	13.4602	71.30	51.95	18.34	5.04	53.20	484.27	2162.23
EVDC-RS90S90	1.0kV	2×70（P2）	638.4026	453.8043	35.8941	13.4602	79.60	71.30	18.34	5.04	60.80	625.11	2851.70
EVDC-RS90S90	1.0kV	2×95（P2）	861.4589	638.4026	35.8941	13.4602	107.98	79.60	18.34	5.04	60.80	775.58	3697.94
EVDC-RS90S90	1.0kV	2×120（P2）	1083.8743	861.4589	35.8941	13.4602	120.14	107.98	18.34	5.04	76.00	925.45	4583.60
EVDC-RS90S90	1.0kV	2×150（P2）	1363.9767	1083.8743	35.8941	13.4602	154.62	120.14	18.34	5.04	83.60	1158.09	5687.58
EVDC-RS90S90	1.0kV	2×185（P2）	1681.8961	1363.9767	35.8941	13.4602	184.63	154.62	18.34	5.04	91.20	1385.75	6933.28
EVDC-RS90S90	1.0kV	2×240（P2）	2187.8323	1681.8961	35.8941	13.4602	229.30	184.63	18.34	5.04	98.80	1755.19	8759.46
EVDC-RS90U	1.0kV	2×10（P2）	91.7294	53.8412	35.8941	13.4602	24.07	20.36	18.34	5.04	22.80	129.60	662.88
EVDC-RS90U	1.0kV	2×16（P2）	146.9950	91.7294	35.8941	13.4602	32.17	24.07	18.34	5.04	30.40	152.36	861.57
EVDC-RS90U	1.0kV	2×25（P2）	225.6202	146.9950	35.8941	13.4602	44.84	32.17	18.34	5.04	38.00	201.57	1164.33
EVDC-RS90U	1.0kV	2×35（P2）	317.9194	225.6202	35.8941	13.4602	51.95	44.84	18.34	5.04	45.60	249.18	1509.66
EVDC-RS90U	1.0kV	2×50（P2）	453.8043	317.9194	35.8941	13.4602	71.30	51.95	18.34	5.04	53.20	297.28	1975.24
EVDC-RS90U	1.0kV	2×70（P2）	638.4026	453.8043	35.8941	13.4602	79.60	71.30	18.34	5.04	60.80	391.38	2617.97
EVDC-RS90U	1.0kV	2×95（P2）	861.4589	638.4026	35.8941	13.4602	107.98	79.60	18.34	5.04	60.80	513.23	3435.59
EVDC-RS90U	1.0kV	2×120（P2）	1083.8743	861.4589	35.8941	13.4602	120.14	107.98	18.34	5.04	76.00	608.69	4266.84
EVDC-RS90U	1.0kV	2×150（P2）	1363.9767	1083.8743	35.8941	13.4602	154.62	120.14	18.34	5.04	83.60	760.59	5290.08
EVDC-RS90U	1.0kV	2×185（P2）	1681.8961	1363.9767	35.8941	13.4602	184.63	154.62	18.34	5.04	91.20	904.47	6452.00
EVDC-RS90U	1.0kV	2×240（P2）	2187.8323	1681.8961	35.8941	13.4602	229.30	184.63	18.34	5.04	98.80	1130.47	8134.74
EVDC-REYJ	1.0kV	2×10（P2）	91.7294	53.8412	35.8941	13.4602	26.85	22.71	20.77	5.62	22.80	230.48	778.85
EVDC-REYJ	1.0kV	2×16（P2）	146.9950	91.7294	35.8941	13.4602	35.88	26.85	20.77	5.62	30.40	262.62	989.21
EVDC-REYJ	1.0kV	2×25（P2）	225.6202	146.9950	35.8941	13.4602	50.02	35.88	20.77	5.62	38.00	350.31	1334.32
EVDC-REYJ	1.0kV	2×35（P2）	317.9194	225.6202	35.8941	13.4602	59.86	50.02	20.77	5.62	45.60	417.79	1706.45
EVDC-REYJ	1.0kV	2×50（P2）	453.8043	317.9194	35.8941	13.4602	79.53	59.86	20.77	5.62	53.20	524.14	2233.65
EVDC-REYJ	1.0kV	2×70（P2）	638.4026	453.8043	35.8941	13.4602	88.78	79.53	20.77	5.62	60.80	697.24	2957.60
EVDC-REYJ	1.0kV	2×95（P2）	861.4589	638.4026	35.8941	13.4602	117.29	88.78	20.77	5.62	60.80	885.90	3843.24
EVDC-REYJ	1.0kV	2×120（P2）	1083.8743	861.4589	35.8941	13.4602	134.00	117.29	20.77	5.62	76.00	1032.24	4734.60

（续）

型号	电压	规格	主绝缘导体	接地绝缘导体	辅助绝缘导体	信号线导体	主绝缘	接地绝缘	辅助电源绝缘	信号线绝缘	填充材料	外护套	参考重量
EVDC-REYJ	1.0kV	2×150（P2）	1363.9767	1083.8743	35.8941	13.4602	168.49	134.00	20.77	5.62	83.60	1291.71	5869.98
EVDC-REYJ	1.0kV	2×185（P2）	1681.8961	1363.9767	35.8941	13.4602	205.93	168.49	20.77	5.62	91.20	1545.64	7156.82
EVDC-REYJ	1.0kV	2×240（P2）	2187.8323	1681.8961	35.8941	13.4602	250.73	205.93	20.77	5.62	98.80	1957.72	9033.33
EVDC-REU	1.0kV	2×10（P2）	91.7294	53.8412	35.8941	13.4602	26.85	22.71	20.77	5.62	22.80	129.60	662.88
EVDC-REU	1.0kV	2×16（P2）	146.9950	91.7294	35.8941	13.4602	35.88	26.85	20.77	5.62	30.40	152.36	861.57
EVDC-REU	1.0kV	2×25（P2）	225.6202	146.9950	35.8941	13.4602	50.02	35.88	20.77	5.62	38.00	201.57	1164.33
EVDC-REU	1.0kV	2×35（P2）	317.9194	225.6202	35.8941	13.4602	59.86	50.02	20.77	5.62	45.60	249.18	1509.66
EVDC-REU	1.0kV	2×50（P2）	453.8043	317.9194	35.8941	13.4602	79.53	59.86	20.77	5.62	53.20	297.28	1975.24
EVDC-REU	1.0kV	2×70（P2）	638.4026	453.8043	35.8941	13.4602	88.78	79.53	20.77	5.62	60.80	391.38	2617.97
EVDC-REU	1.0kV	2×95（P2）	861.4589	638.4026	35.8941	13.4602	117.29	88.78	20.77	5.62	60.80	513.23	3435.59
EVDC-REU	1.0kV	2×120（P2）	1083.8743	861.4589	35.8941	13.4602	134.00	117.29	20.77	5.62	76.00	608.69	4266.84
EVDC-REU	1.0kV	2×150（P2）	1363.9767	1083.8743	35.8941	13.4602	168.49	134.00	20.77	5.62	83.60	760.59	5290.08
EVDC-REU	1.0kV	2×185（P2）	1681.8961	1363.9767	35.8941	13.4602	205.93	168.49	20.77	5.62	91.20	904.47	6452.00
EVDC-REU	1.0kV	2×240（P2）	2187.8323	1681.8961	35.8941	13.4602	250.73	205.93	20.77	5.62	98.80	1130.47	8134.74

第3章　技术工艺

3.1　产品材料性能与结构设计

3.1.1　典型产品工艺结构

国家标准 GB/T 33594—2017 将充电桩电缆的导体一般归为第 5 种或第 6 种导体，而 EN 50620：2019 和 IEC 62893 系列标准将其归为 5 类导体。为了提高信号和控制线芯的强度，防止在弯曲使用时断芯，会在信号和控制线芯导体中增加加强结构，如芳纶纤维。充电桩电缆的结构一般为铜导体、绝缘、信号或控制线芯绞合 + 屏蔽（如有）、总成缆、内护套（如有）、总屏蔽（如有）、外护套组成。其结构示意图如图 4-3-1 ~ 图 4-3-5 所示。

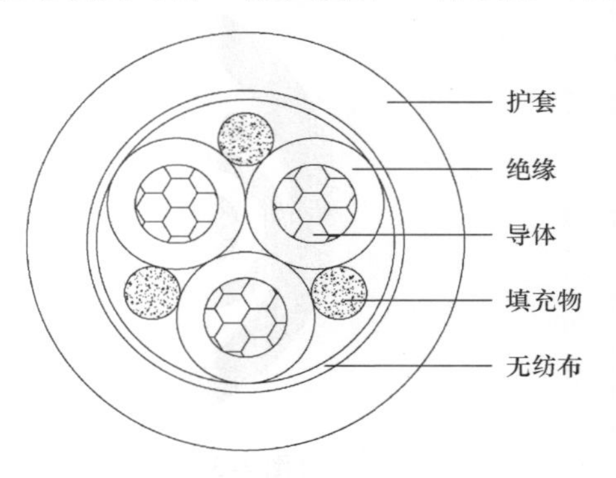

图 4-3-1　多芯电缆结构示意图

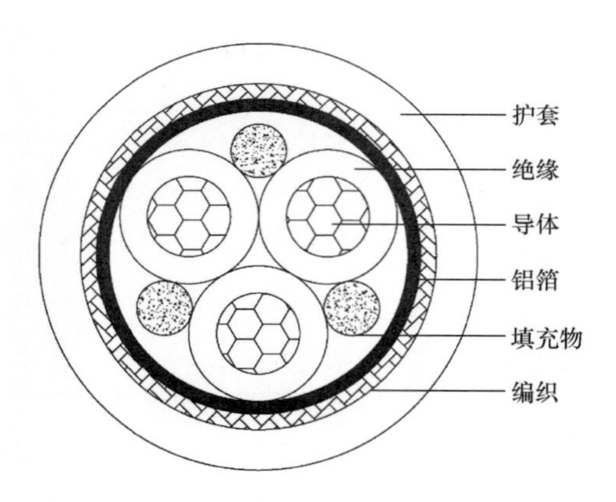

图 4-3-2　多芯屏蔽电缆结构示意图

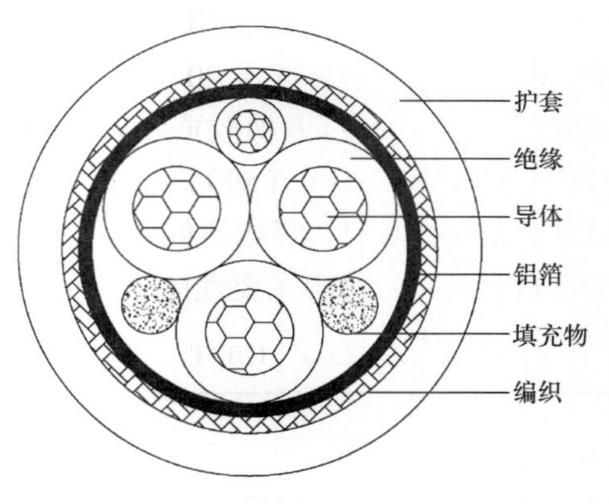

图 4-3-3　多芯屏蔽电缆结构示意图（含信号线）

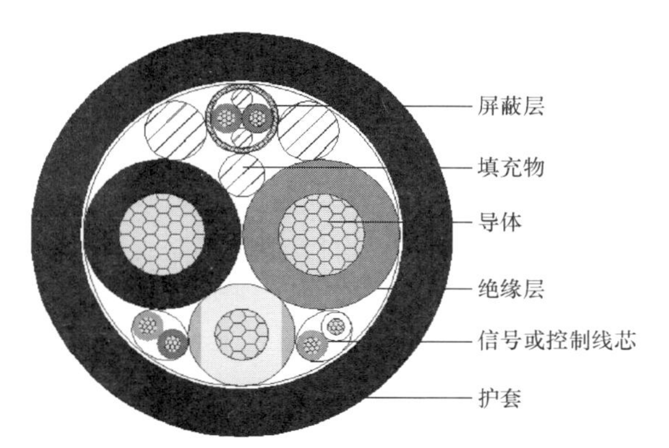

图4-3-4　直流充电桩电缆结构示意图

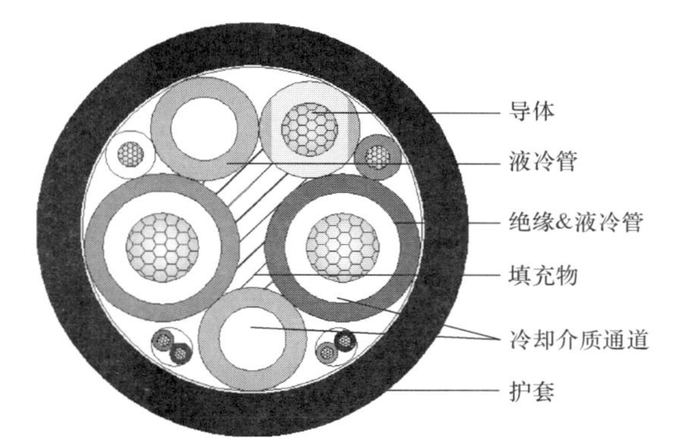

图4-3-5　直流充电桩液冷电缆结构示意图

3.1.2　主要原材料性能

国内充电桩电缆标准GB/T 33594—2017中明确了绝缘和护套材料的类型和要求，其中绝缘材料主要有70℃ TPE（S）、90℃ TPE（S90）、乙丙橡胶或类似的合成橡胶（E）、硬乙丙橡胶或类似的无卤合成材料（EY）。护套材料主要有70℃ TPE（S）、90℃ TPE（S90）、热固性弹性体合成材料（F）、聚氨酯弹性体材料（U）、无卤交联聚烯烃或类似材料（YJ）。根据使用环境可以选择不同的绝缘和护套材料，其绝缘材料主要性能要求见表4-3-1，护套材料性能见表4-3-2。

表4-3-1　GB/T 33594—2017充电桩电缆绝缘材料主要性能要求

序号	试验项目	试验方法	单位	要求			
				S	S90	E	EY
1	原始性能	GB/T 2951.11—2008					
1.1	抗张强度，最小		N/mm^2	10.0	10.0	5.0	8.0
1.2	断裂伸长率，最小		%	250	300	200	200

（续）

序号	试验项目	试验方法	单位	要求			
				S	S90	E	EY
2	空气烘箱老化后性能	GB/T 2951. 12—2008					
2. 1	处理条件						
	—温度（偏差 ±2℃）		℃	100	135	135	135
	—持续时间		h	168	168	168	168
2. 2	抗张强度						
	—老化后数值，最小		N/mm^2	10. 0	10. 0	5. 0	—
	—变化率①，最大		%	±25	±25	±30	±30
2. 3	断裂伸长率						
	—老化后数值，最小		%	250	300		
	—变化率①，最大		%	±25	±25	±30	±30
3	空气弹老化后性能	GB/T 2951. 12—2008					
3. 1	处理条件						
	—温度（偏差 ±2℃）		℃	—	—	127	—
	—持续时间		h	—	—	40	—
3. 2	抗张强度						
	—变化率①，最大		%	—		±30	—
3. 3	断裂伸长率						
	—变化率①，最大		%	—	—	±30	—
4	热延伸试验	GB/T 2951. 21—2008					
4. 1	处理条件						
	—温度（偏差 ±3℃）		℃	—	—	250	250
	—负荷时间		min	—	—	15	15
	—机械应力		N/cm^2	—	—	20	20
4. 2	试验结果						
	—负荷下伸长率，最大		%	—	—	100	100
	—冷却后永久伸长率，最大		%	—	—	25	25
5	高温压力	GB/T 2951. 31—2008					
5. 1	处理条件						
	—温度（偏差 ±2℃）		℃	80	90	—	—
	—处理时间		h	见 GB/T 2951. 31—2008 中的 8. 1. 5 节		—	—

（续）

序号	试验项目	试验方法	单位	要求			
				S	S90	E	EY
5.2	试验结果						
	—压痕深度，最大中间值		%	50	50	—	—
6	收缩试验	GB/T 2951.13—2008					
6.1	处理条件						
	—标志间长度		mm	200	200	200	200
	—温度（偏差±3℃）		℃	100	130	130	130
	—持续时间		h	1	1	1	1
6.2	试验结果						
	—允许收缩率，最大		%	4	4	4	4
7	低温卷绕试验（试样外径 $D \leq$ 12.5mm 时）	GB/T 2951.14—2008					
7.1	处理条件						
	—温度（偏差±2℃）		℃	-25	-40	-40	-40
	—施加低温时间		h	见 GB/T 2951.14—2008 中的8.1.4和8.1.5			
7.2	试验结果			不开裂			
8	低温拉伸试验（试样外径 $D >$ 12.5mm 时）	GB/T 2951.14—2008					
8.1	处理条件						
	—温度（偏差±2℃）		℃	-25	-40	-40	-40
	—施加低温时间		h	见 GB/T 2951.14—2008 中的8.3.4和8.3.5			
8.2	试验结果						
	—断裂伸长率，最小		%	30	30	30	30
9	耐臭氧试验	GB/T 2951.21—2008					
9.1	处理条件						
	—温度（偏差±2℃）		℃	—	—	25	25
	—处理时间		h	—	—	24	24
	—臭氧浓度（体积比）		%	—	—	0.025～0.030	0.025～0.030
9.2	试验结果			—	—	不开裂	
10	硬度测定②						
	试验结果						

（续）

序号	试验项目	试验方法	单位	要求			
				S	S90	E	EY
	—硬度值，最小			—	—	—	80 (IRHD)
11	卤素含量评估						
	试验结果						
	—卤酸气体含量（以 HCL 表示），最大	GB/T 17650. 1—2021	%	—	—	—	0. 5
	—pH 值，最大	GB/T 17650. 2—2021		—	—	—	4. 3
	—电导率，最大	GB/T 17650. 2—2021	μs/mm	—	—	—	10
	—氟含量，最大	IEC 60684-2：2011	%	—	—	—	0. 1

① 老化后中间值与老化前中间值之差除以老化前中间值，以百分数表示。

② 试验不能用挤出绝缘线芯进行时，可采用材料压片进行测试。

表 4-3-2　GB/T 33594—2017 充电桩电缆护套材料性能要求

序号	试验项目	试验方法	单位	要求				
				S	S90	F	U	YJ
1	原始性能	GB/T 2951. 11—2008						
1. 1	抗张强度，最小		N/mm^2	10. 0	10. 0	10. 0	20. 0	10. 0
1. 2	断裂伸长率，最小		%	250	300	300	300	150
2	空气烘箱老化后性能	GB/T 2951. 12—2008						
2. 1	处理条件							
	—温度（偏差 ±2℃）		℃	100	135	100	110	130
	—持续时间		h	168	168	168	168	168
2. 2	抗张强度							
	—老化后数值，最小		N/mm^2	10. 0	10. 0	—	—	—
	—变化率①，最大		%	±25	±25	±30	±30	±30
2. 3	断裂伸长率							
	—老化后数值，最小		%	250	300	250	300	—
	—变化率①，最大		%	±25	±25	±40	±30	±30
3	耐矿物油试验（IRM902）							
3. 1	处理条件							
	—温度（偏差 ±2℃）		℃	—	—	100	100	100

（续）

序号	试验项目	试验方法	单位	要求				
				S	S90	F	U	YJ
	—持续时间		h	—	—	24	168	168
3.2	抗张强度							
	—变化率①，最大		%	—	—	±40	±40	±40
3.3	断裂伸长率							
	—浸油后数值，最小		%	—	—	—	300	—
	—变化率①，最大		%	—	—	±40	±30	±40
4	热延伸试验	GB/T 2951.21—2008						
4.1	处理条件							
	—温度（偏差±3℃）		℃	—	—	250	—	200
	—负荷时间		min	—	—	15	—	15
	—机械应力		N/cm^2	—	—	20	—	20
4.2	试验结果							
	—负荷下伸长率，最大		%	—	—	175	—	100
	—冷却后永久伸长率，最大		%	—	—	15	—	25
5	高温压力	GB/T 2951.31—2008						
5.1	处理条件							
	—温度（偏差±2℃）		℃	80	90	—	100	—
	—处理时间		h	见GB/T 2951.31—2008中的8.2.5节		—	见GB/T 2951.31—2008中的8.2.5节	—
5.2	试验结果							
	—压痕深度，最大中间值		%	50	50	—	50	—
6	热冲击试验	GB/T 2951.31—2008						
6.1	处理条件							
	—温度（偏差±2℃）		℃	150	150	—	150	—
	—处理时间		h	1	1	—	1	—
6.2	试验结果			不开裂		—	不开裂	—
7	收缩试验	GB/T 2951.13—2008						

（续）

序号	试验项目	试验方法	单位	要求				
				S	S90	F	U	YJ
7.1	处理条件							
	—温度（偏差 ±3℃）		℃	80	80	80	80	80
	—加热持续时间		h	5	5	5	5	5
	—持续周期		次	5	5	5	5	5
7.2	试验结果							
	—允许收缩率，最大		%	3	3	3	3	3
8	低温卷绕试验（试样外径 $D \leqslant 12.5$mm 时）	GB/T 2951.14—2008						
8.1	处理条件							
	—温度（偏差 ±2℃）		℃	-25	-40	-40	-40	-40
	—施加低温时间		h	见 GB/T 2951.14—2008 中的 8.2.3				
8.2	试验结果			不开裂				
9	低温拉伸试验（试样外径 $D > 12.5$mm 时）	GB/T 2951.14—2008						
9.1	处理条件							
	—温度（偏差 ±2℃）		℃	-25	-40	-40	-40	-40
	—施加低温时间		h	见 GB/T 2951.14—2008 中的 8.4.4 和 8.4.5				
9.2	试验结果							
	—断裂伸长率，最小		%	30	30	30	30	30
10	耐臭氧试验	GB/T 2951.21—2008						
10.1	处理条件							
	—温度（偏差 ±2℃）		℃	—	—	25	25	25
	—处理时间		h	—	—	24	24	24
	—臭氧浓度（体积比）		%	—	—	0.025 ~ 0.030	0.025 ~ 0.030	0.025 ~ 0.030
10.2	试验结果			—	—	不开裂		
11	耐酸、碱性（分开测试）	GB/T 2951.21—2008						
11.1	处理条件							
	—酸：标准草酸(0.5mol/L)或醋酸溶液（1mol/L）							

（续）

序号	试验项目	试验方法	单位	要求				
				S	S90	F	U	YJ
	—碱：标准清扬化钠溶液（1mol/L）							
	—温度（偏差±2℃）		℃	23	23	23	23	23
	—处理时间		h	168	168	168	168	168
11.2	抗张强度							
	—变化率①，最大		%	±30	±30	±30	±30	±30
11.3	断裂伸长率							
	—试验后数值，最小		%	100	100	100	100	100
12	耐水解性	GB/T 2951.21—2008						
12.1	处理条件							
	—水：蒸馏水或去离子水							
	—温度（偏差±2℃）		℃	80	80	70	80	70
	—处理时间		h	168	168	168	168	168
12.2	抗张强度							
	—变化率①，最大		%	±30	±30	±30	±30	±30
12.3	断裂伸长率							
	—试验后数值，最小		%	250	—	—	300	—
	—变化率①，最大		%	±30	±30	±30	±30	±30
13	抗撕试验							
	试验结果							
	—抗撕强度，最小		N/mm	20	20	10	40	10
14	皂化试验							
	试验结果，最大（以KOH计）		mg/g	—	—	—	200	—
15	卤素含量评估②							
	试验结果							
	—卤酸气体含量（以hCL表示），最大	GB/T 17650.1—2021	%	—	—	—	0.5	0.5
	—pH值，最大	GB/T 17650.2—2021		—	—	—	4.3	4.3
	—电导率，最大	GB/T 17650.2—2021	μs/mm	—	—	—	35	10
	—氟含量，最大	IEC 60684-2：2011	%	—	—	—	0.1	0.1

① 老化后中间值与老化前中间值之差除以老化前中间值，以百分数表示。

② 当绝缘材料没有卤素含量评估要求时，U护套不作此要求。

在 EN 50620：2019 标准中，只明确了材料类型，并没有明确所用材料的具体材质。其中绝缘材料为无卤材料，EVI-1 用于信号或控制线芯，EVI-2 用于动力线芯或信号/控制线芯，EN 50620：2019 充电桩电缆绝缘材料性能要求见表 4-3-3。护套材料为无卤材料，EVM-1 为热塑性护套材料，EVM-2 为热固性材料，EN 50620：2019 充电桩电缆护套材料性能要求见表 4-3-4。

表 4-3-3　EN 50620：2019 充电桩电缆绝缘材料性能要求

序号	试验项目	单位	测试方法		要求	
			标准号	章节	EVI-1	EVI-2
1	机械性能					
1.1	老化前		EN 60811-501			
1.1.1	抗张强度					
	—最小中间值	N/mm^2			15.0	8.0
1.1.2	断裂伸长率					
	—最小中间值	%			300	200
1.2	空气烘箱老化后性能		EN 60811-401			
1.2.1	处理条件					
	—温度	℃			135 ±2	135 ±2
	—持续时间	h			7 ×24	7 ×24
1.2.2	抗张强度					
	—最小中间值	N/mm^2			—	—
	—最大变化率	%			±30	±30
1.2.3	断裂伸长率					
	—最小中间值	%			—	—
	—最大变化率	%			±30	±30
1.3	热延伸试验		EN 60811-507			
1.3.1	试验条件					
	—温度	℃			—	200 ±3
	—负载时间	min			—	15
	—机械应力	N/cm^2			—	20
1.3.2	测试结果					
	—负载下最大伸长率	%			—	100
	—冷却后最大永久伸长率	%			—	25
1.4	高温压力测试		EN 60811-508			
1.4.1	试验条件					
	—负载下加热时间	h			4	—

（续）

序号	试验项目	单位	测试方法		要求	
			标准号	章节	EVI-1	EVI-2
	—温度	℃			120±2	—
1.4.2	测试结果					
	—压痕深度，最大中间值	%			50	—
1.5	低温拉伸测试		EN 60811-505			
1.5.1	试验条件					
	—温度	℃			−40±2	−40±2
1.5.2	测试结果					
	—断裂伸长率，最小	%			30	30
1.6	硬度测试	IRHD	ISO 48			≥80（IRHD）
		shore D	HD 605 s2：2008	2.2.1	≥50（*D*）	

表4-3-4　EN 50620：2019充电桩电缆护套材料性能要求

序号	试验项目	单位	测试方法		要求	
			标准号	章节	EVM-1	EVM-2
1	机械性能					
1.1	老化前		EN 60811-501			
1.1.1	抗张强度					
	—最小中间值	N/mm^2			20.0	10.0
1.1.2	断裂伸长率					
	—最小中间值	%			300	150
1.2	空气烘箱老化后性能		EN 60811-401			
1.2.1	处理条件					
	—温度	℃			110±2	120±2
	—持续时间	h			7×24	7×24
1.2.2	抗张强度					
	—最小中间值	N/mm^2			—	—
	—最大变化率	%			±30	±30
1.2.3	断裂伸长率					
	—最小中间值	%			300	—
	—最大变化率	%			±30	±30
1.3	热延伸试验		EN 60811-507			

（续）

序号	试验项目	单位	测试方法		要求	
			标准号	章节	EVM-1	EVM-2
1.3.1	试验条件					
	—温度	℃			—	250 ±3
	—负载时间	min			—	15
	—机械应力	N/cm^2			—	20
1.3.2	测试结果					
	—负载下最大伸长率	%			—	100
	—冷却后最大永久伸长率	%			—	25
1.4	低温拉伸测试		EN 60811-505			
1.4.1	试验条件					
	—温度	℃			-40 ±2	-40 ±2
1.4.2	测试结果					
	—断裂伸长率，最小	%			30	30
1.5	浸水后性能		EN 50396：2005	10.3		
1.5.1	测试条件					
	—温度	℃			80 ±2	70 ±2
	—浸水时间	h			7 ×24	7 ×24
1.5.2	测试结果					
	—伸长率，最小中间值	%			300	—
	—伸长率，最大变化率	%			±30	±30
	—抗张强度，最大变化率	%			±30	±30
1.6	耐 IRM902 矿物油试验		EN 60811-404			
1.6.1	测试条件					
	—温度	℃			100 ±2	100 ±2
	时间	h			7 ×24	7 ×24
1.6.2	抗张强度					
	—最大变化率	%			±40	±40
1.6.3	断裂伸长率					
	—最小中间值	%			300	—
	—最大变化率	%			±30	±40
1.7	热冲击试验		EN 60811-509			
1.7.1	测试条件					
	—温度	℃			150 ±2	—

（续）

序号	试验项目	单位	测试方法		要求	
			标准号	章节	EVM-1	EVM-2
	—时间	h			1	—
1.7.2	测试结果				无裂纹	—
1.8	高温压力测试		EN 60811-508			
1.8.1	试验条件					
	—负载下加热时间	h			4	—
	—温度	℃			100 ± 2	—
1.8.2	测试结果					
	—压痕深度，最大中间值	%			50	—
1.9	撕裂强度		EN 50396：2005	10.2		
	—最小平均值	N/mm			40	10
2	皂化试验		EN 50396：2005	10.1		
	—最大平均值（以 KOH 计）	mg/g			200	—

同 EN 50620：2019 标准一样，IEC 62893-1：2017 中也只明确了材料类型，并没有明确所用材料的具体材质。在绝缘材料型号中，EVI-1 用于信号或控制线芯，EVI-2 用于动力线芯或信号/控制线芯，IEC 62893：2017 充电桩电缆绝缘材料性能要求见表 4-3-5。护套材料有无卤材料和含卤材料，EVM-1 为热塑性无卤护套材料，EVM-2 为热固性无卤护套材料，EVM-3 为热固性护套材料，IEC 62893：2017 充电桩电缆护套材料非电气性能要求见表 4-3-6。

表 4-3-5　IEC 62893：2017 充电桩电缆绝缘材料性能要求

序号	试验项目	单位	测试方法		要求	
			标准号	章节	EVM-1	EVM-2
1	机械性能					
1.1	成品电缆（老化前）		IEC 60811-501			
1.1.1	抗张强度					
	—最小中间值	N/mm^2			15.0	8.0
1.1.2	断裂伸长率					
	—最小中间值	%			300	200
1.2	空气烘箱老化后性能		IEC 60811-401 IEC 60811-501			
1.2.1	处理条件					
	—温度	℃			135 ± 2	135 ± 2

（续）

序号	试验项目	单位	测试方法		要求	
			标准号	章节	EVM-1	EVM-2
	—持续时间	h			7×24	7×24
1.2.2	抗张强度					
	—最大变化率①	%			±30	±30
1.2.3	断裂伸长率					
	—最大变化率①	%			±30	±30
2	热延伸试验		IEC 60811-507			
2.1	试验条件					
	—温度	℃			—	200±3
	—负载时间	min			—	15
	—机械应力	N/cm^2			—	20
2.2	测试结果					
	—负载下最大伸长率	%			—	100
	—冷却后最大永久伸长率	%			—	25
3	高温压力测试		IEC 60811-508			
3.1	试验条件					
	—温度	℃			120±2	—
3.2	测试结果					
	—压痕深度，最大中间值	%			50	—
4	低温卷绕试验 线芯外径≤12mm		IEC 60811-504			
4.1	测试条件					
	—温度	℃			-40±2	-40±2
	—持续时间				见 IEC 60811-504：2012 中的4.2节	
4.2	测试结果				不开裂	
5	低温拉伸测试 线芯外径>12mm		IEC 60811-505			
5.1	试验条件					
	—温度	℃			-40±2	-40±2
	—持续时间				见 IEC 60811-505：2012 中的4.2节	
5.2	测试结果					

（续）

序号	试验项目	单位	测试方法		要求	
			标准号	章节	EVM-1	EVM-2
	—断裂伸长率，最小	%			30	30
6	硬度测试					
6.1	测试结果②	IRHD	ISO 48			≥80（IRHD）
		shore D	ISO 7619-1：2010		≥50（D）	

① 老化后中间值与老化前中间值之差除以老化前中间值，以百分数表示。

② 试验不能用挤出绝缘线芯进行时，可采用材料压片进行测试。

表4-3-6　IEC 62893：2017充电桩电缆护套材料非电气性能要求

序号	试验项目	单位	测试方法		要求		
			标准号	章节	EVM-1	EVM-2	EVM-3
1	机械性能						
1.1	处于交付状态（老化前）		IEC 60811-501				
1.1.1	抗张强度						
	—最小中间值	N/mm^2			20.0	10.0	10.0
1.1.2	断裂伸长率						
	—最小中间值	%			300	150	300
1.2	空气烘箱老化后性能		IEC 60811-401/501				
1.2.1	老化条件						
	—温度	℃			110±2	130±2	100±2
	—持续时间	h			7×24	7×24	7×24
1.2.2	抗张强度						
	—最大变化率①	%			±30	±30	±30
1.2.3	断裂伸长率						
	—最小中间值	%			300	—	250
	—最大变化率①	%			±30	±30	±40
1.3	耐矿物油试验		IEC 60811-404				
1.3.1	测试条件						
	—温度	℃			100±2	100±2	100±2
	—时间	h			7×24	7×24	7×24
1.3.2	抗张强度						
	—最大变化率①	%			±40	±40	±40
1.3.3	断裂伸长率						

（续）

序号	试验项目	单位	测试方法		要求		
			标准号	章节	EVM-1	EVM-2	EVM-3
	—最小中间值	%			300	—	—
	—最大变化率[①]	%			±30	±40	±40
2	热延伸试验		IEC 60811-507				
2.1	试验条件						
	—温度	℃			—	250±3	250±3
	—负载时间	min			—	15	15
	—机械应力	N/cm^2			—	20	20
2.2	测试结果						
	—负载下最大伸长率	%			—	100	175
	—冷却后最大永久伸长率	%			—	25	15
3	高温压力测试		IEC 60811-508				
3.1	试验条件						
	—温度	℃			100±2	—	—
3.2	测试结果						
	—压痕深度，最大中间值	%			50	—	—
4	低温卷绕试验 线芯外径≤12mm		IEC 60811-504				
4.1	测试条件						
	—温度	℃			-40±2	-40±2	-35±2
	—持续时间				见 IEC 60811-504：2012 中的4.2节		
4.2	测试结果				不开裂		
5	低温拉伸测试 线芯外径>12mm		IEC 60811-505				
5.1	试验条件						
	—温度	℃			-40±2	-40±2	-40±2
	—持续时间				见 IEC 60811-505：2012 中的4.2节		
5.2	测试结果						
	—断裂伸长率，最小	%			30	30	30
6	热冲击试验		IEC 60811-509				
6.1	测试条件						

（续）

序号	试验项目	单位	测试方法		要求		
			标准号	章节	EVM-1	EVM-2	EVM-3
	—温度	℃			150±2	—	—
	—时间	h			1	—	—
6.2	测试结果				无裂纹	—	—
7	浸水后性能		IEC 62893-2	5.4			
7.1	测试条件						
	—温度	℃			80±2	70±2	70±2
	—浸水时间	h			7×24	7×24	7×24
7.2	测试结果						
	—伸长率，最小中间值	%			300	—	—
	—伸长率，最大变化率	%			±30	±30	±30
	—抗张强度，最大变化率	%			±30	±30	±30
8	耐臭氧性能		IEC 60811-403				
8.1	测试条件						
	—温度	℃			40±2	40±2	40±2
	—相对湿度	%			55±5	55±5	55±5
	—持续时间	h			72	72	72
	—臭氧浓度（体积）	%			$(200 \pm 50) \times 10^{-6}$		
8.2	测试结果				不开裂		
9	抗撕性能		IEC 62893-2	5.5			
9.1	测试结果						
	—最小平均值	N/mm			25	10	10
10	皂化试验		IEC 62893-2	5.6			
	—最大平均值（以 KOH 计）	mg/g			200	—	—
11	外护套耐酸碱性能		IEC 60811-404				
11.1	测试条件						
	酸：普通草酸或乙酸						
	碱：氢氧化钠溶液						
	—温度	℃			23±2	23±2	23±2
	—时间	h			5	5	5
11.2	测试结果						
	—抗张强度，最大变化率	%			±40	±40	±40
	—断裂伸长率，最小中间值	%			100	100	100

（续）

序号	试验项目	单位	测试方法		要求		
			标准号	章节	EVM-1	EVM-2	EVM-3
12	抗 UV 测试		IEC 62893-2	5.2			
12.1	测试条件				见 IEC 62893-2 中的 5.2.3 节		
12.2	测试结果				见 IEC 62893-2 中的 5.2.4 节		

① 变化率：老化后中间值与老化前中间值之差除以老化前中间值，以百分数表示。

3.2 工艺流程

充电桩电缆的制造工艺流程较为复杂，一般要经过拉丝、绞线、绝缘挤出、对绞（如有）、分屏蔽（如有）、成缆、内护套（如有）、总屏蔽（如有）、外护套、终检和包装等阶段。其生产工艺流程如图 4-3-6 所示。

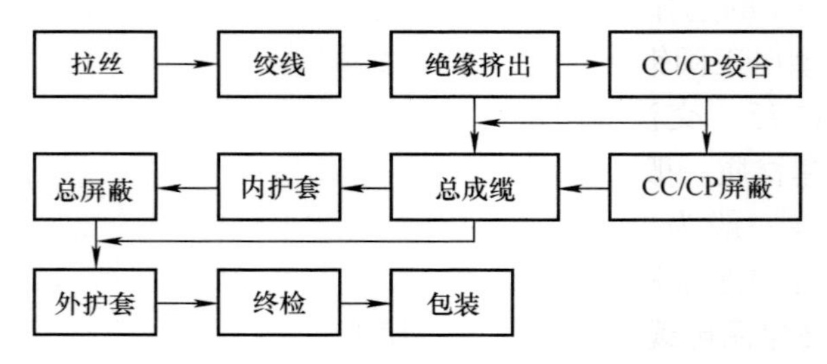

图 4-3-6 充电桩电缆的生产工艺流程

第 4 章　常 见 问 题

4.1　设计选型类常见问题

1. 电动汽车充电用电缆的选型原则有哪些?

电动汽车充电用电缆的选型原则如下:

(1) 额定电压　电动汽车充电用电缆主要分为交流电缆和直流电缆。交流电缆额定电压有 300/500V、450/750V、0.6/1kV 等,直流电缆的额定电压一般为 1000V 和 1500V。

(2) 导体　导体的选择为铜导体,构成铜导体的铜线可以选择退火铜线、镀锡退火铜线、TR 型电工圆铜线和 TXR 型镀锡圆铜线。

(3) 绝缘和护套　交流电缆的绝缘材料一般为 PVC、XLPE、交联聚烯烃、EPR、HEPR,护套材质一般为 PVC、TPE、TPU、热固性弹性体、交联聚烯烃;直流电缆的绝缘材料一般为 XLPE、交联聚烯烃、EPR、HEPR,护套材质一般为 TPE、TPU、热固性弹性体和交联聚烯烃。

2. 电动汽车充电用电缆的制造标准有哪些?

电动汽车充电用电缆主要制造标准包括国家标准、国际标准、欧洲标准和地区标准等,另外还有企业标准。目前常用的标准有 GB/T 33594—2017、IEC TS 62893 系列、EN 50620—2017。

4.2　产品价格类常见问题

1. 怎样理解企业营销策略对电缆合理价格的影响?

企业营销策略在确定电缆合理价格方面起着至关重要的作用,主要体现在以下几个方面:

(1) 市场定位

1) 目标市场分析:企业需要明确其目标市场(如工业、建筑或家庭使用等),并根据不同客户的需求、购买力和偏好制定价格策略。

2) 品牌定位:高端品牌可能采用溢价策略,提供更高质量的产品和服务,而低端品牌则可能以竞争价格吸引客户。

(2) 价格策略

1) 成本加成定价:企业在生产电缆时,会考虑生产成本(材料、人工、运输等)，然后加上合理的利润空间来设定价格。

2）竞争定价：企业需要关注竞争对手的定价策略，并根据市场情况调整自己的价格，以保持竞争优势。

3）渗透定价：对于新产品，企业可能会采取低价策略快速进入市场，吸引客户并提高市场份额。

（3）促销策略

1）折扣和促销活动：企业可以通过季节性折扣、买一送一等促销手段来吸引客户，提高销量，进而影响价格的合理性。

2）捆绑销售：将电缆与其他产品捆绑销售，可以提供组合优惠，增加客户的购买意愿。

（4）分销渠道

1）选择合适的分销渠道：通过不同的分销渠道（如批发、零售、在线销售等）影响价格结构。直接销售往往能够降低成本，从而制定更具竞争力的价格。

2）渠道合作：与经销商或分销商的合作关系也会影响最终零售价格。

（5）市场反馈

1）客户反馈与调整：企业可以通过市场调研、客户反馈等方式了解电缆价格的接受度，从而做出必要的调整，以满足市场需求。

2）动态定价策略：基于市场变化（如原材料价格波动、需求变化等）灵活调整价格，以保持竞争力。

（6）法律和道德因素

1）法规遵循：企业在定价时需要遵循相关法律法规，如反垄断法和价格监管政策，确保价格的合理性和合规性。

2）社会责任：企业在制定价格时还需要考虑其社会责任，避免因过高的定价而影响社会公众的利益。

2. 如何正确看待产品品质、品牌与价格的关系?

通常情况下，产品的品质越高，成本越高，企业为保持利润空间，会将价格定得相对较高，例如，高质量的电缆由于所用材料和技术工艺较为先进，价格往往较贵。消费者往往愿意为质量更高的产品支付更高的价格，尤其是在对质量要求较高的行业（如建筑、电力行业等）。

同理，低品质的产品通常成本较低，因此价格会相对便宜。这类产品适合那些对质量要求不高，且更注重成本的消费者或市场。价格较低的产品可能会吸引一些价格敏感型客户，但也可能因质量问题导致品牌形象受损。

对大多数消费者来说，他们通常在价格与品质之间寻求一个平衡点。过高的价格可能导致产品无法在市场中获得竞争力，而过低的价格则可能让消费者对产品的质量产生怀疑。而对于采购方来说，在采购活动中应首先确保采购物品能满足本企业的需要，质量能满足产品的设计要求，不能盲目追求低价，而忽略产品质量。

4.3　供应商遴选类常见问题

遴选供应商应着重考察哪些因素？

遴选供应商是确保企业运营效率和产品质量的重要环节。以下是一些在遴选供应商时需要重点考察的因素：

（1）供应商资质

1）营业执照与证书：检查供应商是否持有合法的营业执照和相关行业资质证书。

2）行业经验：了解供应商在行业内的经验和历史，选择在该领域具有良好声誉的供应商。

（2）产品质量

1）质量管理体系：考察供应商是否具备 ISO 9001 等国际质量管理体系认证。

2）产品检验与测试：了解其产品的检测标准、测试流程及合格率。

（3）价格竞争力

1）报价合理性：比较不同供应商的报价，评估其性价比。

2）成本控制能力：考察供应商在原材料采购、生产工艺等方面的成本控制能力。

（4）交货能力

1）交货周期：评估供应商的生产和交货周期，确保其能够按时交货。

2）灵活性：了解供应商在面对订单变化或紧急需求时的应对能力。

（5）服务支持

1）售后服务：考察其售后服务的响应速度和处理能力。

2）技术支持：评估供应商在技术咨询、培训等方面的服务质量。

（6）财务稳定性

1）财务报表分析：查看供应商的财务状况，包括利润、负债和现金流。

2）信用评级：了解供应商的信用记录，以判断其偿债能力和稳定性。

（7）生产能力

1）生产设施：考察其生产设备、技术水平和生产能力是否符合需求。

2）产能评估：确认其能够满足预期的订单量和长期合作的能力。

（8）创新能力

1）研发能力：考察供应商的研发投入、团队和新产品开发能力。

2）技术先进性：了解其生产工艺和技术的先进性，以支持未来的合作需求。

（9）环境与社会责任

1）环境管理：查看供应商是否符合环保法规，是否有相关的环保认证。

2）社会责任：了解其在劳动条件、社会责任等方面的表现。

（10）沟通与合作

1）沟通能力：评估供应商在沟通上的透明度和效率。

2）合作意愿：了解其在长期合作、发展伙伴关系方面的态度。

遴选供应商是一个系统的过程，需要综合考虑多方面因素。企业应根据自身需求制定具体的评估标准，确保选择的供应商能够为企业带来价值和竞争优势。

4.4 技术类常见问题

1. 电动汽车充电用电缆生产过程中的控制要点有哪些?

（1）原材料控制

1）绝缘材料：选择合适的绝缘材料，如聚氯乙烯（PVC）、交联聚乙烯（XLPE）等，需要确保其物理和化学性能符合标准。

2）导体材料：使用高纯度的铜作为导体，确保导体的电导率和强度满足要求。

3）添加剂：需要严格控制阻燃剂、抗氧化剂等的添加量和均匀性。

（2）生产工艺控制

1）拉丝工艺：导体的拉丝过程需要控制拉伸速率和温度，以保证导体的直径和机械性能。

2）绝缘工艺：绝缘层的厚度、均匀性和附着力等参数要严格控制，防止出现气泡、脱落等缺陷。

3）成缆工艺：在成缆过程中，需要控制缆芯的排列、压制力和捻度，以确保电缆的稳定性和抗电磁干扰能力。

（3）温度和湿度控制

1）环境控制：生产车间的温度和湿度要保持在适宜的范围内，以避免材料性能的变化而影响产品质量。

2）冷却系统：在绝缘和挤出过程中，合理的冷却控制可以避免材料的热变形。

（4）设备维护与校准

1）设备状态：定期对生产设备进行维护和校准，确保其性能稳定，减少生产过程中的误差。

2）生产监控：采用先进的生产监控系统，实时监测设备运行状态和产品参数。

（5）质量检测

1）在线检测：在生产过程中设置在线检测点，监测电缆的外观、尺寸、绝缘电阻等指标。

2）成品检测：对成品进行全面的质量检测，包括机械强度、耐压、绝缘性能等，确保符合国家标准和客户要求。

（6）标准化与工艺文件

1）工艺标准化：制定详细的生产工艺标准和操作规程，确保生产过程的规范性。

2）记录与追溯：完整记录每个生产批次的工艺参数和质量检测结果，方便后续的追溯和问题分析。

（7）人员培训

1）技术培训：定期对员工进行技术培训，提高其专业技能和质量意识，确保其熟练掌握各项工艺操作。

2）安全培训：加强安全生产培训，确保员工在生产过程中遵循安全规范，防止事故发生。

通过以上工艺控制要点的实施，可以有效提高电动汽车充电用电缆的生产效率和产品质量，降低不合格率。

2. 芳纶纤维在电动汽车充电用电缆结构中有哪些特殊作用？

芳纶纤维在充电桩电缆的结构中发挥着重要作用，主要体现在以下几个方面：

（1）增强机械性能

1）高强度和韧性：芳纶纤维具有极高的强度和韧性，使电缆在受到拉伸、压缩或冲击时不易断裂。这种机械强度可以提高充电桩电缆的耐用性，特别是在户外或恶劣环境下使用时。

2）抗撕裂能力：芳纶纤维的抗撕裂性能可以有效防止电缆在使用过程中出现损坏，确保电缆的长期使用。

（2）耐热性能　芳纶纤维具有良好的耐高温性能，能够在较高温度下保持稳定性和强度。这对于充电桩电缆在高电流通过时产生的热量管理非常重要。

（3）电磁干扰保护　芳纶纤维可以与金属或其他导电材料结合，形成屏蔽层，有效抑制电磁干扰。这在充电过程中对于保护信号传输的准确性和安全性至关重要。

（4）耐腐蚀性　芳纶纤维对多种化学物质具有良好的耐受性，使其在潮湿、腐蚀性环境中也能保持稳定性能，延长电缆的使用寿命。

（5）轻量化　使用芳纶纤维可以有效减轻电缆的整体重量，有助于降低充电桩的安装和运输成本，提升系统的灵活性。

（6）安全性　某些芳纶纤维具有一定的阻燃性能，能够在火灾发生时延缓火势的蔓延，增加安全性。

（7）结构支撑　芳纶纤维可以提供额外的支撑力，帮助电缆保持形状和结构稳定，防止电缆在使用过程中因弯曲或拉伸而导致的损伤。

综上所述，芳纶纤维在充电桩电缆的结构中起到了增强机械性能、提高耐热性、提供电磁干扰保护、耐腐蚀性、减轻重量、安全性和结构支撑等多重作用。这些特性不仅提高了电缆的整体性能和可靠性，还保障了充电过程的安全和效率。

附　录

附录A　额定电压0.6/1kV、DC 1800V及以下光伏专用电缆通用技术规范

1. 总则

1.1　一般规定

1.1.1　投标人应具备招标公告所要求的资质，具体资质要求详见招标文件的“商务部分”。

1.1.2　投标人或供货商应具有设计、制造额定电压0.6/1kV、DC 1800V及以下光伏专用电缆（简称“光伏专用电缆”）产品的能力，且产品的使用条件应与本项目相类似或较规定的条件更严格。

1.1.3　投标人应仔细阅读招标文件，包括“商务部分”和“技术部分”的所有规定。由投标人提供的光伏专用电缆应与本规范中规定的要求相一致。卖方应仔细阅读包括本规范在内的招标文件中的所有条款。卖方提供货物的技术规范应符合招标书要求。

1.1.4　本规范提出了对光伏专用电缆技术上的规范和说明。

1.1.5　如果投标人没有以书面形式对本规范的条文提出异议，则意味着投标人提供的产品完全符合本技术规范书的要求。如有偏差，应在投标书中以技术专用部分规定的格式进行描述。

1.1.6　本规范所使用的标准如与投标人所执行的标准不一致时，按较高标准执行。

1.1.7　本规范将作为订货合同的附件。本规范未尽事宜，由合同双方在合同技术谈判时协商确定。

1.1.8　本规范中涉及的有关商务方面的内容，如与招标文件的“商务部分”有争议时，以“商务部分”为准。

1.1.9　本规范中的规定如与技术规范专用部分有争议时，以专用部分为准。

1.1.10　本规范提出的是最低限度的技术要求，并未对一切技术细节做出规定，也未充分引述有关标准和规范的条文，投标人应提供符合本技术规范要求的优质产品。本技术规范未尽事宜，遵照2Pfg 1169/08.2007、EN 50618：2014、IEC 62930：2017、

CEEIA B218—2012 标准执行。

1.2　投标人应提供的资格文件

以下列明了对投标人资质的基本要求，投标人应按下面所要求的内容和顺序提供翔实的投标资料，否则视为非响应性投标。基本资质不满足要求、投标资料不翔实或严重漏项将导致废标。

1.2.1　拥有具有认证认可资质机构颁发的有效期内的 ISO 9001 质量管理体系认证证书或等同的质量管理体系认证证书、相应的光伏专用电缆认证证书（如莱茵 TÜV 认证，但 CEEIA B218—2012 产品除外）。

1.2.2　具有履行合同所需的技术能力、生产能力和检测能力，并形成文件化资料。还需提供辐照加速器设备，以及满足光伏标准规定的耐臭氧、耐紫外光、耐盐雾设备购置合同（具有第三方检测报告即可）及发票。

1.2.3　有履行合同产品维护保养、修理及其他义务的能力，且有相关证明文件资料。

1.2.4　投标人应提供招标方/买方认可的第三方专业检测机构出具的与所招标型号规格相同或相近的光伏专用电缆型式试验（检验）报告，检测项目应符合本产品技术规范书规定的型式试验项目。

1.2.5　投标人所提供的组部件和主要材料如需向外协单位采购时，投标人应列出外协单位清单，并就其质量做出承诺。同时提供外协单位相应的资质证明材料、长期供货合同、产品质量检验报告和投标人的进厂验收证明。

1.3　工作范围和进度要求

1.3.1　本规范适用于所有采购的光伏专用电缆。具体为：提供符合本技术规范要求的光伏专用电缆、相应的试验、工厂检验、试运行中的技术服务。

1.3.2　卖方应在合同签订后两周内向买方呈报生产进度表（合同电缆数量较大或合同电缆用于买方认为重要的项目时，双方签约时确认）。生产进度表应采用图表形式表达，必须包含设计、试验、材料采购、制造、工厂检验、抽样检验、包装及运输等内容，每项内容的细节应详尽（可不涉及供货企业技术秘密或诀窍）。

1.3.3　投标人应满足招标文件内交货时间要求。投标人对于因某些特殊原因造成的交货时间延误情况，应在投标文件中提供采取相应补救措施的应急预案。

1.4　对技术资料、图样、说明书和试验报告的要求

1.4.1　技术资料和图样的要求

1.4.1.1　如有必要，工作开始之前，卖方应提供 6 份图样、设计资料和文件，并经买方批准。对于买方为满足本规范的要求直接做出的修改，卖方应重新提供修改的文件。

1.4.1.2　卖方应在生产前 1 个月（特殊情况除外）将生产计划以书面形式通知买方，如果卖方在没有得到批准文件的情况下着手进行工作，卖方应对必要修改发生的费用承担全部的责任，文件的批准应不会降低产品的质量，并且不因此减轻

卖方为提供合格产品而承担的责任。

1.4.1.3　应在出厂试验开始前1个月提交详细试验安排表。

1.4.1.4　所有经批准的文件都应有对修改内容加标注的专栏，经修改的文件通知单应用红色箭头或其他清楚的形式指出修改的地方（注明更改前和更改后），应该在文件的适当地方写上买方的名称、标题、卖方的专责工程师的签名、准备日期和相应的文件编号。图样和文件的尺寸一般应为210mm×297mm（A4样），同时应将修改的图样和文件提交给买方。

1.4.2　产品说明书

1.4.2.1　提供光伏专用电缆结构的简要概述及照片。

1.4.2.2　说明书应包括下列各项：型号、结构尺寸（附结构图）、技术参数、适用范围、使用环境、安装、维护、运输、保管及其他需注意的事项等。

1.4.3　试验报告

1.4.3.1　随货附带所有供货产品的出厂试验报告。

1.4.3.2　提供第三方专业检验机构出具的与所招标型号规格相同或相近的光伏专用电缆的型式试验（检验）报告，检测项目应符合产品标准规定的型式试验项目。

1.5　应满足的标准

1.5.1　除本规范特别规定外，卖方所提供的产品均应按下列标准和规范进行设计、制造、检验和安装。如标准内容有争议，应按最高标准的条款执行或按双方商定的标准执行。如果卖方选用标书规定以外的标准，需提交与这种替换标准相当的或优于标书规定标准的证明，同时提供与标书规定标准的差异说明。

1.5.2　引用标准一览表（表A-1）

下列标准对于本规范的应用是必不可少的，凡是注明日期的引用文件，仅注日期的版本适用于本规范，凡是不注日期的引用文件，其最新版本（包括所有的修改单）适用于本规范，同时在与下述标准各方达成协议的基础上鼓励研究采用下述最新版本的可能性。

表A-1　引用标准一览表

序号	标准号	标准名称
1	IEC 60364-5-52	Erection of low voltage installations-Part 5: Selection and erection of electrical equipment-Chapter 52: Wiring systems
2	EN 50267-2-1	Common test methods for cables under fire conditions-Tests on gases evolved during combustion of materials from cables-Part 2-1: Procedures-Determination of the amount of halogen acid gas
3	EN 50267-2-2	Common test methods for cables under fire conditions-Tests on gases evolved during combustion of materials from cables-Part 2-2: Procedures-Determination of degree of acidity of gases for materials by measuring pH and conductivity

（续）

序号	标准号	标准名称
4	EN 50305	Railway applications- Railway rolling stock cables having special fire performance- Test methods
5	EN 50395	Electrical test methods for low voltage energy cables
6	EN 50396	Electrical test methods for low voltage energy cables
7	EN 50618	Electric cables for photovoltaic systems
8	IEC 62930	Electric cables for photovoltaic systems with a voltage rating of 1.5kV DC
9	EN 60068-2-78	Environmental testing- Part 2-78：Tests- Test Cab：Damp heat，steady state
10	EN 60216-1	Electrical insulating materials- Properties of thermal endurance- Part 1：Ageing procedures and evaluation of test results
11	EN 60216-2	Electrical insulating materials- Thermal endurance properties- Part 2：Determination of thermal endurance properties of electrical insulating materials- Choice of test criteria
12	EN 60228	Conductor of insulated cables
13	EN 60332-1-2	Tests on electric and optical fibre cables under fire conditions- Part 1-2：Test for vertical flame propagation for a single insulated wire or cable- Procedure for 1kW pre- mixed flame
14	EN 60684-2	Flexible insulating sleeving- Part 2：Methods of test（IEC 60684-2）
15	EN 60811-1-1	Insulating and sheathing materials of electric cables- Common test methods Part 1-1：General application- Measurement of thickness and overall dimensions- Test for determining the mechanical properties
16	EN 60811-1-2	Insulating and sheathing materials of electric and optical cables- Common test methods. Part1-2：General application. Thermal ageing methods
17	EN 60811-1-3	Insulating and sheathing material of electric and optical cables- Common test methods- Part 1-3：General application- Methods for determining the density- Water absorption tests- Shrinkage test
18	EN 60811-1-4	Insulating and sheathing materials of electric and optical cables- Common test methods. Part 1-4：General application. Tests at low temperature
19	EN 60811-2-1	Insulating and sheathing materials of electric and optical cables- Common test methods- Part 2-1：Methods specific to elastomeric compounds- Ozone resistance，hot set and mineral oil immersion tests
20	EN 60811-3-1	Insulating and sheathing materials of electric cables- Common test methods Part 3-1：Methods specific to PVC compounds- Pressure test at high temperature，test for resistance to cracking
21	HD 22.13	Rubber insulated cables of rated voltages up to and including 450/750 V Part 13：Single and multicore flexible cables，insulated and sheathed with crosslinked polymer and having low emission of smoke and corrosive gases

（续）

序号	标准号	标准名称
22	HD 605	Power cables-Part 605：Additional test methods
23	HD 60364-7-712	Electrical installations of buildings-Part 7-712：Requirements for special installations or locations-Solar photovoltaic（PV）power supply systems
24	CEEIA B218	光伏发电系统用电缆
25	2Pfg 1169	Requirements for cables for use in photovoltaic-systems

1.6　投标人应提交的技术参数和信息

1.6.1　投标者应按技术规范专用部分列举的项目逐项提供技术参数，投标者提供的技术参数应为产品的性能保证参数，这些参数将作为合同的一部分。如与招标人所要求的技术参数有差异，还应写入技术规范专用部分的技术偏差表中。

1.6.2　每个投标者应提供技术规范专用部分中要求的全部技术资料。

1.6.3　投标者需提供光伏专用电缆的特性参数和其他需要提供的信息。

1.7　备品备件

1.7.1　投标人可有偿提供安装时必需的备品备件。

1.7.2　招标人提出运行维修时必需的备品备件，详见技术规范专用部分。

1.7.3　投标人推荐的备品备件，详见技术规范专用部分。

1.7.4　所有备品备件应为全新产品，与已经安装材料及设备的相应部件能够互换，具有相同的技术规范和相同的规格、材质、制造工艺。

1.7.5　所有备品备件应采取防尘、防潮、防止损坏等措施，并应与中标产品一并发运，同时标注“备品备件”，以区别于本体。

1.7.6　投标人在产品质保期内实行免费保修，且对产品实行终身维修。并根据需方要求在15日内提供技术规范专用部分所列备品备件以外的部件和材料，以便维修更换。

1.8　专用工具和仪器仪表

1.8.1　投标人应提供安装时必需的专用工具和仪器仪表（如需要），价款应包括在投标总价中。

1.8.2　招标人提出运行维修时必需的专用工具和仪器仪表（如需要），列在技术规范专用部分。

1.8.3　投标方应推荐可能使用的专用工具和仪器仪表（如需要），列在技术规范专用部分。

1.8.4　所有专用工具和仪器仪表（如有）应是全新的、先进的，且须附完整、详细的使用说明资料。

1.8.5　专用工具和仪器仪表（如有）应装于专用的包装箱内，注明“专用工具”“仪器”“仪表”，并标明“防潮”“防尘”“易碎”“向上”“勿倒置”等字样，同中标产品一并发运。

1.9　安装、调试、试运行和验收

1.9.1　合同产品的安装、调试，将由买方根据卖方提供的技术文件和安装使用说明书的规定，在卖方技术人员的指导下进行。

1.9.2　完成合同产品安装后，买方和卖方应检查和确认安装工作，并签署安装工作完成证明书，共两份，双方各执一份。

1.9.3　合同产品试运行和验收，根据招标文件规定的标准、规程、规范进行。

1.9.4　验收时间为安装、调试和试运行完成后并稳定运行 73h。在此期间，所有的合同产品都应达到各项运行性能指标要求。买卖双方可签署合同产品的验收证明书，该证明书共两份，双方各执一份。

2. 通用技术要求

2.1　电缆结构

光伏专用电缆结构除符合以下要求外，其他未提及之处均应满足相关标准的规定。

2.1.1　铜导体

导体表面应光洁、无油污、无损伤绝缘的毛刺锐边以及凸起或断裂的单线。导体采用符合 IEC 60228：2023 的 5 类或 2 类（仅在 IEC 62930：2017 中使用）镀锡层退火铜线。CEEIA B218 导体符合第 1 种、第 2 种或第 5 种镀金属和不镀金属铜导体，正常运行时导体最高温度超过 100℃时，应采用镀锡退火铜导体，导体外允许使用非金属隔离层。

2.1.2　绝缘

绝缘材料应是交联化合物，材料性能满足标准要求：PV1-F 绝缘材料应符合表 A-2 的要求，H1Z2Z2-K 绝缘材料应符合表 A-4 的要求，62930 IEC 131 绝缘材料应符合表 A-7 的要求，GF-WDZ（A、B、C）EER-125 绝缘材料应符合表 A-9 中的要求。

对于绝缘厚度的规定，PV1-F 绝缘材料的平均厚度由生产厂家指定但最小厚度不小于 0.5mm，H1Z2Z2-K 绝缘材料应符合表 A-3 规定，62930 IEC 131 绝缘材料应符合表 A-5 和表 A-6 规定，GF-WDZ（A、B、C）EER-125 绝缘材料应符合表 A-8 规定。H1Z2Z2-K、62930 IEC 131、GF-WDZ（A、B、C）EER-125 绝缘材料的平均厚度不小于标称值，最薄点不小于标称值的 90%-0.1mm。

绝缘材料外允许使用合适的非金属隔离层。

表 A-2　2Pfg 1169/08. 2007 关于绝缘和护套化合物的要求

参考号	试验	单位	试验方法		要求	
			标准中的试验方法	条款中的试验方法	绝缘	护套
1	机械特性					
1.1	老化前性能		EN 60811-1-1	9.2		
1.1.1	拉伸强度所得值					
	—中间值，最小值	N/mm^2			6.5	8.0
1.1.2	断裂时伸长所得值					
	—中间值，最小值	%			125	125
1.2	烘箱老化后性能		EN 60811-1-2	8，1		
1.2.1	老化条件					
	—温度	℃			150 ± 2	150 ± 2
	—处理持续时间	h			7 × 24	7 × 24
1.2.2	拉伸强度所得值①					
	—中间值，最小值	N/mm^2			—	—
	—最大变化值	%			-30②	-30②
1.2.3	断裂时伸长所得值①					
	—中间值，最小值	%			—	—
	—最大变化值	%			—30②	—30②
1.3	热固试验③		EN 60811-2-1	9		
1.3.1	条件					
	—温度	℃			200 ± 3	200 ± 3
	—负载下时间	min			15	15
	—机械应力	N/cm^2			20	20
1.3.2	得到的结果					
	—负载下最大伸长	%			100	100
	—冷却后的最大永久伸长率	%			25	25
1.4	耐热性能		EN 60216-2			
1.4.1	条件					
	应当进行在断裂伸长试验或弯曲试验					
	—温度指数				120	120
	—断裂时的伸长率	%			50	50
	—弯曲试验		EN 50305	7.2	2*D*	2*D*
1.5	冷伸长试验		EN 60811-1-4	8.4		
1.5.1	条件					
	—温度	℃			-40 ± 2	-40 ± 2

（续）

参考号	试验	单位	试验方法		要求	
			标准中的试验方法	条款中的试验方法	绝缘	护套
	—持续时间	h	EN 60811-1-4	8.4.4 和 8.4.5	④	④
1.5.2	得到的结果					
	—最小断裂伸长率	%			30	30

① 应当在绝缘试验样品和护套化合物样品上进行本试验。

② 无固定变化的正值。

③ 应只能交联绝缘和护套化合物上进行本试验。

④ 见标准中规定的试验方法。

表 A-3　EN 50618：2014 关于绝缘、护套尺寸及绝缘电阻的要求

导体数目和标称截面积/mm^2	绝缘厚度规定值/mm	护套厚度规定值/mm	平均外径上限参考值/mm	20℃时的最小绝缘电阻/(MΩ·km)	90℃时的最小绝缘电阻/(MΩ·km)
1×1.5	0.7	0.8	5.4	860	0.86
1×2.5	0.7	0.8	5.9	690	0.69
1×4	0.7	0.8	6.6	580	0.58
1×16	0.7	0.8	7.4	500	0.50
1×10	0.7	0.8	8.8	420	0.42
1×16	0.7	0.9	10.1	340	0.34
1×25	0.9	1.0	12.5	340	0.34
1×35	0.9	1.1	14.0	290	0.29
1×50	1.0	1.2	16.3	270	0.27
1×70	1.1	1.2	18.7	250	0.25
1×95	1.1	1.3	20.8	220	0.22
1×120	1.2	1.3	22.8	210	0.21
1×150	1.4	1.4	25.5	210	0.21
1×185	1.6	1.6	28.5	200	0.20
1×240	1.7	1.7	32.1	200	0.20

表 A-4　EN 50618：2014 关于绝缘和护套材料的要求

参考号	试验	单位	试验方法标准	要求	
				绝缘	护套
1	机械性能				
1.1	老化前的属性①		EN 60811-501		
1.1.1	抗拉强度值				
	—中间值，最小值	N/mm^2		8.0	8.0
1.1.2	断裂伸长率应获得的值				

（续）

参考号	试验	单位	试验方法标准	要求	
				绝缘	护套
	—中间值，最小值	%		125	125
1.2	烘箱老化后的性能		EN 60811-401		
1.2.1	测试条件①				
	—温度	℃		150±2	150±2
	—处理持续时间	h		7×24	7×24
1.2.2	抗拉强度值				
	—最大变化值	%		-30②	-30②
1.2.3	断裂伸长率应获得的值				
	—最大变化值	%		-30②	-30②
1.3	热固性试验①		EN 60811-507		
1.3.1	测试条件				
	—温度	℃		250±3	250±3
	—负载时间	min		15	15
	—机械应力	N/cm^2		20	20
1.3.2	得到的结果				
	—负载下最大伸长率	%		100	100
	—冷却后的最大永久伸长率	%		25	25
1.4	耐热性能		EN 60216-1 和 EN 60216-2		
1.4.1	测试条件①				
	应进行断裂伸长率试验				
	—对应 20000 小时的温度指数			≥120	≥120
	—最小断裂伸长率	%		50	50
1.5	冷伸长试验		EN 60811-505		
1.5.1	测试条件①				
	—温度	℃		-40±2	-40±2
	—持续时间	h		③	③
1.5.2	得到的结果				
	—最小断裂伸长率	%		30	30
1.6	护套耐碱性		EN 60811-404		
1.6.1	测试条件				
	—酸性溶液：N-草酸				

（续）

参考号	试验	单位	试验方法标准	要求	
				绝缘	护套
	—碱性溶液：N-氢氧化钠				
	—温度	℃			23
	—处理持续时间	h			7×24
1.6.2	抗拉强度值				
	—最大变化值	%			±30
1.6.3	断裂伸长率最小值	%			100
1.7	相容性试验		EN 60811-401 4.2.3.4		
1.7.1	测试条件				
	—温度	℃		135±2	135±2
	—处理持续时间	h		7×24	7×24
1.7.2	抗拉强度值				
	—最大变化值	%		±30	-30②
1.7.3	断裂伸长率应获得的值				
	—最大变化值	%		±30	-30②

① 该试验应在从完整电缆中获得的绝缘和护套化合物的试验样品上进行。

② 无固定变化的正值。

③ 为第4列中规定的试验方法。

表 A-5　IEC 62930：2017 关于 5 类导体电缆的尺寸和绝缘电阻值

导体的标称截面积/mm^2	绝缘厚度规定值/mm	护套厚度规定值/mm	平均外径上限参考值（5 类导体）/mm	20℃时的最小绝缘电阻/(MΩ·km)	90℃时的最小绝缘电阻/(MΩ·km)
1.5	0.7	0.8	5.4	1050	1.050
2.5	0.7	0.8	5.9	862	0.862
4	0.7	0.8	6.6	709	0.709
6	0.7	0.8	7.2	610	0.610
10	0.7	0.8	8.3	489	0.489
16	0.7	0.9	9.8	393	0.393
25	0.9	1.0	12.2	395	0.395
35	0.9	1.1	14.0	335	0.335
50	1.0	1.2	16.3	314	0.314
70	1.1	1.2	18.7	291	0.291
95	1.1	1.3	20.8	258	0.258

（续）

导体的标称截面积/mm^2	绝缘厚度规定值/mm	护套厚度规定值/mm	平均外径上限参考值（5 类导体）/mm	20℃时的最小绝缘电阻/（MΩ · km）	90℃时的最小绝缘电阻/（MΩ · km）
120	1.2	1.3	23.0	249	0.249
150	1.4	1.4	25.7	260	0.260
185	1.6	1.6	28.7	268	0.268
240	1.7	1.7	32.3	249	0.249
300	1.8	1.8	35.6	237	0.237
400	2.0	2.0	40.6	230	0.230

表 A-6　IEC 62930：2017 关于 2 类导体电缆的尺寸和绝缘电阻值

导体的标称截面积/mm^2	绝缘厚度规定值/mm	护套厚度规定值/mm	平均外径上限参考值（2 类导体）/mm	20℃时的最小绝缘电阻/（MΩ · km）	90℃时的最小绝缘电阻/（MΩ · km）
16	0.7	0.9	9.5	374	0.374
25	0.9	1.0	11.8	384	0.384
35	0.9	1.1	13.2	327	0.327
50	1.0	1.2	15.1	317	0.317
70	1.1	1.2	17.3	291	0.291
95	1.1	1.3	19.6	251	0.251
120	1.2	1.3	21.6	244	0.244
150	1.4	1.4	24.0	254	0.254
185	1.6	1.6	27.0	261	0.261
240	1.7	1.7	30.4	243	0.243
300	1.8	1.8	33.5	231	0.231
400	2.0	2.0	37.7	227	0.227

表 A-7　IEC 62930：2017 关于绝缘和护套材料的要求

参考号	试验	单位	试验方法标准	要求	
				绝缘	护套
1	机械性能①				
1.1	老化前性能②		IEC 60811-501		
1.1.1	抗拉强度值				
	—中间值，最小值	N/mm^2		8.0	8.0
1.1.2	断裂伸长率应获得的值				
	—中间值，最小值	%		125	125
1.2	烘箱老化后的性能		IEC 60811-401		

（续）

参考号	试验	单位	试验方法标准	要求	
				绝缘	护套
1.2.1	测试条件②				
	—温度	℃		150±2	150±2
	—处理持续时间	h		7×24	7×24
1.2.2	抗拉强度值				
	—最大变化值	%		-30③	-30③
1.2.3	断裂伸长率应获得的值				
	—最大变化值	%		-30③	-30③
1.3	热固性试验②		IEC 60811-507		
1.3.1	测试条件				
	—温度	℃		200±3	200±3
	—负载时间	min		15	15
	—机械应力	N/cm^2		20	20
1.3.2	得到的结果				
	—负载下最大伸长率	%		100	100
	—冷却后的最大永久伸长率	%		25	25
1.4	耐热性能		IEC 60216-1 和 IEC 60216-2：2005		
1.4.1	测试条件②				
	应进行断裂伸长率试验				
	—对应20000h的温度指数			≥120	≥120
	—最小断裂伸长率	%		50	50
1.5	绝缘导线/电缆外径<12.5mm时低温弯曲		IEC 60811-504		
1.5.1	测试条件				
	—温度	℃		-40±2	-40±2
	—持续时间	h		④	④
1.5.2	需要得到的结果			无裂缝	无裂缝
1.6	绝缘导线/电缆外径>12.5mm时低温伸长率		IEC 60811-505		
1.6.1	测试条件②				
	—温度	℃		-40±2	-40±2
	—持续时间	h		④	④
1.6.2	应获得的结果				

（续）

参考号	试验	单位	试验方法标准	要求	
				绝缘	护套
	—最小断裂伸长率	%		30	30
1.7	耐酸、碱性溶液性能		IEC 60811-404		
1.7.1	测试条件⑤				
	—酸性溶液：N-草酸				
	—碱性溶液：N-氢氧化钠				
	—温度	℃			23 ±2
	—处理持续时间	h			7×24
1.7.2	抗拉强度值				
	—最大变化值	%			±30
1.7.3	断裂伸长率最小值	%			100
1.8	相容性试验		IEC 60811-401：2012 中的4.2.3.4		
1.8.1	测试条件				
	—温度	℃		135 ±2	135 ±2
	—处理持续时间	h		7×24	7×24
1.8.2	抗拉强度值				
	—最大变化值	%		±30	-30④
1.8.3	断裂伸长率应获得的值				
	—最大变化值	%		±30	-30④

① 如果绝缘和护套粘在一起，并且无法根据 IEC 60811-501 制备绝缘和护套的分离试样，则应测试管状试件，并根据要求将结果应用于绝缘和护套。

② 该试验应在从完整电缆中获得的绝缘和护套化合物的试验样品上进行。

③ 无固定变化的正值。

④ 为第4列中规定的试验方法。

⑤ N 表示1个正常浓度。

表 A-8　CEEIA B218—2012 关于绝缘、护套的尺寸和绝缘电阻值

导体的标称截面积/mm^2	绝缘厚度规定值/mm	护套厚度规定值/mm	平均外径上限参考值/mm	20℃时的最小体积电阻率/(Ω·cm)	125℃时的最小绝缘电阻常数/(MΩ·km)
1.5	0.7	0.8	—	10^{12}	0.367
2.5	0.7	0.8	—	10^{12}	0.367
4	0.8	0.8	—	10^{12}	0.367
6	0.8	1.0	—	10^{12}	0.367

（续）

导体的标称截面积/mm²	绝缘厚度规定值/mm	护套厚度规定值/mm	平均外径上限参考值/mm	20℃时的最小体积电阻率/(Ω·cm)	125℃时的最小绝缘电阻常数/(MΩ·km)
10	0.8	1.0	—	10^{12}	0.367
16	1.0	1.1	—	10^{12}	0.367
25	1.0	1.2	—	10^{12}	0.367
35	1.0	1.2	—	10^{12}	0.367
50	1.1	1.4	—	10^{12}	0.367
70	1.2	1.4	—	10^{12}	0.367
95	1.2	1.5	—	10^{12}	0.367
120	1.4	1.5	—	10^{12}	0.367
150	1.6	1.6	—	10^{12}	0.367
185	1.7	1.7	—	10^{12}	0.367
240	1.8	1.8	—	10^{12}	0.367

表 A-9　CEEIA B218—2012 关于绝缘和护套材料的要求

参考号	试验	单位	试验方法标准	要求	
				绝缘	护套
1	机械性能①				
1.1	老化前性能②		IEC 60811-501		
1.1.1	抗拉强度值				
	—中间值，最小值	N/mm²		9.0	9.0
1.1.2	断裂伸长率应获得的值				
	—中间值，最小值	%		120	120
1.2	烘箱老化后的性能		IEC 60811-401		
1.2.1	测试条件②				
	—温度	℃		150±2	150±2
	—处理持续时间	h		7×24	7×24
1.2.2	抗拉强度值				
	—最大变化值	%		-30③	-30③
1.2.3	断裂伸长率应获得的值				
	—最大变化值	%		-30③	-30③

（续）

参考号	试验	单位	试验方法标准	要求	
				绝缘	护套
1. 3	热固性试验②		IEC 60811-507		
1. 3. 1	测试条件				
	—温度	℃		200 ± 3	200 ± 3
	—负载时间	min		15	15
	—机械应力	N/cm^2		20	20
1. 3. 2	得到的结果				
	—负载下最大伸长率	%		100	100
	—冷却后的最大永久伸长率	%		25	25
1. 4	耐热性能		IEC 60216-1 和 IEC 60216-2		
1. 4. 1	测试条件②				
	应进行断裂伸长率试验				
	—对应 20000h 的温度指数			≥125	≥125
	—最小断裂伸长率	%		50	50
1. 5	绝缘导线/电缆外径 < 12. 5mm 时低温弯曲		IEC 60811-504		
1. 5. 1	测试条件				
	—温度	℃		−40 ± 2	−40 ± 2
	—持续时间	h		④	④
1. 5. 2	需要得到的结果			无裂缝	无裂缝
1. 6	绝缘导线/电缆外径 > 12. 5mm 时低温伸长率		IEC 60811-505		
1. 6. 1	测试条件②				
	—温度	℃		−40 ± 2	−40 ± 2
	—持续时间	h		④	④
1. 6. 2	应获得的结果				
	—最小断裂伸长率	%		30	30
1. 7	耐酸、碱性溶液性能		IEC 60811-404		
1. 7. 1	测试条件⑤				

（续）

参考号	试验	单位	试验方法标准	要求	
				绝缘	护套
	—酸性溶液：N-草酸				
	—碱性溶液：N-氢氧化钠				
	—温度	℃			23 ±2
	—处理持续时间	h			7 ×24
1.7.2	抗拉强度值				
	—最大变化值	%			±30
1.7.3	断裂伸长率最小值	%			100
1.8	相容性试验		IEC 60811-401 中的4.2.3.4		
1.8.1	测试条件				
	—温度	℃		135 ±2	135 ±2
	—处理持续时间	h		7 ×24	7 ×24
1.8.2	抗拉强度值				
	—最大变化值	%		±30	-30③
1.8.3	断裂伸长率应获得的值				
	—最大变化值	%		±30	-30③

① 如果绝缘和护套粘在一起，并且无法根据 IEC 60811-501 制备绝缘和护套的分离试样，则应测试管状试件，并根据要求将结果应用于绝缘和/或护套。

② 该试验应在从完整电缆中获得的绝缘和护套化合物的试验样品上进行。

③ 不考察上限值。

④ 为第4列中规定的试验方法。

⑤ N 表示1个正常浓度。

2.1.3　护套

护套材料应是交联化合物，材料性能满足标准要求：PV1-F 护套材料应符合表 A-2 的要求，H1Z2Z2-K 护套材料应符合表 A-4 的要求，62930 IEC 131 护套材料符合表 A-7 的要求，GF-WDZ（A、B、C）EER-125 护套材料符合表 A-9 规定的要求。

对于护套厚度的规定，PV1-F 护套材料的平均厚度由生产厂家指定但最小厚度不小于0.5mm，H1Z2Z2-K 材料应符合表 A-3 规定，62930 IEC 131 材料应符合表 A-5 和表 A-6 规定，GF-WDZ（A、B、C）EER-125 材料应符合表 A-8 规定的要求。H1Z2Z2-K、62930 IEC 131、GF-WDZ（A、B、C）EER-125 护套材料的平均厚度不小于标称值，最薄点不小于标称值的 85% -0.1mm。

2.2　密封和牵引头

电缆两端应采用合适的防水密封处理，避免水进入线芯，如有要求安装牵引头，在运输、储存、敷设过程中应保证电缆密封不失效。

2.3　技术参数

买方应认真填写技术规范专用部分技术参数响应表中的标准参数值，卖方应认真填写技术参数响应表中的投标人保证值。

2.4　其他

光伏专用电缆允许多芯结构，前提所有缆芯都应单独包覆，并符合标准中规定的所有要求。二芯平行结构参数需供货双方协商。

3. 试验

电缆的试验及检验要按照本规范引用的标准及规范进行。试验应在制造厂或买方指定的检验部门完成。所有试验费用应由卖方承担。

3.1　试验条件

3.1.1　环境温度

除个别试验另有规定外，其余试验应在环境温度为（20±15)℃时进行。

3.1.2　工频试验电压的频率和波形

工频试验电压的频率应保持在 49～61Hz，波形基本上应是正弦波形，电压值均为有效值。

3.2　例行试验

每批电缆出厂前，制造厂必须对每盘电缆按照标准规定要求进行例行试验。

3.2.1　导体电阻试验

导体直流电阻试验在每一电缆长度所有导体上进行测量，符合 IEC 60228：2023 的规定。

3.2.2　绝缘层试验

按 EN 62230 标准对电缆进行火花检验，不应检测到任何缺陷。

3.3　抽样试验

应按商定的质量控制协议，在制造的每批次同型号和同规格的电缆上进行。若买方有特殊要求，可另行补充。

3.3.1　导体检查

应目测或使用可行的测量方法检查导体结构是否符合 IEC 60228：2023 要求。

3.3.2　电缆绝缘、护套尺寸测量

绝缘、护套厚度、电缆外径、椭圆度的测量应符合 EN 50396 标准要求，数值修约到1位小数。

3.3.3　耐电压测试

电压试验应在环境温度下进行。制作方可选择使用工频交流电压或直流电压。

试验电压应施加在导体与水之间，试样长度20m，水温（20±5）℃，浸水时间不小于1h。试验交流电压/时间为6.5kV/5min，试验直流电压/时间为15kV/5min，绝缘无击穿。在任何情况下电压都应逐渐升高至规定值。

3.3.4　绝缘电阻试验

测量应在导体之间或水之间进行，测试直流电压为80～500V，试样长度5m，水温（20±5）℃/(90±3)℃，浸水时间不小于2h，125℃采用热烘箱，绝缘外绕包铜带的方式测量具体试验方法参照GB/T 3048.5—2007中6.4要求测试，其他型号电缆按照EN 50395的规定进行测试，20℃/90℃时绝缘电阻应不小于标准规定值。

3.3.5　阻燃试验

单根阻燃试验符合EN 60332-1-1和EN 60332-1-2的要求。

3.4　型式试验

如卖方已对相同或相近型号规格的电缆按同一标准进行过型式试验，并且符合1.2.4条的规定，则可用检测报告代替。如不符合，买方有权要求卖方到买方认可的具有资质的第三方专业检测机构重做型式试验，费用由卖方负责。

3.4.1　电气型式试验

1）20℃时导体直流电阻。

2）绝缘电阻测量。

3）绝缘耐长期直流（CEEIA B218—2012标准不涉及）。

4）护套表面电阻（CEEIA B218—2012标准不涉及）。

3.4.2　非电气型式试验

1）结构尺寸测量。

2）绝缘材料测试（其中，拉力试验结果有效数据的个数为奇数时，则中间值为正中间一个数值；若为偶数时，则中间值为中间两个数值的平均值）。

3）护套材料测试（其中，拉力试验结果有效数据的个数为奇数时，则中间值为正中间一个数值；若为偶数时，则中间值为中间两个数值的平均值）。

4）相容性测试。

5）耐低温测试。

6）耐臭氧测试。

7）护套耐候、紫外光测试。

8）动态穿透测试（CEEIA B218—2012标准不涉及）。

9）透光率试验（2Pfg 1169/08.2007标准不涉及）。

10）湿热测试。

11）护套热收缩测试。

12）单根垂直燃烧。

13）卤素测试。

14）高温压力（仅限 2Pfg 1169/08. 2007 标准要求）。

15）刻痕扩展试验（仅限 2Pfg 1169/08. 2007 标准要求）。

16）盐雾试验（仅限 CEEIA B218—2012 标准要求）。

17）电缆成束燃烧（仅限 CEEIA B218—2012 标准要求）。

3. 5　印刷标志耐擦试验

成品表面应连续喷印厂名、型号、电压、芯数、导体截面、制造年份和计米长度标志，标志字迹应清楚、容易辨认、耐擦，达到标准规定的要求。

3. 6　目的地检查

1）在货物到达目的地以后，买卖双方在目的地按提货单对所收到的货物的数量进行核对，并检查货物在装运和卸货时是否受损坏。

2）若货物的数量和外观情况与合同不符，卖方应按买方要求免费改正或替换货物。

4. 技术服务、工厂检验和监造及验收

4. 1　技术服务

卖方应提供所承诺的并经买方最终确认的现场服务。

4. 1. 1　卖方在工程现场的服务人员称为卖方的现场代表。在产品进行现场安装前，卖方应提供现场代表名单、资质，供买方确认。

4. 1. 2　卖方的现场代表应具备相应的资质和经验，以督导安装、负责调试、投运等其他各方面，并对施工质量负责。卖方应指定一名本工程的现场首席代表，其作为卖方的全权代表应具有整个工程的代表权和决定权，买方与首席代表的一切联系均应视为是与卖方的直接联系。在现场安装调试及验收期间，应至少有一名现场代表留在现场。

4. 1. 3　当买方认为现场代表的服务不能满足工程需要时，可取消对其资质的认可，卖方应及时提出替代的现场代表供买方认可，卖方承担由此引起的一切费用。因下列原因而使现场服务的时间和人员数量增加，所引起的一切费用由卖方承担：

1）产品质量原因。

2）现场代表的健康原因。

3）卖方自行要求增加人数、日数。

4. 1. 4　卖方应提供现场技术服务承诺表，见表 A-10。

表 A-10　卖方现场技术服务承诺表

序号	技术服务内容	总计划天数/天	派出人员构成		备注
			职称	人数	
1	到货时，对产品外观及数量进行检验				
2	对使用单位的技术人员、设备操作人员和维护人员进行技术培训				
3	设备安装期间，进行现场安装指导				
4	质保期内，更换损坏的配件				
5	设备投运后，保证售后服务响应时间				

4.1.5　卖方应提供现场服务人员基本情况表，见表 A-11。

表 A-11　现场服务人员基本情况表

一、基本情况					
姓名		性别		年龄	
学历		岗位		职称	
二、经验能力					
工作年限		擅长领域			
工作经历					
荣誉奖项					
三、服务业绩					
主要服务项目					
投标人签章	我公司郑重承诺上述内容属实。 投标人名称（盖章）：				

注：如有多名服务人员，按照本表要求填写并依次提交。

4.2　工厂检验及监造

4.2.1　卖方应在工厂生产开始前 7 天用信件、电传或电子邮件等方式通知买方。买方将派出代表或委托第三方（统称质量监督控制方）到生产厂家为货物生产进行监造和为检验做监证。

4.2.2　质量监督控制方自始至终应有权进入制造产品的工厂和现场，卖方应向质量监督控制方提供充分的方便，以使其不受限制地检查卖方所必须进行的检验和在生产过程中进行质量监造。买方的检查和监造并不代替或减轻卖方对检验结果和生产质量而负担的责任。

4.2.3　在产品制造过程的开始和各阶段之前，卖方应随时向买方进行报告以便能安排监造和检验。

4.2.4　除非买方用书面通知免于产品监造或工厂检验监证，否则不应有从制造厂发出未经质量监督控制方监造或工厂检验监证的货物，在任何情况下都只能在圆满地完成本规范中所规定的产品监造和工厂检验监证之后，才能发运这些货物。

4.2.5　若买方不派质量监督控制方参加上述试验，卖方应在接到买方关于不派人员到卖方和（或）其分包商工厂的通知后，或买方未按时派遣人员参加的情况下，自行组织检验。

4.2.6　货物装运之前，应向买方提交检验报告，相关要求由供需双方协商确定。

4.3　验收

4.3.1　每盘电缆都应附有产品质量验收合格证和出厂试验报告。

4.3.2　买卖双方联合进行到货后的包装及外观检查，如目测包装破损、挤压情况及破损、挤压部位电缆的机械损伤情况，当外观检查有怀疑时，应进行受潮判断或试验。有异常时，由双方根据实际情况协商处理。

4.3.3　买卖双方联合进行产品结构尺寸检查验收。

4.3.4　如有可能，买卖双方联合按有关规定进行抽样试验。

5. 产品标志、包装、运输和保管

5.1　成品电缆的护套表面上应有制造厂名、产品型号、额定电压、芯数及规格、计米长度和制造年、月的连续标志，标志应字迹清楚，清晰耐磨。

5.2　电缆允许成圈或成盘交付。成盘交付时，电缆应卷绕在符合 JB/T 8137 的电缆盘上交货，每个电缆盘上卷绕一根电缆，供需双方协商每个盘具上的最多分段数。电缆的两端应采用合适的密封处理，并牢靠地固定在电缆盘上。

5.3　电缆盘的结构应牢固，根据使用场合可选择纯木盘或铁木盘。筒体部分应采用木质结构。电缆卷绕在电缆盘上后，外层用合适的缓冲材料保护，以防运输或搬运过程中损伤电缆外护层。如采用竹帘、木护板，在其外表面还应用塑钢打包带或金属带扎紧。盘具的相关要求应符合 JB/T 8137 的规定。

5.4　在运输电缆时，卖方应采取必要的防滚动、挤压、撞击措施，例如将电缆盘固定在木托盘上。卖方应对由于未将电缆或电缆盘正确地扣紧、密封、包装和固定而造成的电缆损伤负责。

5.5　电缆盘在装卸时应采用合适的装卸方式与工具以避免损坏电缆。

5.6　在电缆盘上应有下列文字和符号标志：

1）合同号、电缆盘号。

2）收货单位。

3）目的口岸或到站。

4）产品名称和型号规格。

5）电缆的额定电压。

6）电缆长度。

7）标识搬运电缆盘正确滚动方向的箭头和起吊点的符号。

8）必要的警告文字和符号。

9）供方名称和制造日期。

10）外形尺寸、毛重和净重。

5.7　应注意电缆的弯曲半径，宜选择大筒径电缆盘具。凡由于卖方包装不当、包装不合理致使货物遭到损坏或变形，无法安装敷设时，不论在何时何地发现，一经证实，卖方均应负责及时修理、更换或赔偿。在运输中如发生货物损坏和丢失时，卖方负责与承运部门及保险公司交涉，同时卖方应尽快向买方补供货物以满足工程建设进度需要。

5.8　卖方应在货物装运前7天，以传真形式将每批待交货电缆的型号、规格、数量、质量、交货方式及地点通知买方。

6. 投标时应提供的其他资料

6.1　提供全套电缆的抽样试验报告、型式试验报告。

6.2　提供电缆结构尺寸和技术参数（见技术规范专用部分）。

6.3　提供光伏专用电缆的供货记录（表A-12），对于与供货类似的电缆曾发生故障或缺陷的事例，投标者应如实提供反映实况的调查分析等书面资料。

6.4　提供对于因某些特殊原因造成交货时间延误而采取相应补救措施的应急预案。

6.5　提供电缆工艺控制一览表（表A-13）；主要生产设备清单及用途（表A-14）；主要试验设备清单及用途（表A-15）；本工程人力资源配置表（表A-16）。

表A-12　三年以来的主要供货业绩表

序号	工程名称	产品型号	供货数量	供货时间	投运时间	用户名称	联系人	联系方式
合计								

注：本表所列业绩为投标人近三年主要的供货业绩，且均须提供最终用户证明材料。

表 A-13　工艺控制一览表

工艺环节	控制点	控制目标	控制措施
导体绞合			
绝缘工艺			
护套工艺			
不限于上述项目			

表 A-14　主要生产设备清单及用途

序号	设备名称	型号	台数	安装投运时间	用途

表 A-15　主要试验设备清单及用途

序号	设备名称	型号	台数	安装投运时间	用途

表 A-16　本工程人力资源配置表

序号	姓名	职称/职务	本工程岗位职责	类似工程岗位工作年限

附录B　额定电压0.6/1kV、DC 1800V及以下光伏专用电缆专用技术规范

1. 技术参数和性能要求

投标人应认真填写表B-1～表B-3中投标人保证值，不能为空，也不能以类似“响应”“承诺”等字样代替。不允许改动招标人要求值。如有偏差，请填写表B-2技术偏差表。

1.1　额定电压0.6/1kV、DC 1800V及以下光伏专用电缆结构参数（表B-1）

1.2　额定电压0.6/1kV、DC 1800V及以下光伏专用电缆电气及其他技术参数（表B-2）

1.3　额定电压0.6/1kV、DC 1800V及以下光伏专用电缆非电气技术参数（表B-3）

表B-1　额定电压0.6/1kV、DC 1800V及以下光伏专用电缆结构参数

序号	项目		单位	标准参数值	投标人保证值	备注
1	电缆型号		PV1-F、H1Z2Z2-K、62930 IEC 131、GF-WDZ（A、B、C）EER-125			
2	导体	材料		镀锡铜	（投标人填写）	
		材料生产厂及牌号		（投标人提供）	（投标人填写）	
		芯数×标称截面积	芯×mm^2	1×4	（投标人填写）	
		结构形式		圆形绞合	（投标人填写）	
		最少单线根数	根	（项目单位填写）	（投标人填写）	
		导体外径	mm	（项目单位填写）	（投标人填写）	
3	绝缘	材料		交联化合物	（投标人填写）	
		材料生产厂及牌号		（投标人提供）	（投标人填写）	
		平均厚度	mm	（项目单位填写）	（投标人填写）	
		最薄点厚度不小于	mm	（项目单位填写）	（投标人填写）	
4	护套	材料		交联化合物	（投标人填写）	
		材料生产厂及牌号		（投标人提供）	（投标人填写）	
		标称厚度	mm	（项目单位填写）	（投标人填写）	
		最薄点厚度不小于	mm	（项目单位填写）	（投标人填写）	
5	电缆外径		mm	（项目单位填写）	（投标人填写）	
6	终端连接器与电缆外径			匹配，无偏差	（投标人填写）	

表 B-2　额定电压 0.6/1kV、DC 1800V 及以下光伏专用电缆电气及其他技术参数

序号	项目	单位	标准参数值	投标人保证值	备注
电缆型号规格：PV1-F　0.6/1kV 或 DC 1800V（空载状态下）1×4					
1	20℃时导体最大电阻	Ω/km	5.09	（投标人填写）	
2	环境温度下电缆绝缘电阻	Ω·m	$\geqslant 10^{12}$	（投标人填写）	
3	90℃下绝缘电阻	Ω·m	$\geqslant 10^{9}$	（投标人填写）	
4	导体长期工作温度	℃	120	（投标人填写）	正常运行时最高允许温度
5	电压试验（交流）	kV/min	6.5/5	（投标人填写）	
6	直流电压试验	kV/min	15/5	（投标人填写）	
7	电缆盘尺寸	mm	（项目单位填写）	（投标人填写）	
8	电缆敷设时的最小弯曲半径	m	（项目单位填写）	（投标人填写）	
9	电缆重量	kg/m	（项目单位填写）	（投标人填写）	
10	电缆敷设时允许最低环境温度	℃	（项目单位填写）	（投标人填写）	
11	电缆在正常使用条件下的寿命	年	不低于 25	（投标人填写）	
12	pH 值，最小值		4.3	（投标人填写）	
13	电导率，最大值	μs/mm	10	（投标人填写）	
14	阻燃性能			（投标人填写）	
电缆型号规格：H1Z2Z2-K DC 1500V 1×4					
1	20℃时导体最大电阻	Ω/km	5.09	（投标人填写）	
2	环境温度下电缆绝缘电阻	MΩ·km	≥580	（投标人填写）	
3	90℃下绝缘电阻	MΩ·km	≥0.58	（投标人填写）	
4	导体长期工作温度	℃	120	（投标人填写）	正常运行时最高允许温度
5	电压试验（交流）	kV/min	6.5/5	（投标人填写）	
6	直流电压试验	kV/min	15/5	（投标人填写）	
7	电缆盘尺寸	mm	（项目单位填写）	（投标人填写）	
8	电缆敷设时的最小弯曲半径	m	（项目单位填写）	（投标人填写）	
9	电缆重量	kg/m	（项目单位填写）	（投标人填写）	
10	电缆敷设时允许最低环境温度	℃	（项目单位填写）	（投标人填写）	
11	电缆在正常使用条件下的寿命	年	不低于 25	（投标人填写）	
12	pH 值，最小值		4.3	（投标人填写）	
13	电导率，最大值	μs/mm	10	（投标人填写）	
14	烟密度（最小透光率）	%	60	（投标人填写）	
15	阻燃性能			（投标人填写）	

（续）

序号	项目	单位	标准参数值	投标人保证值	备注
电缆型号规格：62930 IEC 131　DC 1500V 1 ×4					
1	20℃时导体最大电阻	Ω/km	5.09	（投标人填写）	
2	环境温度下电缆绝缘电阻	MΩ · km	≥709	（投标人填写）	
3	90℃下绝缘电阻	MΩ · km	≥0.709	（投标人填写）	
4	导体长期工作温度	℃	120	（投标人填写）	正常运行时最高允许温度
5	电压试验（交流）	kV/min	6.5/5	（投标人填写）	
6	直流电压试验	kV/min	15/5	（投标人填写）	
7	电缆盘尺寸	mm	（项目单位填写）	（投标人填写）	
8	电缆敷设时的最小弯曲半径	m	（项目单位填写）	（投标人填写）	
9	电缆重量	kg/m	（项目单位填写）	（投标人填写）	
10	电缆敷设时允许最低环境温度	℃	（项目单位填写）	（投标人填写）	
11	电缆在正常使用条件下的寿命	年	不低于 25	（投标人填写）	
12	pH 值，最小值		4.3	（投标人填写）	
13	电导率，最大值	μs/mm	10	（投标人填写）	
14	烟密度（最小透光率）	%	60	（投标人填写）	
15	阻燃性能			（投标人填写）	
电缆型号规格：GF-WDZ（A、B、C）EER-125 DC 1800V 1 ×4					
1	20℃时导体最大电阻	Ω/km	5.09	（投标人填写）	
2	20℃体积电阻率	Ω · cm	$\geq 10^{12}$	（投标人填写）	
3	125℃下绝缘电阻常数	MΩ · km	≥0.367	（投标人填写）	
4	导体长期工作温度	℃	125	（投标人填写）	正常运行时最高允许温度
5	电压试验（交流）	kV/min	6.5/5	（投标人填写）	
6	直流电压试验	kV/min	15/5	（投标人填写）	
7	电缆盘尺寸	mm	（项目单位填写）	（投标人填写）	
8	电缆敷设时的最小弯曲半径	m	（项目单位填写）	（投标人填写）	
9	电缆重量	kg/m	（项目单位填写）	（投标人填写）	
10	电缆敷设时允许最低环境温度	℃	（项目单位填写）	（投标人填写）	
11	电缆在正常使用条件下的寿命	年	不低于 25	（投标人填写）	
12	pH 值，最小值		4.3	（投标人填写）	
13	电导率，最大值	μs/mm	10	（投标人填写）	
14	烟密度（最小透光率）	%	60	（投标人填写）	
15	阻燃性能			（投标人填写）	

表 B-3　额定电压 0.6/1kV、DC 1800V 及以下光伏专用电缆非电气技术参数

序号	项目		单位	标准参数值	投标人保证值	备注
电缆型号：PV1-F 0.6/1kV 或 DC 1800V（空载状态下）						
1	绝缘	绝缘材料		交联化合物	（投标人填写）	
		老化前抗张强度不小于	N/mm²	6.5	（投标人填写）	
		老化前断裂伸长率不小于	%	125	（投标人填写）	
		老化后抗张强度降低率最大	%	-30	（投标人填写）	
		老化后断裂伸长率降低率最大	%	-30	（投标人填写）	
		热延伸（负载下伸长率/永久变形率）			（投标人填写）	200℃/15min
2	护套	护套材料		交联化合物	（投标人填写）	
		老化前抗张强度不小于	N/mm²	8.0	（投标人填写）	
		老化前断裂伸长率不小于	%	125	（投标人填写）	
		老化后抗张强度降低率最大	%	-30	（投标人填写）	
		老化后断裂伸长率降低率最大	%	-30	（投标人填写）	
		热延伸（负载下伸长率/永久变形率）			（投标人填写）	200℃/15min
		高温压力试验，压痕深度不大于	%	50		
		低温冲击试验		不开裂	（投标人填写）	-40℃
电缆型号：H1Z2Z2-K DC 1500V						
1	绝缘	绝缘材料		交联化合物	（投标人填写）	
		老化前抗张强度不小于	N/mm²	8.0	（投标人填写）	
		老化前断裂伸长率不小于	%	125	（投标人填写）	
		老化后抗张强度降低率最大	%	-30	（投标人填写）	
		老化后断裂伸长率降低率最大	%	-30	（投标人填写）	
		热延伸（负载下伸长率/永久变形率）			（投标人填写）	250℃/15min
2	护套	护套材料		交联化合物	（投标人填写）	
		老化前抗张强度不小于	N/mm²	8.0	（投标人填写）	
		老化前断裂伸长率不小于	%	125	（投标人填写）	
		老化后抗张强度降低率最大	%	-30	（投标人填写）	
		老化后断裂伸长率降低率最大	%	-30	（投标人填写）	
		热延伸（负载下伸长率/永久变形率）			（投标人填写）	250℃/15min
		低温冲击试验		不开裂	（投标人填写）	-40℃

（续）

序号	项目		单位	标准参数值	投标人保证值	备注
电缆型号：62930 IEC 131 DC 1500V						
1	绝缘	绝缘材料		交联化合物	（投标人填写）	
		老化前抗张强度不小于	N/mm^2	8.0	（投标人填写）	
		老化前断裂伸长率不小于	%	125	（投标人填写）	
		老化后抗张强度降低率最大	%	-30	（投标人填写）	
		老化后断裂伸长率降低率最大	%	-30	（投标人填写）	
		热延伸（负载下伸长率/永久变形率）			（投标人填写）	200℃/15min
2	护套	护套材料		交联化合物	（投标人填写）	
		老化前抗张强度不小于	N/mm^2	8.0	（投标人填写）	
		老化前断裂伸长率不小于	%	125	（投标人填写）	
		老化后抗张强度降低率最大	%	-30	（投标人填写）	
		老化后断裂伸长率降低率最大	%	-30	（投标人填写）	
		热延伸（负载下伸长率/永久变形率）			（投标人填写）	200℃/15min
		低温冲击试验		不开裂	（投标人填写）	-40℃
电缆型号：GF-WDZ（A、B、C）EER-125 DC 1800V 1×4						
1	绝缘	绝缘材料		交联化合物	（投标人填写）	
		老化前抗张强度不小于	N/mm^2	9.0	（投标人填写）	
		老化前断裂伸长率不小于	%	120	（投标人填写）	
		老化后抗张强度降低率最大	%	-30	（投标人填写）	
		老化后断裂伸长率降低率最大	%	-30	（投标人填写）	
		热延伸（负载下伸长率/永久变形率）			（投标人填写）	200℃/15min
2	护套	护套材料		交联化合物	（投标人填写）	
		老化前抗张强度不小于	N/mm^2	9.0	（投标人填写）	
		老化前断裂伸长率不小于	%	120	（投标人填写）	
		老化后抗张强度降低率最大	%	-30	（投标人填写）	
		老化后断裂伸长率降低率最大	%	-30	（投标人填写）	
		热延伸（负载下伸长率/永久变形率）			（投标人填写）	200℃/15min
		低温冲击试验		不开裂	（投标人填写）	-40℃

2. 项目需求部分

2.1　货物需求及供货范围一览表（表 B-4）

表 B-4　货物需求及供货范围一览表

序号	材料名称	单位	项目单位需求		投标人响应		备注
			型号规格	数量	型号规格	数量	
1							
2							
3							
4							

2.2　必备的备品备件、专用工具和仪器仪表供货表（表 B-5）

表 B-5　必备的备品备件、专用工具和仪器仪表供货表

序号	名称	单位	项目单位要求		投标人响应		备注
			型号和规格	数量	型号和规格	数量	
1							
2							
3							
4							

2.3　投标人应提供的有关资料

2.3.1　在投标过程中，投标人应根据项目要求提供设计图样及资料表，依据招标文件对设计图样及资料进行响应。额定电压 0.6/1kV、DC 1800V 及以下光伏专用电缆的设计图样及资料一览表见表 B-6。

表 B-6　投标人应提供的设计图样及资料一览表

文件资料名称	提交份数	交付时间
1）有关设计资料		
• 电缆结构图及说明	6	交货前
• 电缆盘结构图	6	交货前
• 牵引头和封帽的结构图（如果有约定）	6	交货前
• 线盘包装图	6	交货前
• 线盘起吊尺寸图	6	交货前
2）电缆放线说明	6	交货前
3）型式试验报告及出厂试验报告		
• 根据电缆的不同要求提供不同的型式试验报告	6	交货前

2.3.2　上述资料要求为中文版本。

2.4　工程概况

2.4.1　项目名称：＿＿＿＿＿＿＿＿＿＿＿＿＿。

2.4.2　项目单位：＿＿＿＿＿＿＿＿＿＿＿＿＿。

2.4.3　项目设计单位：＿＿＿＿＿＿＿＿＿＿＿。

2.4.4　本工程________电缆自________至________，电缆路径长度分别________m，电缆敷设于________________和________________。

2.4.5　电缆的名称、型号规格：________________。

2.5　使用条件

2.5.1　使用环境条件

使用环境条件见表B-7。

表B-7　使用环境条件

名称			参数值
海拔			不超过________m
环境温度和湿度	最高气温		________℃
	最低气温	（户外）	________℃
		（户内）	________℃
	最热月平均温度		________℃
	最冷月平均温度		________℃
	环境相对湿度		________（25℃）
月平均最高相对湿度			________%（25℃下）
日照强度			________W/cm²
敷设条件、安装位置及环境			
电缆敷设方式（多种方式并存时选择载流量最小的一种方式）			（投标人提供）
电缆直接敷设安装位置			（项目单位填写）
电缆允许敷设温度			敷设电缆时，电缆允许敷设最低温度、敷设前24h内的平均温度以及敷设现场的温度不低于（项目单位填写）℃

2.5.2　使用技术条件

电缆使用技术条件见表B-8。

表B-8　电缆使用技术条件

名称	参数值
1）电缆额定工作电压 U_0/U	0.6/1kV、DC 1500V（最大DC1800V）
2）额定频率	AC 50Hz
3）最小弯曲半径	
• 敷设安装时	________倍电缆平均外径
• 电缆运行时	________倍电缆平均外径
4）运行温度	
• 长期正常运行	90℃
• 短路（最长时间5s）	250℃

厂家如有特殊要求，请详细提供。

2.6　项目单位技术差异表

项目单位原则上不能改动通用部分条款及专用部分固化的参数。根据工程实际情况，使用条件及相关技术参数。如有差异，应逐项在“项目单位技术差异表”中列出，见表 B-9。

表 B-9　项目单位技术差异表（项目单位填写）

（本表是对技术规范的补充和修改，如有冲突，应以本表为准）

序号	项目	标准参数值	项目单位要求值	投标人保证值
1				
2				
3				
	……			
序号	项目	变更条款页码、款号	原表达	变更后表达
1				
2				
3				
	……			

3. 投标人响应部分

3.1　技术偏差

投标人应认真填写表 B-1～表 B-3 中投标人的保证值，不能空格，也不能以“响应”两字代替。不允许改动招标人要求值。若有偏差，投标人应如实、认真的填写偏差值于表 B-10 内；若无技术偏差，则视为完全满足本规范的要求，且在技术偏差表中填写“无偏差”。

表 B-10　技术偏差表

序号	项目	对应条款编号	技术规范要求	偏差	备注

3.2　投标产品的销售及运行业绩表（表 B-11）

表 B-11　投标产品的销售及运行业绩表

序号	工程名称	产品型号	供货数量	供货时间	投运时间	用户名称	联系人	联系方式

注：本表所列业绩为投标人近三年所投标产品的销售运行业绩，且均须提供最终用户证明材料。

3.3　主要原材料产地表（表 B-12）

表 B-12　主要原材料产地表

序号	材料名称	型号	特性/指标	厂家	备注

3.4　推荐的备品备件、专用工具和仪器仪表供货表（表 B-13）

表 B-13　推荐的备品备件、专用工具和仪器仪表供货表

序号	名称	型号和规格	单位	数量	备注

附录C　额定电压0.6/1kV、DC 1800V及以下光伏专用电缆产品技术规范书编制说明和重点提示

1. 编制说明

本产品技术规范书参照T/CTBA 006.1—2025、NB/T 42073—2016、2Pfg 1169/08.2007、EN 50618：2014、IEC 62930：2017和CEEIA B218—2012标准，并结合行业先进制造经验编制，旨在方便广大采购人在招标采购时参考借鉴。

2. 重点提示

1）额定电压0.6/1kV、DC 1800V及以下光伏专用电缆主要由镀锡铜导体、辐照交联聚烯烃绝缘、辐照交联聚烯烃护套组成，主材品质和生产装备的先进性，对产品质量起决定性作用。建议采购人对潜在中标人重点关注：

① 辐照交联聚烯烃绝缘、护套专用材料来源与质量保障。

② 生产装备的先进性。

③ 产品型式试验报告、耐紫外光试验报告和运行业绩。

2）鉴于辐照工艺与装备先进性能够大大提升和保障产品品质，建议给予装备“电子辐照加速器”的投标人加分激励或优先中标。该工艺装备可使绝缘、护套材料辐照过程高效可靠。

3）鉴于绝缘、护套挤出工艺具有性能稳定性好的绝对优势，而绝缘、护套挤出不良直接导致产品质量瑕疵，建议给予装备知名品牌“绝缘、护套挤出设备”的投标人加分激励或优先中标。

4）为坚决杜绝西安地铁“问题电缆”事件重演，主动防范极个别投标人恶意低价投标扰乱市场，建议要求投标人投标时提供产品工艺结构尺寸和材料消耗定额，以便投标价格异常时核查产品直接材料成本，科学评标。

5）鉴于产品使用场合与区域不同，采购方根据自身项目特点，可选择产品外护层颜色。一般选择红色和黑色作为正负极颜色区分。

6）额定电压0.6/1kV、DC 1800V及以下光伏专用电缆市场材料选用不一，造成质量也有很大差异，建议采购方选用具有良好口碑厂家的产品。采购人根据项目重要程度，可对投标人产品运行业绩设置要求。例如，近三年至少有额定电压0.6/1kV、DC 1800V及以下光伏专用电缆产品运行业绩。

7）采购人根据项目重要程度，可对投标人产品型式试验报告日期提出要求。例如：第三方专业检测机构出具的不超过5年的与所招标型号规格相同或相近的额定电压0.6/1kV、DC 1800V及以下光伏专用电缆型式试验（检验）报告。

附录 D　额定电压 0.6/1kV、DC 1800V 及以下光伏专用电缆验货检验规范

1. 验货检验通用条款

1.1　验货检验目的

1）供货企业质量诚信检验。随机抽取一至二份供货企业具有代表性型号的待发货产品实样，进行产品全性能检验，了解供货企业产品质量状况。

2）重要场合特殊性能需求检验。针对不同使用区域或装置对额定电压 0.6/1kV、DC 1800V 及以下光伏专用电缆的具体需求特性，制定检验方案，检验产品设计性能是否达标，能否满足场合使用需求，能否保证运行安全。

3）过程见证。合同执行期间对供货企业所提供的合同货物（包括分包外购材料）进行检验、质量监督见证和性能验收试验，确保供货企业所提供的合同货物符合要求。

1.2　验货检验方式

1）委托第三方专业机构进行质量监督见证工作，业主方对供货企业下达批次电缆排产确认单，质量监督见证工作立即开始。质量监督见证方（第三方专业机构和业主方）有权亲自见证任何一项或全部试验，质量监督见证方在场观察试验的进行并不免除供货企业对质量承担责任。

2）供货企业的生产检验人员应与质量监督见证方配合，提供质量监督见证方要求的不涉及供货企业技术秘密或诀窍的技术文件和记录。

3）质量监督见证方根据供货进度要求督促供货企业准备原材料。

4）关键工序完成后，经质量监督见证方检验确认后方可进入下一道工序。

5）质量监督见证方见证成品例行试验合格后才能出厂，除非另有约定。

6）质量监督见证方如发现原材料、半成品、生产工艺、试验方法等有不符合标准、合同的内容，要立即提出并有权要求供货企业停止生产或供货，供货企业应积极进行整改、返工处理。

7）质量监督见证方在质量监督见证中如发现货物存在质量问题或不符合规定的标准或包装要求时，有权提出书面意见，供货企业须及时采取相应改进措施，以保证交货进度和质量。无论质量监督见证方是否要求和是否清楚，供货企业均有义务主动及时地向其提供合同货物制造过程中出现的质量缺陷和问题，不得隐瞒，并将质量缺陷和问题的处理方案书面报告质量监督见证方。

8）借助第三方专业机构，实行飞检、盲检。即发挥第三方机构的专业性，制定产品抽检和检验细则，在产品发货前无预先告知的情况下到生产企业进行现场质

量检测并取样，然后做盲样处理，送不特定检验机构检验，出具权威检验报告。飞检、盲检人员到达供货企业时出具身份证明和业主方或质量见证方签署的飞检、盲检委托书。

1.3　验货检验依据

项目采购合同及技术规范（协议）的规定；采购合同或技术规范（协议）未明确时，依据现行有效的标准 T/CTBA 006.1—2025、NB/T 42073—2016、2Pfg 1169/08.2007、EN 50618：2014、IEC 62930：2017、CEEIA B218—2012 执行。

1.4　验货检验方法

1）工厂见证检验。采购产品应由供货企业质量部门和质量监督见证方检查合格后方能出厂，每个出厂的包装件上应附有产品质量检验合格证以及质量监督见证签字认可的证明，除非采购合同或技术规范（协议）中另有约定。

2）送权威检验机构检验，检验项目包括全性能检验、特殊性能需求检验、关键项目检验和常规项目检验。

2. 验货检验专用条款

2.1　验货检验项目

检验样品的抽样，由采购人或其受托方（第三方专业机构、指定的监理单位和施工单位等）对检验的样品进行抽样，经协商也可委托检验机构进行抽样。抽样要按相关产品标准和抽样规则，抽样者要为抽取样品的真实性和代表性负责。

（1）全性能检验　全性能检验抽取的电线电缆在产品结构、工艺水平、性能要求等方面应具代表性。全性能检验周期为 20 个工作日。全性能检验项目见表 D-1。

表 D-1　额定电压 0.6/1kV、DC 1800V 及以下光伏专用电缆全性能检验项目

序号	试验项目	检验材料	试样长度/m
1	结构尺寸		1.5
1.1	导体结构		
1.2	绝缘厚度		
1.3	外护套厚度		
1.4	电缆外径		
1.5	椭圆度		
2	绝缘材料测试		2
3	护套材料测试		2
4	相容性测试		1
5	耐低温测试		4
6	耐臭氧测试		1
7	护套耐候、紫外光测试		1
8	动态渗透测试（仅限 2Pfg 1169/08.2007、EN 50618：2014 和 IEC 62930：2017）		1

（续）

序号	试验项目	检验材料	试样长度/m
9	透光率试验（仅限 EN 50618、2Pfg 1169/08.2007、IEC 62930：2017、CEEIA B218—2012 标准要求）		根据外径计算
10	湿热测试		2
11	护套热收缩测试		1
12	单根垂直燃烧		3
13	卤素测试		1
14	高温压力（仅限 2Pfg 1169/08.2007 标准要求）		1
15	刻痕扩展试验（仅限 2Pfg 1169/08.2007 标准要求）		1
16	电气性能		
16.1	20℃时导体直流电阻		2
16.2	绝缘电阻测量		15
16.3	绝缘耐长期直流		5
16.4	护套表面电阻		1
16.5	成束燃烧（仅限 CEEIA B218—2012 标准要求）		按外径计算
16.6	耐盐雾（仅限 CEEIA B218—2012 标准要求）		2

（2）常规项目检验　为确保产品性能，可根据供应商产品质量情况加大检验力度，对额定电压 0.6/1kV、DC 1800V 及以下光伏专用电缆常规项目进行检验。

1）老化前常规项目：老化前常规项目包括导体直流电阻、绝缘和护套尺寸、护套老化前机械性能、环境温度下绝缘电阻和电压试验，检验周期为 7 个工作日，见表 D-2。

表 D-2　老化前常规项目与安全隐患

序号	检验项目	反映的问题	项目不合格的安全隐患
1	导体直流电阻	导体材料以及截面是否符合要求	导体发热加剧，加速包覆在导体外面的绝缘和护套材料的老化，严重时甚至会造成供电线路漏电、短路，引发火灾事故
2	绝缘和护套尺寸	绝缘、护套材料以及生产工艺是否符合要求	绝缘厚度不合格：电缆在使用中容易击穿、短路，进而发生火灾 护套厚度不合格：护套容易开裂，大大降低了对电缆的保护作用
3	护套老化前机械性能	护套材料的力学性能是否符合要求	影响产品的正常使用，加速产品的老化；大大缩短产品的使用寿命
4	环境温度下绝缘电阻	电缆制造过程中吸潮或绝缘缺陷	通电后漏电流过大或短路
5	电压试验（5min）	电缆绝缘厚度局部不达标、制造过程中吸潮或绝缘缺陷	通电后漏电流过大、电压异常时击穿或短路

2）老化后常规项目：根据历年来产品质量监督抽查结果显示，电线电缆老化后的项目不合格占比非常大。但鉴于老化试验的试验时间为7天，整个检验周期约15个工作日，且检验费用也较高，出于时间和费用的考虑，老化后的常规项目可以选择来做。老化后的常规项目与安全隐患见表D-3。

表D-3　老化后的常规项目与安全隐患

序号	项目	反映的问题	项目不合格的安全隐患	适用材料
1	绝缘、护套老化后机械性能	材料在老化后机械性能是否满足继续运行的条件	绝缘、护套表面开裂、破损，加速电缆内部腐蚀	全部

（3）关键项目检验　关键项目是指对电缆性能及寿命影响较大，且根据历年来产品质量监督抽查结果不合格率较高的项目，见表D-4。

表D-4　关键项目与安全隐患

序号	项目	反映的问题	项目不合格的安全隐患	适用材料
1	工作温度下绝缘电阻	绝缘电阻下降	容易发生短路，导致设备不能送电	绝缘
2	导体电阻	电阻过大，导体发热	导体发热，载流能力不足	导体
3	耐紫外光	护套受日光照射，性能劣化，护套开裂	绝缘、护套开裂丧失保护功能	护套

2.2　主要验货检验项目的试验方法及结果评定

2.2.1　导体直流电阻的检验

（1）检验目的　导体直流电阻是考核电线电缆的导体材料以及截面积是否符合标准的重要指标，同时也是电线电缆使用运行中的重要指标。如果导体电阻超标，势必增加电流在线路通过时的损耗，在用电负荷增加或者环境温度高一些时，电缆就处于过载工作，会导致导体发热加剧，加速包覆在导体外面的绝缘和护套材料的老化，严重时甚至会造成供电线路漏电、短路，引发火灾事故。检验的目的是检查电线电缆导体的电阻是否超过标准的规定值，此外，对整根产品测定其导体电阻还可以发现生产工艺中的某些缺陷，如线断裂或其中部分单线断裂、导体截面不符合标准、产品的长度不正确等。

（2）检验依据

1）项目采购合同、技术规范及双方协议的企业标准。

2）EN 60228　Conductor of insulated cables（IEC 60228）。

3）EN 50395　Electrical test methods for low voltage energy cables。

（3）试验设备与器具

1）直流电桥、感性低电阻快速测量微欧计等。

2）通用导体电阻测量夹具。

（4）取样及试样制备

1）试样截取。从被测电线电缆上截取长度不小于1m（用导体电阻测量夹具测量时至少取1.5m）的试样，或以成盘（圈）的电线电缆作为试样。去除试样导体外表面绝缘、护套，也可以只去除试样两端与测量系统相连接部位的覆盖物，露出导体。去除覆盖物时应小心进行，防止损伤导体。

2）试样拉直。拉直试样时不应有任何导致试样导体横截面发生变化的扭曲，也不应导致试样导体伸长。

3）试样表面处理。检验前应预先清洁导体表面的附着物、污秽和油垢，连接处表面的氧化层应尽可能除尽。

（5）检验程序

1）环境温度。测量环境温度为15～25℃，空气湿度不大于85%，环境温度的变化不超过±1℃。温度计距离地面不少于1m，距离墙面不少于10cm，距离试样不超过1m，且两者大致在同一高度。并且试样应在环境温度15～25℃放置足够长的时间，使之达到温度平衡。

2）电阻检验。按电桥的操作规程测量试样在t℃时，长度为L的导体直流电阻。

3）电阻测量误差。电阻测量误差不超过±0.5%。

（6）检验结果评定

1）温度为20℃时每公里长度电阻值按如下公式计算：

$$R_{20} = \frac{R_x}{1 + \alpha_{20}(t - 20)} \cdot \frac{1000}{L}$$

式中　R_{20}——20℃时每公里长度电阻值（Ω/km）；

R_x——t℃时L长电缆的实测电阻值（Ω）；

α_{20}——导体材料20℃时的电阻温度系数（1/℃）；

t——测量时的导体温度（环境温度）（℃）；

L——试样的测量长度（m）。

2）所有产品20℃时的导体电阻最大值，不大于EN 60228或项目采购合同及技术规范规定值为合格。

2.2.2　导体结构的检验

（1）检验目的　对导体构成的材料、单丝直径、根数、绞合方式、绞合后的直径、绞合节距、层间绞合方向进行验证，确保导体直流电阻符合EN 60228:2005的要求。

（2）检验依据

1）项目采购合同、技术规范及双方协议的企业标准。

2）EN 60228　Conductor of insulated cables（IEC 60228）。

（3）检验设备与器具　外径千分尺。

（4）取样及试样制备　离端头至少 1m 的绝缘线芯上，取至少 1m 长的试样，小心地剥除其一端约 50mm 长的绝缘及其他覆盖物，裸露出导体。

（5）检验程序

1）判断导体材料：目测导体材料为镀锡铜导体。

2）检验导体根数。

3）测量单线直径：在垂直于试样轴线的同一截面上，在相互垂直的方向上测量，并取算术平均值。测量时尺寸为 0.02～1.000mm 者保留三位小数；大于 1mm 者保留两位小数。

4）核对导体截面。

（6）检验结果评定　测量结果按 2Pfg 1169/08.2007、EN 50618：2014、IEC 62930：2017 标准或项目采购合同及技术规范中的规定进行评定。

2.2.3　绝缘厚度的检验

（1）检验目的　产品标准中规定的绝缘厚度是根据该产品适用的电压等级、导体截面的大小、载流量的大小、使用的环境条件、绝缘材料的电气性能、物理机械性能并考虑长期使用寿命的诸多因素，经过科学计算和长期实践试验而确定的。如果比规定值小，电缆在使用中容易击穿或短路，导致人身或财产损失；如果比规定值大且超过电缆最大外径，给使用者带来诸多麻烦，甚至不能使用，并给生产企业造成损失。

（2）检验依据

1）项目采购合同、技术规范及双方协议的企业标准。

2）EN 60811-1-1　Insulating and sheathing materials of electric cables-Common test methods Part 1-1：General application-Measurement of thickness and overall dimensions-Test for determining the mechanical properties（IEC 60811-1-1）。

（3）检验设备与器具　读数显微镜或放大倍数至少 10 倍的投影仪，两种装置读数均至 0.01mm。有争议时，应采用读数显微镜测量作为基准读数。

（4）取样、试样制备及检验程序

1）为试验而选取的每根电缆长度从电缆的一端截取一段电缆来代表。

2）绝缘内外的所有元件必须小心除去。

3）采用适当的工具沿垂直于绝缘轴线的平面切取薄片。

（5）检验程序　将试件置于装置的工作面上，切割面与光轴垂直。

1）当试件内侧为圆形时，应按图 D-1 径向测量 6 点。

2）如果试件的内圆表面实质上是不规整或不光滑的，则应按图 D-2 在绝缘最薄处径向测量 6 点。

在任何情况下，应有一次测量在绝缘最薄处进行。读数应到小数点后两位（以 mm 计）。

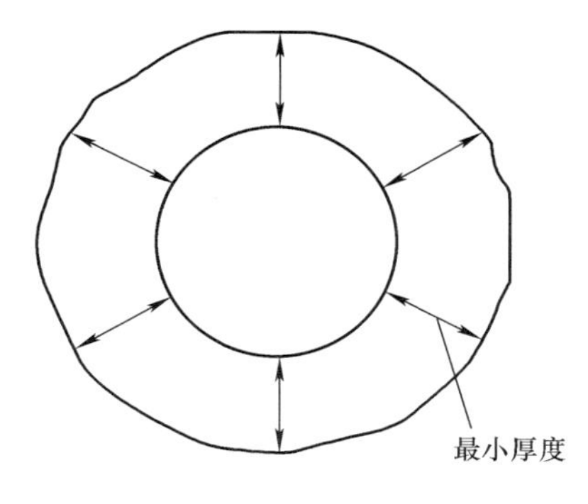

图 D-1　绝缘厚度测量（圆形内表面）

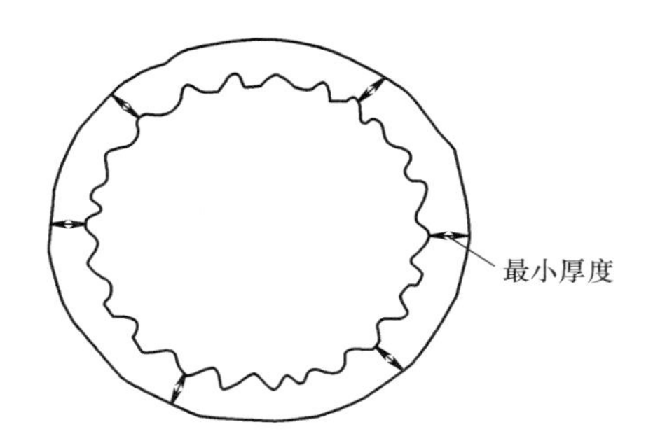

图 D-2　绝缘厚度测量（不规整圆形内表面）

（6）检验结果评定　测量结果按 2Pfg 1169/08.2007、EN 50618：2014、IEC 62930：2017 标准或项目采购合同及技术规范中的规定进行评定。

2.2.4　护套厚度的检验

（1）检验目的　护套的主要作用是保护护套内各层结构免受机械损伤和各种环境因素，如水、日光、生物等引起的破坏，以保证电缆长期稳定的电气性能。护套厚度的确定主要取决于机械因素。同时也应考虑长期环境老化和材料湿透的影响。这些因素主要与产品的外径和导线截面两者有关，因此护套厚度一般除了随导电线芯截面增大而加厚。

（2）检验依据　EN 60811-1-1　Insulating and sheathing materials of electric cables-Common test methods Part 1-1：General application-Measurement of thickness and overall dimensions-Test for determining the mechanical properties（IEC 60811-1-1）。

（3）检验设备与器具　读数显微镜或放大倍数至少 10 倍的投影仪，两种装置读数均至 0.01mm。有争议时，应采用读数显微镜测量作为基准读数。

（4）取样及试样制备

1）为试验而选取的每根电缆长度从电缆的一端截取一段电缆来代表。

2）护套内外的所有元件必须小心除去。

3）采用适当的工具沿垂直于电缆轴线的平面切取薄片。

4）如果护套上有压印标记凹痕，则会使该处护套厚度变薄，因此试件应取包含该标记的一段。

（5）检验程序　将试件置于装置的工作面上，切割面与光轴垂直。

1）当试件内侧为圆形时，应按图 D-3 径向测量 6 点。

2）如果试件的内圆表面实质上是不规整或不光滑的，则应按图 D-4 在护套最薄处径向测量 6 点。

在任何情况下，应有一次测量在护套最薄处进行。

如果护套试样包括压印标记凹痕，则该处厚度不应用来计算平均厚度。但在任何情况下，压印标记凹痕处的护套厚度应符合有关电缆产品标准中规定的最小值。读数应到小数点后两位（以 mm 计）。

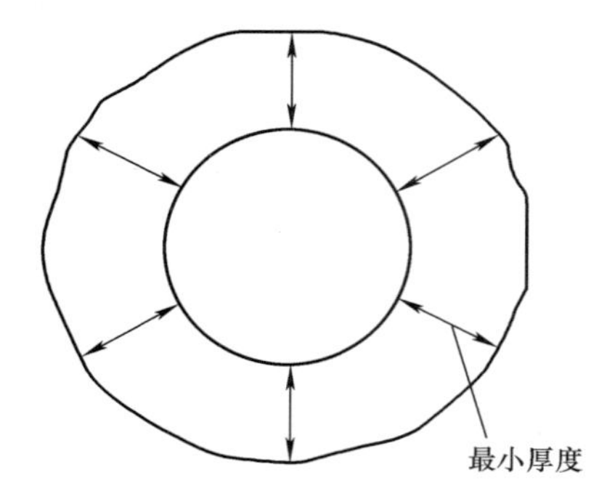

图 D-3　护套厚度测量（圆形内表面）

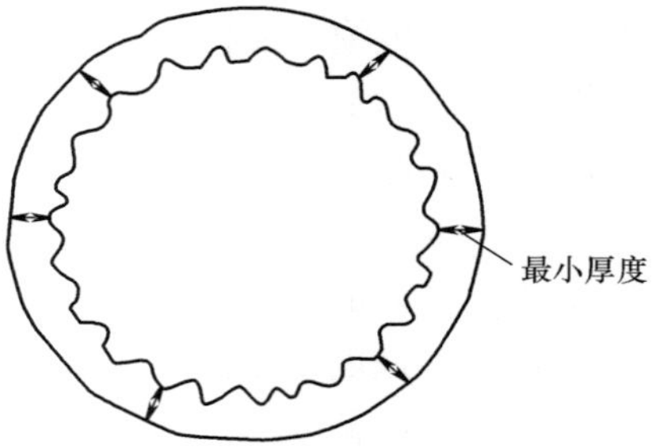

最小厚度

图 D-4　护套厚度测量（不规整圆形内表面）

（6）检验结果评定　测量结果按 2Pfg 1169/08. 2007、EN 50618：2014、IEC 62930：2017 标准或项目采购合同及技术规范中的规定进行评定。

2. 2. 5　绝缘和护套老化前、后的拉力检验

（1）检验目的　电缆在长期使用过程中，绝缘、护套在热循环和外部环境的同时作用下而逐渐老化，老化后绝缘、护套材料的机械性能、物理性能等降低，从而降低电缆的使用寿命。目前的老化试验属于加速老化试验，采用较高温度下、连续长时间的老化来考核材料的物理机械性能的稳定性。

（2）检验依据

1）项目采购合同、技术规范及双方协议的企业标准。

2）EN 60811-1-1　Insulating and sheathing materials of electric cables-Common test methods Part 1-1：General application-Measurement of thickness and overall dimensions-Test for determining the mechanical properties（IEC 60811-1-1）。

3）EN 60811-1-2　Insulating and sheathing materials of electric and optical cables-Common test methods. Part1：General application；Section 2：Thermal ageing methods（IEC 60811-1-2）。

（3）检验设备与器具

1）老化箱：自然通风或压力通风环境下，并且在规定的老化温度下，烘箱内全部空气更换次数为每小时 8 ~ 20 次。

2）拉力机、读数显微镜或投影仪、测厚仪。

3）哑铃刀。

（4）取样及试样制备　从被测电缆护套上切取一段试样，其长度足以切取至少 10 个制成哑铃或管状试件。

(5) 检验程序

1) 试样预处理:

① 所有试样包括老化、未老化的试样应在温度 (23±5)℃下至少保持3h。避免阳光直射，但热塑件的存放温度为 (23±2)℃。

② 按照有关电缆产品标准规定的处理温度和时间进行高温处理。在有疑问时，则在制备试件前，所有材料或试条在温度 (70±2)℃下放置24h。处理温度不超过导体最高工作温度，这一处理过程应在测量试件尺寸前进行。

2) 测量截面积:

① 对需要老化的试件，截面积应在老化处理前测量。

② 哑铃试件截面积是试件宽度和测量的最小厚度的乘积。

③ 管状试件的截面积。

在试样中间截取一个试件，然后用下述方法计算其截面积 A (mm^2):

$$A=\pi(D-t)t$$

式中　t——管状试样厚度平均值 (mm);

D——管状试样外径的平均值 (mm)。

3) 老化处理:

① 根据不同的护套材料确定加热温度和时间。

② 将穿好的试件放入已加热到规定温度的烘箱中，试件应垂直悬挂在烘箱的中部，每一试件与其他试件之间的间距至少为20mm，组分明显不同的材料不应同时在同一个烘箱中进行试验。

4) 环境温度下放置：老化结束后，从烘箱中取出试件，并在环境温度下放置至少16h，避免阳光直接照射。

5) 拉力试验:

① 试样应在 (23±5)℃温度下进行。

② 夹头之间的间距。拉力试验机的夹头可以是自紧式夹头，也可以是非自紧式夹头。夹头之间的总间距约为:

- 小哑铃试件　34mm
- 大哑铃试件　50mm
- 用自紧式夹头试验时，管状试件　50mm
- 用非自紧式夹头试验时，管状试件　85mm

③ 将试件对称并垂直地夹在拉力机上下夹具上，以 (250±50) mm/min 的拉伸速度拉伸到断裂。

④ 试验期间测量并记录最大拉力，同时测量在同一试件断裂时两个标记线之间的距离。在夹头处拉断的任何试件的结果均作废。在这种情况下，计算抗张强度和断裂伸长率至少需要4个有效数据，否则试验应重做。

（6）检验结果评定　测量结果按 2Pfg 1169/08.2007、EN 50618：2014、IEC 62930：2017 标准或项目采购合同及技术规范中的规定进行评定。

3. 验货检验常见问题与风险预警

（1）导体电阻不符合标准规定　检验操作方法不当（如试样在检测室的放置时间不够、检测室温度波动较大、测温点不符合标准规定等）及导体截面不符合要求均会导致电缆导体电阻不合格。

在质量监督见证过程中发现导体电阻不合格时，供方质检人员应积极配合质量监督见证人员审慎分析原因，以免误判。

在导体电阻不合格确认为非检测方法原因时，质量监督见证方要立即启动风险预警，有权要求供方中止生产和供货、限期开展全面质量排查和整改，并书面告知委托方（采购方），供方应按规定期限完成质量排查和整改。供方质量排查、整改完毕后，应向质量监督见证方提交整改报告和复验申请，质量监督见证方收到相关材料后，扩大产品抽样范围和抽样数量进行二次抽样检测导体电阻。

若二次抽样再次发现非检测方法原因的相同质量问题时，质量监督见证方要立即向采购方提出退货和终止供方供货资格的建议，最终由采购方决定是否退货及终止供方的生产和供货；若二次抽样未发现相同的质量问题，则质量监督见证方向委托方（采购方）提出取消风险预警、供方继续生产和供货的建议，最终由采购方做出供方继续生产和供货的决定。

（2）绝缘厚度或护套最薄点厚度低于标准规定的范围　出现绝缘厚度或护套最薄点厚度低于标准规定范围的质量问题时，质量监督见证方将另外抽取一根同型号规格的产品试样，无相同型号规格产品时抽取相近型号规格产品的产品试样，若依然存在相同问题，则质量监督见证方立即启动风险预警，有权要求供方中止同型号规格产品的生产和供货、限期开展全面质量排查和整改，并书面告知委托方（采购方），供方应按规定期限完成质量排查和整改。供方质量排查、整改完毕后，应向质量监督见证方提交整改报告和复验申请，质量监督见证方收到相关材料后，扩大产品抽样范围和抽样数量进行二次抽样检测绝缘厚度或护套最薄点厚度。

若二次抽样再次发现相同质量问题时，质量监督见证方立即向采购方提出退货和终止供方供货资格的建议，最终由采购方决定是否退货及终止供方的生产和供货；若二次抽样未继续发现相同质量问题，则质量监督见证方向委托方（采购方）提出取消风险预警、供方继续生产和供货的建议，最终由采购方做出供方继续生产和供货的决定。

（3）绝缘电阻不符合标准规定　绝缘材料缺陷，将会导致绝缘电阻不符合标准规定的情况发生。此时，供方应积极配合质量监督见证方确定绝缘不合格原因。

若绝缘电阻不合格为材料不良引起，则供方应采取有效措施确保材料可靠。

若绝缘电阻不合格为过程控制缺陷引起，则质量监督见证方立即启动风险预警，有权要求供方中止生产和供货、限期开展全面质量排查和整改，并书面告知委托方（采购方），供方应按规定期限完成质量排查和整改。供方质量排查及整改完毕后，应向质量监督见证方提交整改报告和复验申请，质量监督见证方收到相关材料后，扩大产品抽样范围和抽样数量进行二次抽样检测绝缘电阻。若二次抽样再次发现过程质量缺陷产生的相同质量问题时，质量监督见证方立即向采购方提出退货和终止供方供货资格的建议，最终由采购方决定是否退货及终止供方的生产和供货；若二次抽样未发现相同的质量问题，则质量监督见证方向委托方（采购方）提出取消风险预警、供方继续生产和供货的建议，最终由采购方做出供方继续生产和供货的决定。

（4）电缆电压试验击穿　供方质量检验人员应按合同或技术规范（协议）规定的标准要求严格进行成品电缆的电压试验。

当绝缘厚度过薄或存在局部缺陷时，均有可能造成电缆在电压试验过程中击穿。

在供方生产现场，如果在成品检测见证过程中发现电压试验击穿时，需扩大监测范围，供方应积极配合质量监督见证方审慎分析原因。若属于局部绝缘厚度过薄或局部绕包缺陷而击穿的个案，则在剪除电缆击穿段后应再次进行电压试验直至合格；若属于系统性绝缘过薄击穿、绝缘缺陷等质量缺陷引起，则质量监督见证方立即启动风险预警，有权要求供方中止生产和供货、限期开展全面质量排查和整改，并书面告知委托方（采购方），供方应按规定期限完成质量排查和整改。供方质量排查及整改完毕后，应向质量监督见证方提交整改报告和复验申请，质量监督见证方收到相关材料后继续进行电压试验见证，再次发现系统性质量缺陷引起的电压试验击穿时，质量监督见证方立即向采购方提出退货和终止供方供货资格的建议，最终由采购方决定是否退货及终止供方的生产和供货；若未再次出现相同原因质量问题，则质量监督见证方向委托方（采购方）提出取消风险预警、供方继续生产和供货的建议，最终由采购方做出供方继续生产和供货的决定。

附录E 新能源用电缆优质供应商推荐

经本书编委会多位编委推荐和物资云实地验厂考评，企业产品与服务所在细分领域享有较大市场份额和良好口碑、具有较强的技术实力和企业社会责任并承诺向社会提供实地验厂与产品质量溯源的国内光伏电缆、风电电缆、储能系统用电池连接电缆、电动汽车充电用电缆主要优质制造企业名录及投产年份见表E-1～表E-4。

表E-1 国内光伏电缆主要优质制造企业名录及投产年份

序号	企业名称	主要产品	投产年份
1	远东电缆有限公司	光伏组件专用电缆	2012年
2	中辰电缆股份有限公司	光伏组件专用电缆	2018年
3	航天瑞奇电缆有限公司	光伏组件专用电缆	2016年
4	双登电缆股份有限公司	光伏组件专用电缆	2014年
5	辽宁津达线缆有限公司	光伏组件专用电缆	2021年
6	苏州宝兴电线电缆有限公司	光伏组件专用电缆	2009年
7	辽宁中兴线缆有限公司	光伏组件专用电缆	2018年
8	特变电工（德阳）电缆股份有限公司	光伏组件专用电缆	2013年

表E-2 国内风电电缆主要优质制造企业名录及投产年份

序号	企业名称	主要产品	投产年份
1	远东电缆有限公司	风力发电塔筒用铝合金导体耐寒阻燃橡套电缆	2010年
		风力发电用耐扭曲软电缆	2015年
2	双登电缆股份有限公司	风力发电用耐扭曲软电缆	2020年
3	苏州宝兴电线电缆有限公司	风力发电用耐扭曲软电缆	2010年
4	辽宁中兴线缆有限公司	风力发电塔筒用铝合金导体耐寒阻燃橡套电缆	2021年
		风力发电用耐扭曲软电缆	2018年
5	特变电工（德阳）电缆股份有限公司	风力发电塔筒用铝合金导体耐寒阻燃橡套电缆	2000年
		风力发电用耐扭曲软电缆	2003年

表E-3 国内储能系统用电池连接电缆主要优质制造企业名录及投产年份

序号	企业名称	主要产品	投产年份
1	远东电缆有限公司	储能系统用电池连接电缆	2019年
2	双登电缆股份有限公司	储能系统用电池连接电缆	2020年
3	辽宁津达线缆有限公司	储能系统用电池连接电缆	2024年

（续）

序号	企业名称	主要产品	投产年份
4	苏州宝兴电线电缆有限公司	储能系统用电池连接电缆	2019 年
5	特变电工（德阳）电缆股份有限公司	储能系统用电池连接电缆	2018 年
6	辽宁中兴线缆有限公司	储能系统用电池连接电缆	2021 年

表 E-4　国内电动汽车充电用电缆主要优质制造企业名录及投产年份

序号	企业名称	主要产品	投产年份
1	远东电缆有限公司	电动汽车充电用电缆	2016 年
2	航天瑞奇电缆有限公司	电动汽车充电用电缆	2018 年
3	苏州宝兴电线电缆有限公司	电动汽车充电用电缆	2015 年

参考文献

[1] 毛庆传. 电线电缆手册：第1册［M］. 3版. 北京：机械工业出版社，2017.

[2] 吴长顺. 电线电缆手册：第2册［M］. 3版. 北京：机械工业出版社，2017.

[3] 物资云. 耐火电缆设计与采购手册［M］. 北京：机械工业出版社，2023.

[4] 全国电线电缆标准化技术委员会. 光伏发电系统用电缆：NB/T 42073—2016［S］. 北京：中国电力出版社，2017.

[5] 全国电线电缆标准化技术委员会. 额定电压6kV（U_m =7.2kV）到35kV（U_m =40.5kV）风力发电用耐扭曲软电缆：GB/T 33606—2017［S］. 北京：中国标准出版社，2017.

[6] 全国电线电缆标准化技术委员会. 额定电压1.8/3kV及以下风力发电用耐扭曲软电缆：GB/T 29631—2013［S］. 北京：中国标准出版社，2013.

[7] 全国电线电缆标准化技术委员会. 电动汽车充电用电缆：GB/T 33594—2017［S］. 北京：中国标准出版社，2017.

[8] 中国电力企业联合会标准化中心. 电力工程电缆设计规范：GB 50217—2018［S］. 北京：中国计划出版社，2018.

[9] 全国品牌价值及价值测算标准化技术委员会. 品牌价值　要素：GB/T 29186—2012［S］. 北京：中国标准出版社，2013.

用津达线缆 做放心工程

公司简介

辽宁津达线缆有限公司位于辽宁省铁岭市铁岭县懿路工业园区，是由天津通津线缆集团在投资新建的大型电线电缆研发和制造企业。公司始建于 2013 年，占地面积 6 万余平方米，拥有国内先进的电线电缆生产线 20 余条，专用制造设备 100 余台（套），检验检测设备 30 余台（套），可依照国际电工委员会（IEC）、中国（GB）、美国（ASTM）、英国（BS）、德国（DIN）、日本（JIS）等标准进行电线电缆产品的研发设计和生产制造，主要产品包括高低压交联聚乙烯绝缘电力电缆、聚氯乙烯绝缘电力电缆、高低压架空绝缘电缆、架空绞线、高温电缆、轨道交通电线电缆、控制电缆、计算机及仪表信号电缆、聚氯乙烯绝缘电线、矿物绝缘电缆、通信电缆及特种电缆等。

创建以来，公司秉承“做中国优质线缆供应商”的企业使命，秉承“共同发展、共享成果、回报员工、回报股东、回报社会”的发展愿景，秉承“产品出厂合格率 100%，监督检查合格率 100%，顾客服务满意率 100%”的质量管控目标，实现跨越式发展，计划年生产产能 20 亿元人民币。

展望未来，津达线缆将依托集团公司，以更优质的生产制造能力、真诚的售后服务、优秀的物流配送、充足的线缆库存为广大客户打造扎实可靠的诚信机制和良好快速的购销平台。集团总部坐落在天津环球金融中心，旗下有近 100 家销售公司，遍布东北、华北、西北、华东、华中等各主要城市。通过集团优势，津达线缆力争实现全国区域客户一日同城交货目标。津达线缆继续坚持有效、协调、健康、科学的发展方针，形成产业多元化、发展规模化、产品专业化、业务区域化、管理差异化的产业格局，打造企业核心竞争优势。

津达线缆对客户做出十年质保的承诺（10 年内从企业购得的线缆如出现质量问题可无条件退换）。津达线缆力争在最短的时间内把“津达”品牌打造成全国线缆行业优秀品牌和行业佼佼者。

荣誉称号

公司先后荣获高新技术企业、专精特新“小巨人”企业、辽宁省专精特新“小巨人”企业、省级企业技术中心、辽宁省科学技术进步奖三等奖、辽宁名牌产品、2020 年辽宁省中小微企业质量认证先进典型经验单位、全市推进高质量发展市长质量奖金奖、全市抓招商上项目推进经济高质量发展瞪羚企业、铁岭“三名企业”、铁岭五一劳动奖状、2018 年度社会保障工作先进单位、2018 年度纳税信用等级评定 A 级纳税人等荣誉称号。

地址：辽宁省铁岭市铁岭县懿路工业园　　联系人：陈秋生　　电话:13166714777

邮箱：838229006@qq.com　　网址：www.liaojinda.com

澳通电缆
研发大楼

中国检验认证集团
热烈祝贺
广州澳通电线电缆有限公司获得
国内首张光伏电缆IECEE-CB认证

CQC标志认证
试验报告

产品认证证书

产品认证证书

广告

飞洲
FEI ZHOU
飞洲电缆
FEIZHOU CABLE

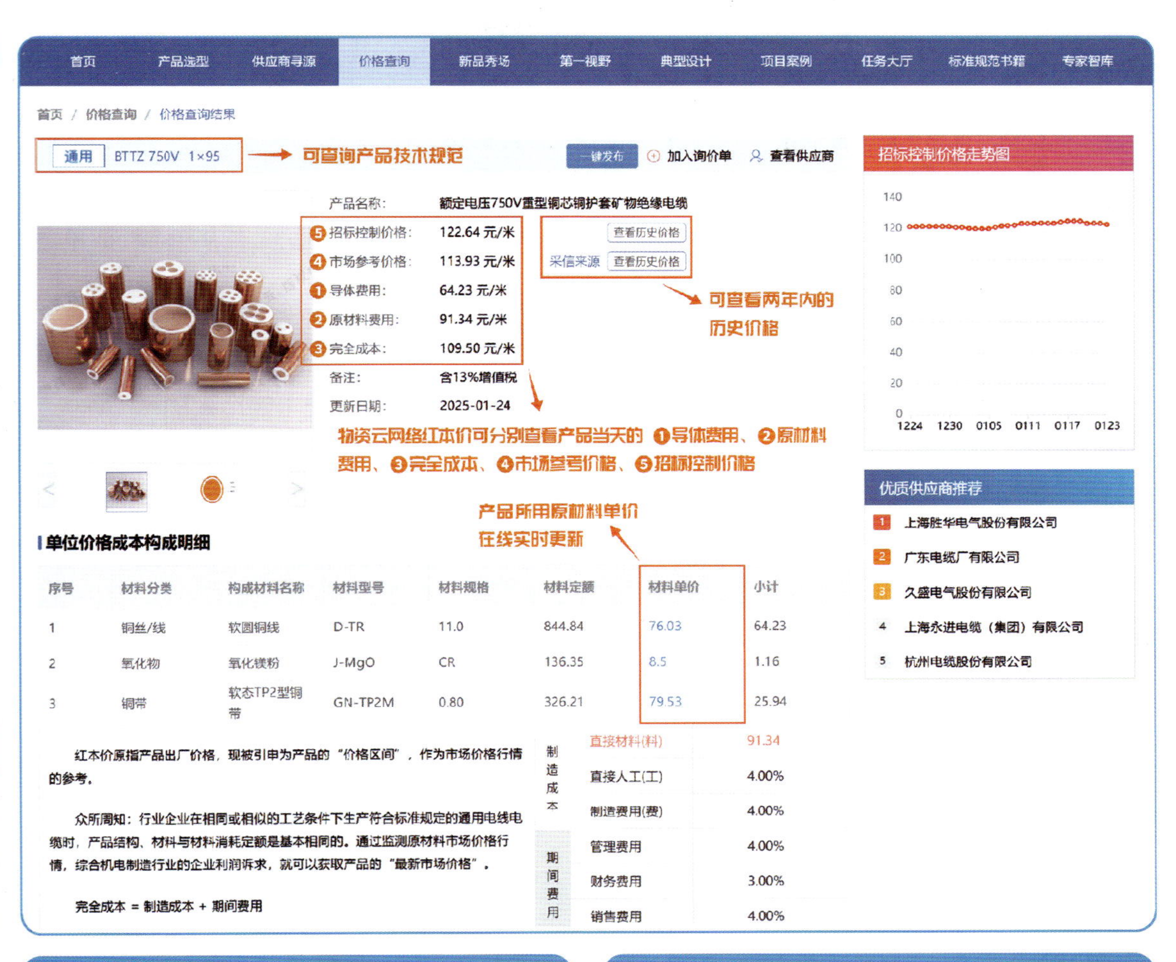

序号	材料分类	构成材料名称	材料型号	材料规格	材料定额	材料单价	小计
1	铜丝/线	软圆铜线	D-TR	11.0	844.84	76.03	64.23
2	氧化物	氧化镁粉	J-MgO	CR	136.35	8.5	1.16
3	铜带	软态TP2型铜带	GN-TP2M	0.80	326.21	79.53	25.94

制造成本	直接材料(料)	91.34
	直接人工(工)	4.00%
	制造费用(费)	4.00%
期间费用	管理费用	4.00%
	财务费用	3.00%
	销售费用	4.00%

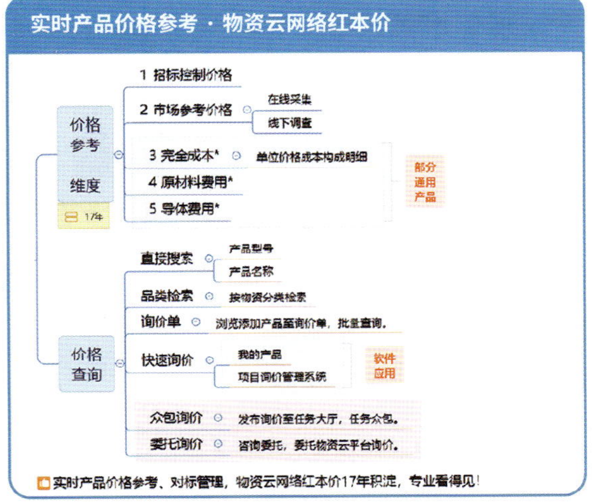

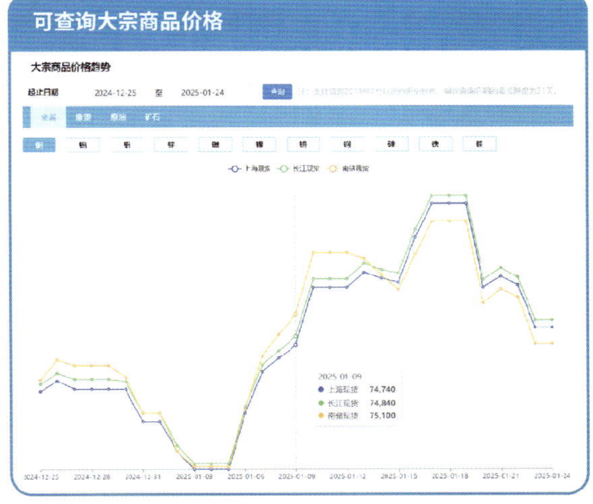